Automobile der Zukunft

Cornel Stan

Automobile der Zukunft

mehr als nur
elektrisch, digital, autonom

 Springer

Cornel Stan
Markkleeberg, Deutschland

Professor Dr.-Ing. habil. Prof. E.h. Dr. h.c. mult. CORNEL STAN
Forschungs- und Transferzentrum e.V.
an der Westsächsischen Hochschule Zwickau

ISBN 978-3-662-64115-6   ISBN 978-3-662-64116-3   (eBook)
https://doi.org/10.1007/978-3-662-64116-3

Die Deutsche Nationalbibliothek verzeichnet diese Publikation in der Deutschen
Nationalbibliografie; detaillierte bibliografische Daten sind im Internet über
http://dnb.d-nb.de abrufbar.

Planung/Lektorat: Markus Braun
Springer ist ein Imprint der eingetragenen Gesellschaft Springer-Verlag GmbH,
DE und ist ein Teil von Springer Nature.
Die Anschrift der Gesellschaft ist: Heidelberger Platz 3, 14197 Berlin, Germany

Vorwort

Die Automobile der Zukunft und ihre Antriebe werden von einer großen Vielfalt geprägt sein, die von geographischen, wirtschaftlichen, klimatischen und ökologischen Bedingungen, aber auch vom Kundenwunsch bestimmt werden.

Ein Universalauto, einheitlich, elektrisch, digital und autonom hat nur eine begrenzte Daseinsberechtigung. Es ist genauso unbestreitbar wie unaufhaltsam, dass sich der Lebensraum der Menschen auf der Erde zügig hin zu Mega-Metropolen verlagert. Die geänderte Verteilung ihres Lebensraums hat zum großen Teil auch den konnektivitätbestimmten Lebensinhalt der Menschen beeinflusst, und in Folge dessen auch ihre Mobilitätsbedürfnisse. Die Automobile der Zukunft können dennoch nicht auf diese Tendenz reduziert werden, auch wenn die „Autonomobile" konkurrenzlos in den Großstädten sein werden.

Die Automobile verbreiteten sich in der Welt bereits am Beginn des XIX. Jahrhunderts wie Lauffeuer. Neben Reiter und Pferdewagen erschienen Limousinen, Cabriolets, Motorräder. Die Visionen reichten aber viel weiter, Mobilität in der Stadt, dann Mobilität auch über die Stadt: Zeppeline, Ballons, Doppeldecker, taumelten über die fahrenden Autos. Im XX. Jahrhundert wurden die Städte immer größer und die Straßen immer voller, aber von Luftfahrzeugkolonnen über den

Köpfen, Straßen und Häusern wurden wir doch verschont. Noch.

Die Automobile mit Elektroantrieb, welche um 1900 die Welt eindeutig prägten, verschwanden relativ schnell. Jene mit Benzinmotoren nahmen zu, die Anzahl ihrer Kolben auch. Benzin gab es ausreichend und es kostete nicht viel. Ab der Mitte des Jahrhunderts gesellten sich zu den Benzinern immer deutlicher die Dieselmotoren, die nicht nur weniger Kraftstoff verbrauchten, sondern auch Drehmoment fast vom Start lieferten. Zwei Erdölkrisen stellten aber die Mobilität auf Erdölbasis plötzlich wieder in Frage. Die Elektroautos erschienen auf einmal erneut und verschwanden genauso schnell vom Markt, aus dem gleichen Grund wie beim ersten Anlauf: geringe Reichweite, schwere, große und teure Batterien.

Am Beginn des XXI. Jahrhunderts wurde der direkte Zusammenhang zwischen der Erderwärmung und der Kohlendioxidzunahme in der Atmosphäre durch die Verbrennung fossiler Energieträger wie Kohle, Erdöl und Erdgas immer deutlicher. Die Angst um den Weltuntergang sprach dafür zuerst die Mobilität schuldig, obwohl sie deutlich weniger Aktien daran hat als andere Energieverbraucher, wie Industrie, Bau oder Hauswärme. Und Mobilität beginnt nicht beim Bagger, Flugzeug oder Containerschiff, sondern beim Automobil: Es hat wieder elektrisch zu werden, sagen Gesetzgeber und Medienmacher, ohne die Ingenieure nach einer adäquaten Lösung zu fragen. Zugegeben, die Luft in den wachsenden und dicht bevölkerten Ballungsgebieten ist kaum noch zu atmen, sowohl wegen Schadstoffen aus Verbrennungen aller Art, als auch wegen der lokalen Konzentration des emittierten Kohlendioxids, welche die Sauerstoffkonzentration sinken lässt. Für solche Ballungsgebiete sind elektrisch angetriebene, einheitliche „Autonomobile" nicht nur empfehlenswert, sondern auch dringend erforderlich.

Das Buch beschreibt wie moderne Tablet-Träger bewegt werden wollen, aber auch wie ein Automobil zwischen Akzeptanz, Vorschriften, Sicherheit und Konnektivität entsteht. Funktionen und Strukturen, Gestaltung von Klimatisierung, Beleuchtung und Sound, moderne Karosserien, Materialien und modulare Fahrzeugbauarten werden leicht verständlich präsentiert. Dem brennenden Thema Alternative Antriebe wird die gebührende Aufmerksamkeit gewidmet: Die dargestellten Elektromotoren, Brennstoffzellen mit Wasserstoff, Batterien, Kolbenmotoren und Kompakt-Gasturbinen werden in zum Teil unerwarteten Antriebsszenarien gruppenweise verknüpft. Zukünftige, klimaneutrale Treibstoffe für Automobile der Zukunft werden aufgeführt und bewertet.

Die moderne Welt wurde allerdings nicht nur von der Mobilität geprägt: Genau so groß ist der ständige Drang der Menschen am aktuellen Geschehen. So weit und breit wie möglich, ohne Zeitverzug teilzuhaben, war bislang vom Rundfunk, Telegraph und Telefon, dann vom Fernseher befriedigt. Die rasante Entwicklung der Elektronik, dann der Informatik hat aber neue Wege zur großen und so komplex gewordenen Welt eröffnet: gleichzeitig mit vielen Freunden kommunizieren, Fotos, Clips und Impressionen austauschen oder einen Tisch beim Italiener bestellen. Die Großstadtmenschen, und insbesondere die jüngeren davon, sind nicht mehr bereit, auf diesen jederzeit möglichen

Kontakt mit der Welt zu verzichten. Die Kombination mit der „toten Zeit" während der Mobilität wurde zwangsläufig. Dass man dabei die reale Umgebung nicht mehr direkt, sondern zunehmend als „Augmented Reality" wahrnimmt, das ist eine andere Geschichte.

Für die ständige Konnektivität, über Smartphones und Displays braucht man aber im Auto sehr bequeme Liegen. Das Auto soll unter solchen Bedingungen autonom fahren, bei Stau über die Straße fliegen. Für ein solches Szenario ist die Elektroenergie maßgebend, deswegen muss sie dann auch den Antrieb bedienen. Was soll man einer solch idealen Lösung, mit viel Nutzraum in einem kompakten Volumen, elektrisch und selbstfahrend, mit maximaler Konnektivität, noch hinzufügen? Sie braucht keine weitere Ergänzung, keine Varianten. Sie ist einzigartig, universell.

Auf unserem Planeten mit derzeit 7,8 Milliarden Menschen und 1,35 Milliarden Automobilen gibt es bereits Dutzende von Mega-Metropolen mit jeweils mehr als 20 Millionen Einwohnern, von Tokyo und Shanghai bis Delhi, Sao Paolo und New York. Sie brauchen Autonomobile.

Und der Rest der Welt?

Auf den steilen Alpenstraßen bei Schneematsch, durch die Wüste der Sahara bei plus 40°C, im feuchten und schweren Gelände des Amazonas, in Alaska oder Sibirien bei minus 30°C, braucht die Welt andere Fahrzeuge. Für Familien mit zahlreichen Mitgliedern, die Gemüsekisten, Feuerholz und Baumaterial transportieren müssen, auch. Pick Ups, Kombis und SUVs werden von vielen Menschen stark nachgefragt. Die Genießer brauchen Cabrios. Und der noble Herr wird immer ein Auto der Luxusklasse vor seiner Villa haben wollen, während dem bescheidenen Familienvater ein Dacia vor dem Plattenbau genügte. Darüber hinaus: Jedes Auto, ob mit Elektro- oder Kolbenantrieb, selbstfahrend oder mit Fahrer, braucht Module für aktive und passive Sicherheit, für die besagte Konnektivität, für die Klimatisierung, für den Komfort, für die Fahreigenschaften, für die Lenkung und Federung, für Alkohol-, Wasserstoff- oder Stromspeicherung, für die Beleuchtung, Heizung und Klimaanlage.

Ein Zukunftsauto ist weitaus komplexer als eine dünne Schale, die einen Elektromotor und Steuerelektronikeinheiten umhüllt.

In diesem Buch werden in verständlicher Form wesentliche Aspekte der funktionellen und technischen Entwicklung der zukünftigen Automobile dargestellt.

Das Thema Automobile der Zukunft ist geprägt von Vielfalt und Komplexität. Deswegen werden viele Funktionen, Prozesse und Erkenntnisse in diesem Buch auch als Thesen zusammengefasst. Die These ist eine Behauptung, deren Wahrheit in der Regel eines Beweises bedarf. Der kann aus theoretischen und experimentellen Erkenntnissen abgeleitet werden. Es gibt auch Thesen, die auf Postulaten basieren. Und wiederum andere Thesen, die kritische Zusammenfassungen von Geschehnissen sind.

Manche Thesen in diesem Buch resultieren aus den Darstellungen, als Schlussfolgerungen, andere sind Behauptungen, die den Leser zunächst provozieren sollen, wonach sie auch doch begründet werden.

Vorwort

Die Leser dieses Buches werden hoffentlich bei der angebotenen, sachlichen und leicht verständlichen Argumentation genauso viel Neugierde verspüren, wie die Teilnehmer an den zahlreichen Vorlesungen und Vorträgen des Autors zum Thema „Automobile der Zukunft" - Studenten und Doktoranden in Universitäten, sowie Unternehmerverbände, Organisationen und Vereine aller Art, in Deutschland, Italien, Frankreich, Portugal, Rumänien, Spanien, der Türkei, in Israel und den USA in den letzten Jahren.

Cornel Stan   Zwickau, Deutschland, Juli 2021

Inhaltsverzeichnis

Teil I

Entwicklungsbedingungen für zukünftige Automobile

1

Das Automobil als Tabletokraten-Beweger

Das Automobil der Zukunft wird ein individuelles Transportmittel mit Fahrgastzelle und mit drei bis vier Rädern sein, welches sich autonom, gar ferngesteuert, vollautomatisch, per App immer und überall abrufbar, mit einem bis vier oder mehr Smartphone- und Tabletträgern irgendwohin bei Wind und Wetter bewegen soll.

So wird das Zukunftsauto von Medien, Politikern, Alleswissern und von so vielen Menschen in deren Bahn definiert.

Ein solcher Tabletokraten-Beweger ist für die erwähnten Menschenkreise durch zwei Attribute per se gekennzeichnet: *elektrischer Antrieb* und *maximale Konnektivität*.

Ganz und gar ignoriert werden bei dieser euphorischen Betrachtung die Systeme für Lenkung, Stabilität, Festigkeit, Dämpfung von Schocks und Schwingungen, sowie die Systeme für die aktive und passive Sicherheit, für Heizung und Klimatisierung, für die Beleuchtung und für vielerlei Arten von Komfort, ob Musik, Gesäßmassage, Seelenmassage oder Beduftung. Jedes dieser Systeme hat allerdings eine bestimmte Komplexität, dazu auch noch Gewicht und Volumen. All diese Systeme zusammen müssen andererseits in ein und dieselbe Karosserie hineinpassen, und diese soll so leicht, aber auch so widerstandsfähig wie möglich sein. Genug Platz für die Tablets und für ihre Träger ist eine selbstverständliche Forderung.

Die klassischen Autofahrer werden sich bei dieser Definition an den Kopf fassen! Ist diese Welt noch normal? Was bedeutet aber „normal"? Die aktuellen Entwicklungen auf der Welt haben ganz eigene Merkmale, die mit ihrem bis dahin mehr oder weniger stetigen Verlauf nicht mehr viel zu tun haben.

1.1   Die Menschen

Auf unserem Planeten leben derzeit (Februar 2021/ live-counter.com) 7,8 Milliarden Menschen. Manche davon leben in luxuriösen Suiten, im hundertsten Stock eines Towers mit Blick über den Hudson River in New York, andere in Favelas in Rio de Janeiro, viele in Lehmhäusern in Ghana, andere in den Plattenbauten von Nowosibirsk. Als meine Großeltern jung waren, am Beginn des XX. Jahrhunderts, gab es erst 1,6 Milliarden Erdbewohner, also fast fünfmal weniger als heute. Und über eine Kinderexplosion in unserer Generation oder in jener unserer Eltern haben wir in dem Wirkungskreis in dem wir leben, ob in Europa oder Nordamerika, nichts mitbekommen. Mit der Zeit hat sich allerdings nicht nur die Anzahl der Menschen auf der Welt, sondern haben sich auch die Unterschiede in ihrem Sozialstatus und, als Folge dessen, ihre territoriale Verteilung weitgehend geändert. Paläste und Lehmhäuser gab es gewiss auch früher. Geändert haben sich die Unterschiede zwischen Arm und Reich sowie die Flächenverteilung zwischen Wolkenkratzer-Centern und Favelas-Gebieten: Um den Kontakt mit der Entwicklung, mit der modernen Welt, nicht zu verpassen, was allerdings nur eine Illusion bleibt, nähern sich zunehmend, fast auf natürlicher Weise, immer mehr arme favelasartige Satelliten sehr reichen Zentren. Im Jahre 2018 lebten 4,2 Milliarden Menschen (55% der Weltbevölkerung) in derart bunt gebildeten Mega-Orten, die man großzügig als Städte bezeichnet. Für das Jahr 2050 wird eine Zunahme der Städteeinwohner auf rund 68% erwartet, wobei auch die Weltbevölkerung, laut UNO Angaben, auf 9,7 Milliarden Menschen steigen wird [1].

These 1: Die neue Verteilung des Lebensraums der Menschen und ihr geänderter, IT-kommunikationsbestimmter Lebensinhalt beeinflusst eindeutig auch ihre Mobilitätsbedürfnisse, wodurch ganz neue Anforderungen, sowohl an den öffentlichen Verkehr, als auch an die Eigenschaften von Automobilen entstehen.

1.2   Die Automobile

Auf die 7,8 Milliarden Menschen kommen derzeit 1,35 Milliarden Automobile – das würde ein Auto für etwa 6 Menschen ergeben, wenn sie gleichmäßig verteilt wären. Das ist offensichtlich nicht der Fall. Die Unterschiede zwischen den Autotypen selbst sind genauso groß wie zwischen Tower-Suites, Favelas und Lehmhäusern: Luxusstrotzende Rolls-Royces, muskelprotzende Bugattis, schlammbesiegende Ladas, allesschleppende Dacias.

Der Sog von Satelliten-Siedlungen durch die ohnehin dicht besiedelten Mega-Metropolen führt gewiss zu einer Verkürzung von Fahrdistanzen zwischen Arbeits-, Einkaufs- und Wohnorten. Andererseits nimmt dadurch die Zähigkeit des Verkehrs zu. Die Verkehrsströmungen werden infolgedessen langsam, in dem Verkehrsfluss entstehen dazu plötzliche Verdichtungen und Blasenbildungen. Scharfes „Stop", gefolgt von steilem „Go" verlangt nach kompakten Autos, mit geringer Trägheitsmasse, aber mit hohem Drehmoment vom Start, wie es die Elektromotoren bieten.

Die Stadtautos unserer Zeit werden aber keineswegs kompakt, sondern immer aufgeblasener: Absolute Verkaufsschlager weltweit wurden in den letzten Jahren die Geländewagen für die Stadt, mit dem allgemeinen Kosenamen SUV (Sport Utility Vehicle). Ihr Marktanteil übertrifft 30%, die meisten davon haben nie Schlamm oder Wald, sondern nur überfüllte Asphaltstraßen und zu enge Parkplätze unter den Rädern gehabt. Für die Bewegung mit 30 bis 50 km/h durch die Stadt, zwischen den zahlreichen Stop-and-Go Phasen, sind Antriebsleistungen im Bereich von 40 bis 100

PS (rund 30 bis 75 Kilowatt), je nach Fahrzeuggewicht, absolut ausreichend, mit genug Reserve für
Überholvorgänge. Mit einem Elektroantrieb könnte
die Leistung noch geringer sein, weil für den nötigen
Antrieb beim Start und während der Beschleunigungsvorgänge das Drehmoment und nicht die Leistung verantwortlich ist. Und dieses Drehmoment erreicht bei
allen Elektromotoren seinen maximalen Wert von der
ersten Umdrehung an, und bleibt so hoch, bis die stadt-
gerechten 50 Stundenkilometer erreicht sind und auch
weit darüber hinaus. Selbst bis 100-130 km/h ist nur
eine einzige Getriebe-Übersetzungsstufe erforderlich.

Das wollen aber derzeit weder die Autokäufer noch die
Hersteller so richtig: Die modernsten Limousinen-Ver-
brenner, ob Benziner oder Diesel, peilen die 800 bis
1000 PS an für Autos, die fast niemals außerhalb einer
Stadt gefahren werden. Man könnte meinen, die Elektroautos, als Zukunft der Menschheit, werden die rich-
tige Entwicklungsrichtung bezüglich Leistung und
Drehmoment zeigen. Wer meint das? Der Muster-
knabe unter den Elektroautos, Tesla S, zeigt stolze 999
PS, Porsche Taycan 761 PS, Lotus Evija gar 2000 PS.
Große Leistung braucht aber auch große Batterie, die
man wie einen Betonklotz mitschleppen muss. Solche
Autos werden dementsprechend über zwei Tonnen
schwer, Tonnen, die man auf der Straße auch beschleunigen muss. Das wird zum Teufelskreis: Große Leistung benötigt große Batterie, schwere Batterie benötigt
noch mehr Leistung.

1.3   Die Kommunikation

Auf unserem Planeten mit fast 8 Milliarden Menschen und mit mehr als 1 Milliarde Automobilen gibt es derzeit 2,9 Milliarden Smartphones! Und ab diesem Punkt ändert sich abrupt die Perspektive der Betrachtung: So große Unterschiede wie zwischen Suiten und Lehmhäusern oder zwischen Rolls-Royce und Dacia gibt es bei den Smartphones nicht. Und selbst wenn, ob Handys aus Billigplaste oder vergoldete Smartphones, fast alle haben das gleiche Betriebssystem (80% weltweit Android), die gleichen Apps und die gleiche Logik.

Darüber hinaus besitzen die Menschen auf der Erde rund 1,2 Milliarden Tablets (Stand Februar 2021). Auch in diesem Fall ist das Betriebssystem nahezu überall gleich (Microsoft Windows zu 80%).

Und noch zur geänderten Perspektive der Betrachtung: In Brasilien, in Indien oder in Marokko gehen sowohl junge als auch erwachsene Menschen mit Smartphones und Tablets genauso geschickt und intelligent um, wie in den USA, in Korea oder in Deutschland. Das wurde in Schulen, in Universitäten, in Unternehmen und im täglichen Leben nachgewiesen. Die Tablets und die Smartphones sind die neueste Form der Sozialisierung, darauf können sehr, sehr viele Menschen nicht verzichten. Tablet oder Smartphone, eins davon oder auch beide zugleich sind immer in den Händen eines Soziomanen, beim Sprechen, beim Lesen, beim Rauchen, beim Essen, beim Schlafen oder auf dem Klo. Warum sollten sie dann gerade im Auto fehlen?

Die Sozialisierung war von den Urzeiten bis gegen Ende des XIX. Jahrhunderts eine face-to-face Angelegenheit: Gespräche bei Lagerfeuer zwischen Homo erectus-Vertretern vor 1,7 Millionen Jahren, Geschichtenerzählen auf der Holzbank vor einem Haus in einem transsilvanischen Dorf in Draculas Zeiten, um 1460, Damen-Plaudereien in Dreier-Gruppen im Hückel-Hutladen um 1893 in Chicago, Austausch politischer und wirtschaftlicher Tiraden in Gentlemen´s Clubs in London, zum Ende des XIX. Jahrhunderts. Eine andere Ebene, mit genauso alten geschichtlichen Wurzeln wie das Sozialisieren durch Schwätzen, ist die face-to-face Zusammenkunft von Räten, Verwaltungen, Leitungsgremien, Gewerkschaftern, Projektbearbeitern oder Bankräubern. Die Steigerungsformen der Sozialisierung entwickelten sich in Kneipen, auf Jahrmärkten und Dorffesten, in Discos, Night-Clubs und in Après-Ski Hütten.

Und plötzlich entdeckten die Menschen, dass die Kommunikation sich ganz anders als nur face-to-face, am gleichen Ort, zur gleichen Zeit entwickeln kann!

Der Mensch entdeckte in sich selbst ein ungeahntes Potential: Er strebt nach Informationen in Echtzeit, von jedem Ort der Welt, auch wenn er nicht selbst dort anwesend sein kann. Der Mensch will nie örtlich und zeitlich etwas verpassen!

Dafür halfen ihm einige epochale Erfindungen:

Das Telefon: Der deutsche Philip Reis präsentierte 1861 in Frankfurt sein „Telephon". Das Patent dazu beantragte aber der US-Amerikaner Graham Bell in den USA, 1876. Man konnte also über Distanzen miteinander sprechen, auch ohne sich zu sehen. Das wurde weltweit wie warme Semmeln angenommen.

Das Radio: Die technischen Grundlagen ließ Nikola Tesla in den USA patentieren, zur gleichen Zeit wie Bell das Telefon. Einige Jahre später erschienen als weitere Radio-Erfinder Popov (1895) und Marconi (1896). Man konnte also in Echtzeit ein Ohr an die Welt legen, auch ohne mit ihr selbst sprechen zu können – zunächst.

Der Fernseher: Der deutsche Paul Nipkow reichte das Funktionsprinzip des Fernsehers im Jahre 1886 beim Kaiserlichen Patentamt in Berlin ein. Man konnte dadurch nicht nur ein Ohr anlegen, sondern auch ein Auge auf die Welt werfen, zunächst auch ohne ihr etwas sagen oder zeigen zu können, was sich jeder der passiven Teilnehmer so gewünscht hätte.

Der Computer: Der Deutsche Konrad Zuse setzte im Jahre 1941, mit dem *universell programmierbaren Computer* die Basis der modernen Fern-Kommunikation, mit der man die Welt nicht nur hören und sehen, sondern ihr auch in Bild und Ton antworten kann.

Und all diese Geräte, Telefon, Radio, Fernseher und Computer kombiniert man neuerdings in winzigen Smartphones und Tablets!

These 2:   Der Mensch strebt stets nach Informationen in Echtzeit, von Menschen, über Menschen, über Geschehnisse, von jedem Ort der Welt, auch wenn er nicht dort anwesend sein kann. Dieses Streben verlässt ihn in keiner Situation, also auch nicht während einer Fortbewegung.

1.4   Das autonome Fahren

Der Drang zum ständigen Echtzeit-Kontakt mit der Umwelt lässt die Bewegung eines Menschen zwischen zwei Punkten nur noch als verlorene Zeit erscheinen. Damit kommt ihm sein eigenes Eingreifen in den Verlauf einer Automobilbewegung als eher lästig vor. Und gerade das, selbst die Gewalt über die Bewegung eines Fahrzeugs zu haben, gab bis jetzt Jung und Alt den absoluten Adrenalinstoß! Passé. Das traumhafte Cabrio soll, bitte, über die Alpenpässe selber die Serpentinen meistern, jeder der beiden Insassen, die irgendwie ein Paar zu sein scheinen, haben mit den eigenen Handys doch voll zu tun (wie es dann beim Abendessen und in dem Schlafzimmer des angepeilten Alpenhotels weiter geht, das ist der Phantasie des Lesers überlassen).

Auf jeden Fall verlangt eine solche Wahrnehmung der Welt nach einem autonom fahrenden Vehikel (Bild 1.1).

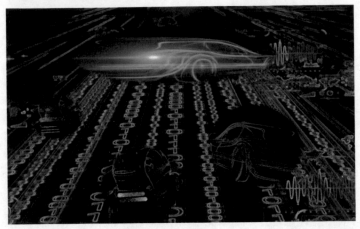

Bild 1.1   Autonomobile für Tabletokraten: elektrisch, digital, autonom

Diese Autonomie ist allerdings komplexer als zunächst angenommen: Sie besteht nicht nur aus mechanischem Bewegen, sie hat vielmehr sicherheits- und kommunikationstechnische, soziale und juristische Aspekte. Die Entwicklung zum vollständig autonomen Fahren musste deswegen auf mehrere Stufen gesetzt werden.

Die Experten planten dafür fünf Autonomie-Stufen.

Die erste Stufe: Das Fahren wird „assistiert". Der Fahrer bleibt Herr über Beschleunigen, Bremsen und Lenken und hat den Verkehr stets im Blick. Er haftet für Verstöße und Schäden. Er hat aber einige Hilfen beim Fahren:

Tempomat zur Einhaltung einer von ihm gewählten Geschwindigkeit.

Automatische Abstandsregelung (Adaptive Cruise Control), zum automatischen Beschleunigen, Tempohalten und Bremsen, je nach Fahrverhalten des vorausfahrenden Fahrzeugs,

Automatischer Spurhalteassistent (Lane Keeping Assistant System).

Die zweite Stufe besteht in einer „Teilautomatisierung" des Fahrens.

Der Fahrer bleibt Herr über Beschleunigen, Bremsen und Lenken und hat den Verkehr stets in Blick. Er haftet für Verstöße und Schäden. Das Fahrzeug kann aber, unter klar präzisierten Bedingungen, das Fahrzeug in der Spur halten, bremsen und beschleunigen. Hinzu kommen folgende Funktionen:

Überholassistent und automatisches Einparken: Der Fahrer muss in diesem Fall nicht mehr selbst das Lenkrad greifen. Solche Systeme gibt es bereits bei Mercedes (Distronic+) und bei Tesla. Der Fahrer muss jedoch die Assistenzfunktionen stets überwachen und bei Bedarf korrigieren. Für Unfälle bleibt der Fahrer verantwortlich, auch wenn keine Fehlfunktion gemeldet wurde.

Die dritte Stufe: „Hochautomatisiertes Fahren". Der Fahrer darf sich dabei von Zeit zu Zeit vom Fahren und von der Verkehrsüberwachung abwenden. Der Hersteller definiert klare Anwendungssituationen, in denen das Fahrzeug selbstständig fahren darf. Das System überwacht dabei seine Funktionsgrenzen und signalisiert dem Fahrer, wenn diese Grenzen erreicht sind. Der Fahrer haftet, wenn er den Systemanforderungen nicht nachkommt.

Diese dritte Stufe ist besonders für Autobahnfahrten geplant: Dabei gibt es keinen Gegenverkehr, die Fahrbahnmarkierungen sind meistens in Ordnung und die Bahnen sind vollständig in digitalen Karten erfasst.

In dieser Stufe darf der Fahrer endlich mal zu seinem Tablet oder zum Smartphone greifen, oder zu beiden gleichzeitig. Bei Stau auf der Autobahn macht das Auto, unter einer Geschwindigkeitsgrenze von 60 km/h, alles von alleine. Wenn jedoch ein Signal vom System kommt, muss der Fahrer schleunigst alles aus den Händen fallen lassen und zum Lenkrad greifen.

Die vierte Stufe: „Vollautomatisiertes Fahren". Der Fahrer wandelt sich auf der Autobahn oder im Parkhaus zum Passagier. Er darf während der Aktion des Fahrzeugs mit Smartphone oder Tablet, oder mit beiden, oder mit sonst wem spielen, Schlafen ist auch erlaubt. Er haftet nicht einmal für Verkehrsverstöße oder Schäden.

Das System erkennt seine Grenzen selbst und kehrt bei Bedarf zu einem sicheren Zustand zurück.

Ein schönes Gefühl: Das Auto kann von selbst auf die Autobahn auffahren, sich in den Verkehr einordnen, sogar bei hoher Geschwindigkeit. Es kann von selbst blinken, beschleunigen, bremsen, überholen.

Und wenn der Fahrer meint, dass ihm das Auto doch zu autonom wird, so kann er jederzeit das Steuer selbst übernehmen. Es sei denn, er erinnert sich während der Fahrt, doch ein Glas zu viel getrunken zu haben. In dieser Situation steuert das autonome Gefährt einen Parkplatz an.

Über Rechte und Pflichten des Menschen mit der Doppelrolle, als Fahrer und als Passagier, sind sich die Juristen noch nicht ganz einig.

Die fünfte Stufe: „Autonomes Fahren". Es gibt nur noch Passagiere, oder nicht mal diese! Ein Fahrer hätte keine Bedienelemente zum Fahren, kein Lenkrad, keine Bremse. Das Auto macht alles, in jeder Fahrsituation. Selbst die Regelverstöße oder Schäden sind sein Problem, die Insassen werden dafür nicht zur Verantwortung gezogen. Diese Stufe stellt tatsächlich die Vollendung des autonomen Fahrens dar.

Kreuzungen überqueren, den Kreisverkehr bewältigen, vor der Katze auf dem Zebra halten, alles kein Problem.

Der Wagen kann selbstständig auf die Autobahn auffahren, sich auch bei hoher Geschwindigkeit in den Verkehr einordnen, der Spur folgen, blinken, überholen, bei Bedarf bremsen, beschleunigen und die Autobahn schließlich wieder verlassen.

Bislang gibt es jedoch keinen rechtlichen Rahmen für vollautomatisierte Fahrzeuge – Rechte und Pflichten der Nicht-Fahrer in diesem Betriebsmodus sind deshalb noch nicht verbindlich. Bei Unfällen ist die Lage allerdings bereits in Paragraphen gegossen: Die Schäden zahlen entweder der Hersteller oder der Halter der jeweiligen Fahrzeugflotte.

Und wenn doch die Katze plötzlich von links vor die Stoßstange springt, um mit dem Hund zu kämpfen, der im gleichen Moment von rechts kommt? Zum Bremsen ist der Abstand bei der gegebenen Geschwindigkeit zu kurz, auch wenn das System viel schneller als ein Mensch reagiert. Das einzige, was das Auto, als mit

Schwung bewegte Masse, noch kann, ist lenken. Wohin aber lenken, über den Hund oder über die Katze? Sehr ernst ist die Situation, wenn statt Katze ein dreijähriges Mädchen über die Straße von links hüpft und zeitgleich eine achtzigjährige Oma ihren Rollator plötzlich von rechts auf die Straße schiebt. **Wen überfährt das autonom fahrende Auto in diesem Fall? Was haben die Automacher und die Juristen in seinen Speicher einprogrammiert?**

Lassen wir aber das Mädchen und die Oma am Leben und setzen beide in eine andere Situation: Sie sind zusammen in einem Haus, das Mädchen ist die Enkelin der Oma. Der Insasse des autonom fahrenden Autos ist der Vater des Mädchens und der Schwiegersohn der Oma. Und der ist so glücklich, dieses Gefährt bringt ihn gerade auf Wolke sieben zu einem verheißungsvollen Date. Das Mädchen ruft plötzlich „Papa!" Die allgegenwärtige elektronische Alexa im Wohnzimmer reagiert augenblicklich, indem sie über Clouds eine Meldung vom Smartphone des Unglücklichen über seine Aktivität und seine Position verlangt. Und sie meldet sich laut und trocken im Wohnzimmer: „Dein Papa wird gerade wieder zu einer blonden, hübschen Person gefahren, die er immer Schatzilein nennt". Das Mädchen macht große Augen, die Schwiegermutter greift die Fernbedienung des autonom fahrenden Vehikels und ändert augenblicklich seine Route, während sie murmelt: „Blondine, ja? Das werden wir gleich sehen, du Schurke!".

These 3: **Das autonom fahrende Automobil befreit den Insassen von der Polarisierung seiner Konzentration aufs Fahren und lässt ihm alle Valenzen für die Verbindung mit Menschen und Geschehnissen in der ganzen Welt. Der Insasse überlässt damit dem automatischen Gesamtsystem viele seiner physischen und psychischen Fähigkeiten oder momentanen Unfähigkeiten, die sich dadurch über ihre menschlichen Grenzen entwickeln und fremd gesteuert werden.**

2

Die drei Revolutionen des Elektroautomobils

Das Autonomobil der Zukunft, absolut selbstständig fahrend, ganz digitalisiert und mit maximaler Konnektivität wäre ohne elektrischen Antrieb nicht denkbar, so die weit verbreitete Meinung. Revolutioniert also das Elektroauto die moderne Kraftfahrzeugtechnik? Dazu gibt es eindeutig Klärungsbedarf.

These 4: Weder das vollautomatisierte Fahren noch eine umfassende Konnektivität bedingen per se ein ausschließlich elektrisches Antriebssystem.

Ein erstes pragmatisches Argument wird von den als sehr zukunftsträchtig gehaltenen Fahrzeugen mit elektrisch-thermischem Hybridantrieb geliefert: Ein Verbrennungsmotor, ob Benziner oder Diesel, liefert Drehmoment an die Räder in Zusammenarbeit mit einem oder zwei Elektromotoren. Der Verbrennungsmotor sorgt dabei nicht nur für den Antrieb, sondern zeitweise auch für die Ladung der Batterie, die den oder die Elektromotoren mit Energie versorgt. Optional kann die Batterie zusätzlich extern, via Ladekabel, von einer Steckdose am Haus oder von einer Ladestation

© Der/die Autor(en), exklusiv lizenziert durch
Springer-Verlag GmbH, DE, ein Teil von Springer Nature 2021
C. Stan, *Automobile der Zukunft*,
https://doi.org/10.1007/978-3-662-64116-3_2

unterwegs ihren Strom bekommen. Diese populär geworden Variante des Hybriden heißt auf Neudeutsch Plug In.

Zugegeben, der elektrische Antrieb an sich hat bemerkenswerte Vorteile: Der überall so oft stockende Straßenverkehr kann durch das spontane Reagieren des Elektromotors beim Beschleunigen wesentlich flüssiger werden. Und, mindestens genauso wichtig sind die Elektroautos gerade in großen Metropolen mit dichtem Hin und Her von hastig atmenden Menschen, zwischen abertausenden abgasblasenden Fahrzeugen aller Art, inmitten von Millionen abgasdampfender Kaminröhren über Haus-, Büro- und Industrie-Heizanlagen. Die Stromer sind in einer solchen Umgebung die einzigen Arbeitsmaschinen, die gar keine Treibhausgase, Schadstoffe wie Kohlenmonoxid, Stickoxide und Partikel emittieren, sie machen nicht einmal Geräusche. Für Partikel- und Geräuschemissionen sorgen allerdings, auch bei den Elektroautos, die Reifen.

Das Elektroauto scheint nach so vielen Jahrzehnten mit giftpustenden Diesel- und Benzinautos tatsächlich eine Revolution zu verkörpern. Es ist allerdings nicht der erste, sondern der dritte revolutionsverdächtige Anlauf der Elektroautos in der Mobilitätsgeschichte. Stoßartige Evolutionsphasen werden oft zu Revolutionen deklariert, lassen wir es so, den Geschichtsbüchern zuliebe. Dass es aber nicht eine, sondern drei Elektroautorevolutionen gab, muss man doch in die Geschichtsbücher scheiben.

2.1   Die erste Elektroauto-Revolution (1881 – 1900)

Revolution, das ist die plötzliche Umwandlung einer Struktur oder eines Prozesses in eine neue Form. Das bedeutet aber nicht, dass ein solcher Bruch oder eine derartige Unstetigkeit keine Ursachen haben. Die Ursachen scheinen, als Vorboten, auf den ersten Blick, keinen Zusammenhang mit der Revolution selbst zu haben, sie sind meist vielfältig und haben augenscheinlich keine logische Verbindung miteinander.

Ein markantes Beispiel ist die im Jahr 1789 entflammte französische Revolution: Diderot und D´Alembert schrieben ab 1751 eine von der Politik bis zur Technik aufklärende Encyclopédie, die den Sprengstoff für die spätere Revolution lieferte. Das war also die Revolutions-Batterie. Den Antrieb lieferten Montesquieu mit dem Modell der Gewaltenteilung in einem Staat und Rousseau mit den Thesen zum Eigentum als Ursache der Ungleichheit. Die Revolution zielte auf die Abschaffung des feudal-absolutistischen, von einem König geführten Staates. König Ludwig XVI. floh zwei Jahre später. Ein bemerkenswertes Ergebnis dieser Revolution: 13 Jahre nach der Flucht des Königs wurde Napoleon, der bei der Revolution als einfacher Bürger mitmischte, zum Kaiser!

Was hat das mit der Elektroauto-Revolution zu tun? Den Anfang und das Ende: Dabei gab es ähnliche Vorboten wie Rousseau und D´Alembert und die Moral von der Geschichte war auch nicht anders! Am Anfang der ersten Elektrorevolution gab es nebenbei wenige, bescheidene Benzinautos. Nach dem kurzen Durchzug der Stromer gab es eine wahre Explosion von mächtigen und Motor-prächtigen Benzin-Limousinen.

Über die Vorboten der ersten Elektroauto-Revolution sei zumindest Folgendes erwähnt: Der Italiener Alessandro Volta erfand die erste Batterie (1800). Ein Bleiakkumulator wurde vom Deutschen Wilhelm Josef Sinsteden (1854), die wiederaufladbare Blei-Säure-Batterie vom Franzosen Gaston Planté (1859) entwickelt. Auf der anderen Seite schuf der Deutsche Werner von Siemens den ersten antriebsfähigen Elektromotor, den er zunächst als „Dynamomaschine" patentierte (1866). Der Franzose Gustave Trouvé verbesserte den Elektromotor des Deutschen Siemens (1880), experimentierte mit der Batterie des Franzosen Planté, bastelte beide ins englische dreirädrige Fahrrad „Starley Coventry Lever Tricycle" und präsentierte, auf dieser Basis, im November 1881 sein Elektrofahrzeug auf der Internationalen Strommesse in Paris. Das war ein erstes Beispiel der Globalisierung im Automobilbau.

Das „Trouvé Tricycle" war das erste offiziell anerkannte Elektrofahrzeug der Welt.

Zu einem wahren Pionier der ersten Elektroauto-Revolution gehört aber ausgesprochen der spätere Papst der Benzin-Sportwagen mit großen und leistungsfähigen Verbrennungsmotoren: Ferdinand Porsche! Auf der Weltausstellung von Paris, im Jahre 1900, stellte Ferdinand Porsche zusammen mit Ludwig Lohner sein patentiertes Automobil mit vier elektrischen Radnabenmotoren vor. Die kollaterale Sensation war, dass mit einem Elektromotor pro Rad auch das weltweit erste Auto mit Allradantrieb entstand! Das Fahrzeug trug den verheißungsvollen Namen „Sempre Vivus" (stets lebhaft), was es aber nicht ganz war: Die Reichweite betrug nur 50 Kilometer, bei einer Höchstgeschwindigkeit von 50 km/h, also eine Stunde Fahrt in diesem bescheidenen Höchsttempo. Die Batterie wog stattliche 410 Kilogramm. Eine Stromtankstelle gab es aber auf der Pariser Weltausstellung immerhin, und zwar an dem zentral platzierten „Elektrizitätspalais" der, mit 5000 bunten Glühbirnen geschmückt, alle Pavillons mit Strom versorgte. Das war eine prachtvolle Initialzündung der ersten Elektromobilitätsrevolution.

Weniger prachtvoll aber durchaus pragmatisch war die Umsetzung der Elektromobilität auf den Straßen der Vereinigten Staaten von Amerika: Dort fuhren, mit amtlicher Zulassung, bereits während der gleichzeitig stattfindenden Weltausstellung von Paris, 34.000 Automobile mit elektrischem Antrieb auf den Straßen, auch wenn die Elektromotoren nicht in den Radnaben integriert waren. Und die Präsenz der Elektroautos war anteilmäßig gewaltig: 38% aller US-Fahrzeuge hatten im Jahre 1900 elektrischen Antrieb, übertroffen nur von den Dampfmaschinen mit 40%. Die Fahrzeuge mit Benzinmotoren kamen auf einen eher bescheidenen Anteil von 22%. Das änderte sich aber sehr schnell: Auf der einen Seite sank Anfang 1900 der Erdölpreis pro Fass (Barrel = 159 Liter) unter 2 US-Dollar [2]! Auf der anderen Seite nahm die Entwicklung von Automobil-Verbrennungsmotoren, insbesondere nach der Gründung der Ford Motor Company (1903), einen fulminanten Lauf. John Rockefeller, der Mitbegründer der Standard Oil Company setzte dafür das Erdölprodukt Benzin als Kraftstoff durch, obwohl Henry Ford seine Serienautos anfangs mit Ethanol betrieb. Rund zwanzig Jahre später (1929) fuhren in den USA 23 Millionen Fahrzeuge mit Benzinmotoren! So endete, ziemlich sang- und klanglos, besiegt von der zu geringen Reichweite, unter 100 Kilometern, und von dem zu hohen Preis im Vergleich zu den Autos mit Benzinmotoren, die erste Elektroauto-Revolution.

2.2 Die zweite Elektroauto-Revolution (1992 - 2005)

Die Weltwirtschaftskrise, gezündet von dem New Yorker Börsencrash (Oktober 1929), die für etwa ein Jahrzehnt zu einem starken Rückgang von Industrie, Handel und Finanzbewegungen auf dem Globus führte, verursachte, überraschenderweise, keinen Anstieg des Erdölpreises als „Nahrung" für Transport und Heizung, sondern, im Gegenteil, einen Verfall bis auf 0,65 US-Dollar pro Fass (1931). Das Erdöl wurde im zweiten Weltkrieg die strategische Ressource überhaupt, als Treibstoff aller Verbrennungsmotoren in Militärfahrzeugen auf der Erde, in der Luft und im Wasser. Selbst in der Wiederaufbauphase nach dem Zweiten Weltkrieg blieb der Erdölpreis ziemlich stabil bei durchschnittlich 2 US-Dollar pro Fass. In den 1960er Jahren stieg zwar die Nachfrage nach Erdöl rasant, inzwischen war aber auch das Angebot reichlich. Der Erdölpreis sank infolgedessen auf 1,80 US-Dollar pro Barrel [2]!

Und dann kam eine Weltkatastrophe, so etwas wie zwischen Erdbeben und Tsunami: Es schlug die erste gigantische Erdölpreis-Welle ein, 120 Jahre nach den

ersten Förderungen in Baku/Aserbaidschan und Titus-
ville/Pennsylvania in den 1850er Jahren! Der 6. Oktober 1973 war ein jüdischer Feiertag, Jom Kippur. An
jenem Tag starteten Ägypten, Syrien und weitere arabische Staaten einen Überraschungsangriff, besser gesagt einen Krieg, gegen Israel, den sie just nach 20 Tagen verloren. Als Reaktion auf diese Kriegspleite
drosselte die Organisation erdölexportierender Länder
(OPEC), in der mehrheitlich arabische Länder vertre-
ten sind, die Erdölförderung, und zwar drastisch, das
sollte ein Zeichen an die Industrienationen wegen ihrer
politischen Allianzen sein. Die Erdölförderer, die nicht
OPEC-Mitglieder waren, konnten diese starke Drosse-
lung nicht so schnell kompensieren, so stieg der Erdöl-
fasspreis sofort über 5 US-Dollar und ein Jahr später
auf rund 12 US-Dollar. Das war die erste Erdölpreiskrise (1973). Nur vier Jahre später wurde der iranische
Schah gestürzt, was zur Folge hatte, dass die Erdölpro-
duktion des Landes gewaltig sank. Das war der Auslö-
ser der zweiten Erdölpreiskrise (1979) – ein Fass kostete dann fast 37 US-Dollar! Von 1,80 auf 37 Dollar in
nur zehn Jahren, ein gewaltiger Schlag für Industrie
und Verkehr in der ganzen Welt, der die Anwendung
von Verbrennungskraftmaschinen eindeutig in Frage
stellte. Inzwischen wurden jedoch neue Fördergebiete
in Nicht-OPEC Ländern erschlossen, es kam zu einer
weltweiten Überproduktion und viele OPEC-
Mitglieder sahen sich gezwungen die Preise zu halbieren. Die Verbrenner der Welt überlebten.

Es kam dann aber eine weitere Tsunami-Welle: Am 2.
August 1990 wurde Kuwait vom Irak schlicht und einfach annektiert. Im Januar 1991 begann eine Koalition,

angeführt von den USA, Kampfhandlungen zur Befreiung Kuweits. Die Situation in einer extrem erdölreichen Region wurde fast unüberschaubar: Zum ersten Mal führten zwei arabische Staaten Krieg gegeneinander, sie zählten überdies beide zu den weltgrößten Erdölexporteuren. Drei nichtarabische Staaten der Region – Iran, Israel und die Türkei – waren davon indirekt und auch direkt betroffen, dazu wurde die aktive Beteiligung der US-Amerikaner, trotz UN-Mandat kritisch gesehen. Mögliche Reaktionen der Erdölförderer der Region, wie bei der ersten und zweiten Erdölpreiskrise, waren gar nicht ausgeschlossen. Die Industrienationen erwarteten eine dritte Erdölpreiskrise. Sie kam nicht, aber die Energiewirtschaft in den Industrienationen reagierte eindeutig, nur weg von der Erdölabhängigkeit!

Und damit zurück zum Elektroauto. Evolutionen folgen stets einer deterministischen, mechanischen Logik. Revolutionen haben dagegen phänomenologischen Charakter: Ein Funke ohne direkten Zusammenhang mit einem bestimmten System, kann seine stetige Evolution komplett verändern.

These 5: Die erste Revolution des Elektroautomobils wurde von der Erfindung des elektrischen Trouvé Dreirades (1881) gezündet, die zweite Revolution vom Marschieren der irakischen Truppen in Kuweit an einem Sommertag (1990).

In allen Industrie- und Wirtschaftsbranchen begann eine fieberhafte Suche nach Alternativen zu den Wärmekraftmaschinen, die Erdöl als Energieträger nutzten.

So auch in der Kraftfahrzeugindustrie.

Auch bis 1990 wurden Elektrofahrzeuge als Nischen-
lösungen gebaut, so die Mercedes-Transporter mit Bat-
teriewechselsystem, die Elektromobile auf der Insel
Capri oder in Bahnhöfen und Fabrikhallen. Die große
internationale Welle der elektrischen Automobile kam
aber erst nach 1990.

Im Jahre 1992 entstand der City Stromer von Volkswagen, auf Basis des Golf III, in Zusammenarbeit mit
Siemens. Er kam in den freien Verkauf und wurde bis
1996 in einer Serie von 120 Fahrzeugen gebaut. Reich-
weiten bis zu 90 Kilometern waren möglich, allerdings
bei einer konstanten Geschwindigkeit von 50 km/h.
Darüber hinaus wurden auch einige VW Transporter
T3 und T4 elektrifiziert. BMW, Mercedes und Opel
zogen nach. Am 2. Oktober 1992 wurde unter der
Ägide des Deutschen Bundesregierung ein Großver-
such mit Elektroautos auf der Insel Rügen gestartet,
der bis 1996 dauerte. Daran waren zeitweise bis zu 60
Elektrofahrzeuge der Marken BMW 3er, Fiat Panda,
Mercedes 190, Neoplan, Opel Astra, VW Citystromer
und VW T4 beteiligt, die jeweils 25.000 bis 40.000 Kilometer unter teilweise harten Bedingungen zurückleg-
ten. Das ergab eine Gesamtstrecke für alle Fahrzeuge
von 1,3 Millionen Kilometern, was eine gute Basis für
qualifizierte Erfahrungen bildete.

Die Batterien waren je nach Automarke unterschiedlich, von Blei-Gel und Natrium-Schwefel, bis zu Nickel-Metallhydrid und Lithium-Ionen. Die Bilanz war
aber, alles in allem, doch nicht so berühmt wie erhofft:
Die Batterien waren mit einem Strommix geladen, an
dem, wie in Deutschland in jener Periode in der Elektroenergieproduktion üblich, zum großen Teil Kohle-

kraftwerke beteiligt waren. In der gesamten Energiekette von der Stromproduktion bis zu der mechanischen Arbeit an den Fahrzeugrädern stoßen die Elektroautos deutlich mehr Kohlendioxid als Fahrzeuge mit
Benzin- und Dieselmotoren der gleichen Marken aus
(wobei für die Verbrenner die Energiekette ähnlich wie
für die Elektroautos, von der Erdölförderung und Raf-
finierung bis zum Fahrzeugrad berechnet wurde). Die
ähnliche Betrachtungsform zeigte einen Gesamtener-
gieverbrauch der Elektroautos, der um gewaltige 25%
höher als jener der Benziner- und Diesel-Konkurrenten
war. Man analysierte sogar die Geräusche, auch wenn
allgemein ein selbstverständliches Urteil zugunsten
der Elektroautos zu erwarten gewesen wäre – sie machen doch keine Geräusche, oder? Bei Geschwindigkeiten bis zu 50 km/h waren die Elektroautos tatsächlich im Vorteil, auch wenn sie Rollgeräusche der
Reifen auf dem Straßenbelag verursachen. Diese Rollgeräusche waren dann aber bei höheren Geschwindigkeiten, aufgrund der schweren Batterien derart laut,
dass die Schallemissionen höher als bei den Autos mit
Verbrennungsmotoren wurden. Über die Batterien
konnte man auch ein Lied singen, aber jeder Hersteller
ein anderes Lied: Die Zuverlässigsten waren die Blei-
Gel Batterien, dafür waren sie aber auch die schwers-
ten. Natrium-Schwefel Batterien nahmen die fünffache
Elektroenergie bei gleichem Gewicht auf, aber mit einem flüssigen Elektrolyten bei etwa 350° Celsius. Einer der beteiligten Hersteller machte in seinen eigenen
Hallen eine schlechte Erfahrung damit: Eine solche
Batterie platzte, austretende gefährliche Dämpfe führten dazu, dass in wenigen Minuten sehr, sehr viele Mitarbeiter Hallen und Gebäude verlassen mussten. Die
Ergebnisse des Rügen-Versuchs über 4 Jahre, aber

auch der Einsatz solcher Fahrzeuge auf sonstigen deutschen Straßen in dieser Zeit waren ernüchternd. Die zweite Elektrorevolution verlief in Deutschland im Sande [3].

Die Franzosen waren von den Anfängen dieser Versuche offensichtlich sehr gerührt. Dafür hatten sie in Bezug auf Elektromobilität sogar einen besonderen Trumpf in der Hand: Ihre Elektroenergie wird über 70% in Kernkraftwerken produziert, dass heißt, mit Null Kohlendioxidemission. Bei PSA Peugeot-Citroen entstanden, beispielsweise, zwischen 1995 und 2005 nicht weniger als 10.000 Elektroautomobile! Ob es dafür auch Kunden gab? Kein Problem, in Frankreich ist die staatliche Verwaltung, seit Napoleon, zentralistisch aufgebaut: Ämter wie Rathäuser, Post, Polizei wurden mit solchen Fahrzeugen von Amts wegen zwangsausgerüstet. Ein Citroen Saxo Electrique hatte, beispielsweise, einen 20 Kilowatt Antriebs-Gleichstrommotor und eine Nickel-Cadmium Batterie von 240 kg, was das Fahrzeug-Leergewicht auf 1085 kg brachte. Immerhin, diese Batterie konnte doppelt soviel Elektroenergie bei gleichem Gewicht im Vergleich mit einer Blei-Gel-Batterie aufnehmen. Die Reichweite im Stadtverkehr blieb trotzdem bei nur 75 km [4]. Unzufrieden mit der doch geringen Reichweite suchte der französische Fahrzeugbauer nach Möglichkeiten, um mit der vorhandenen Energie an Bord mehr Strecke zurücklegen zu können. Dabei sollte der neue Ansatz idealerweise "nichts kosten, nichts wiegen und keinen Platz beanspruchen". Am Ende wurde mit einem sehr kompakten Motor mit Benzin- oder, wahlweise, Ethanol-Direkteinspritzung, mit Abmessungen von 30x30x25 cm und 8 Kilogramm Gewicht die Aufgabe gelöst (1999) - 420 km Reichweite! Der kraftstoff-schluckende Zwerg füllte die Batterie an Bord nur wenn sie Spannungschwäche zeigte und allgemein nur außerhalb eines Stadtzentrums. Dabei verblieb der Benzinverbrauch bei 2,4 Litern pro einhundert Kilometern [5]. Renault baute in der gleichen Zeit mehrere elektrische Varianten von Clio, Kangoo und Express und ein sehr kompaktes Modell Zoom mit 2,30 Meter Länge und einem einzigen Sitz.

In den USA baute General Motors in der gleichen Periode (1996 – 1999) 1117 Elektroautos des Typs EV1 mit jeweils zwei Sitzen, die nicht zum Verkauf, sondern nur zum Leasing angeboten wurden. Der Antriebselektromotor hatte eine Leistung von 102 Kilowatt, die Blei-Gel Batterie eine Kapazität von etwa 18 Kilowatt-Stunden. Später wurden Nickel-Metallhydrid-Batterien mit 26 Kilowattstunden eingebaut. Im Jahre 2003 wurden all diese Fahrzeuge vom Markt zurückgezogen und zerstört, bis auf einige Exemplare fürs GM Museum [6].

Sic transit gloria mundi - so vergeht der Ruhm der Welt.

These 6: Die zweite Elektroauto-Revolution erlitt eine Niederlage nach der anderen, an jeder Front, auf der ganzen Welt. Das Schlechte daran: Sie nahm auch solche zukunftsträchtigen Lösungen wie stationär arbeitende Stromgeneratoren mit schnapssaufenden Kolbenmaschinen an Bord mit ins Grab.

Die Glanzzeit des einfachen, kompakten Stromgenerators mit emissionsneutralem Verbrenner an Bord eines elektrisch angetriebenen Automobils wird noch kommen.

2.3   Die dritte Elektroauto-Revolution – ab dem Beginn des dritten Jahrtausends

Die internationale Presse kündigte nach dem Jahr 2000 die neue Welle der Antriebselektrifizierung von Automobilen an. Der eine Grund: das immer noch teure Erdöl galt nach wie vor für die dritte wie für die zweite Elektroauto-Revolution. Hinzu kam jedoch etwas Neues, und das war eine eindeutige Bedrohung für die Verbrenner fossiler Kraftstoffe wie Benzin und Diesel: Die gesetzliche Limitierung des Kohlendioxidausstoßes!

Die nachweisbaren Klimaveränderungen infolge der Verbrennung fossiler Energieträger wie Benzin, Diesel, Schweröl, Kohle und Erdgas zwangen die Weltgemeinschaft zu energischen Maßnahmen. Und die besagten Energieträger sind nun mal überall im Einsatz: in Industrieanlagen für Arbeitsmaschinen und Prozesswärme, darüber hinaus für Heizung und Strom in Häusern, Bürogebäuden, Handelseinrichtungen und nicht zuletzt in Fahrzeugen auf Straßen, in der Luft und auf dem Wasser. Erdöl, Erdgas und Kohle ersetzten? Keine Organisation oder Regierung der Welt hat bislang gewagt, in diese Richtung zu gehen, die Interessen daran waren und sind in vielerlei Richtungen zu gewaltig. Es galt also den Einsatz fossiler Energieträger zumindest zu begrenzen und dazu komplementäre, klimaneutrale Energieträger verstärkt einzusetzen.

Wenn ein kohlehaltiger Energieträger mit Sauerstoff aus der Luft verbrannt wird, entsteht grundsätzlich Kohlendioxid, soweit die Verbrennung auch vollständig war [7]. Es gelten folgende Werte [1]:

- Aus der Verbrennung eines Kilogramms Benzin oder Diesel resultieren 3,1 Kilogramm Kohlendioxid.

- Aus der Verbrennung eines Kilogramms Erdgas resultieren nur 2,75 Kilogramm Kohlendioxid, dazu mehr Wasser als aus der Benzinverbrennung auf Grund des höheren Verhältnisses zwischen Wasserstoff und Kohlenstoff im Erdgas.

- Aus der Verbrennung eines Kilogramms Kohle resultieren 3,67 Kilogramm Kohlendioxid.

Wichtig ist, wieviel von jedem dieser Energieträger verbrannt werden muss, um die gleiche Wärme zu bekommen. Erdgas, Benzin und Diesel haben etwa den gleichen Heizwert, das ergibt die gleiche Wärme aus der gleichen verbrannten Menge. Bezüglich der Kohlendioxidemission für die gleiche Wärme ist das Erdgas klar im Vorteil.

Bei der Kohle sieht die Welt aber schwarz aus: für die gleiche Wärme wie aus Erdgas und Erdölprodukten muss viermal mehr Braunkohle verbrannt werden!

Und diesem Kohlendioxidausstoß wurden Grenzen gesetzt.

Natürlich, zuerst in der Fahrzeugindustrie, die immer das meiste Geld für Forschung und Entwicklung hat, so die allgemeine Meinung von Politik und Wirtschaft.

So haben sich die europäischen Automobilhersteller, unter ihrem Dachverband ACEA (Association des

Constructeurs Européens d'Automobiles) ursprünglich selbst verpflichtet, bis zum Jahre 2008 den durchschnittlichen Kohlendioxidausstoß für die gesamte Fahrzeugpalette im jeweiligen Unternehmen auf 140 Gramm Kohlendioxid pro Kilometer (g CO_2/km) zu verringern. Dann wurde eine Senkung auf 130 g CO_2/km für 2012 bis 2015 gesetzlich festgelegt. Die Europäische Kommission legte gesetzlich eine weitere Reduzierung des Kohlendioxidausstoßes auf 95 g CO_2/km bis 2020 fest. Im Zusammenhang mit der Begrenzung der Erdklimaerwärmung um maximal 2 °C im Jahre 2050 verständigten sich die G8 Staaten auf eine Limitierung des CO_2 Pkw-Flottenausstoßes auf 20 g CO_2/km.

Der Kohlendioxidausstoß ist jedoch proportional dem Streckenkraftstoffverbrauch. Bei einer Verbrennung in einem Kolbenmotor, wobei Kohlenwasserstoffe (beispielsweise Benzin) in einer vollständigen Reaktion mit Sauerstoff aus der Luft in Kohlendioxid und Wasser – also ohne Kohlenmonoxid oder unverbrannten Kohlenwasserstoffen – umgewandelt wird, entsprechen 20 Gramm Kohlendioxid pro Kilometer einem Streckenkraftstoffverbrauch von 0,88 Liter Kraftstoff je einhundert Kilometer [7]. Klingt doch fast utopisch! *Jeder Leser sollte hier innehalten und kurz überlegen, wieviel Benzin oder Diesel sein Auto auf 100 Kilometern Strecke verbraucht!*

Die Regeln einer solchen Verpflichtung zur Reduzierung der Kohlendioxidemission sind allerdings noch gemeiner als nur von der Zahl selbst ausgedruckt: Die Grenze gilt als Durchschnitt, für alle Fahrzeugmodelle eines Automobilherstellers, ob mit Diesel, Benziner oder Elektromotor. Eine Automobilmarke, die erfolgreich ein Modell mit über 3 Litern Motor-Hubraum bei einem Benzinverbrauch von 12 l/100km beziehungsweise 274 g CO_2/km absetzt, sollte demzufolge im Jahr 2020, als Kompensationsmaßnahme, die doppelte Anzahl von Automobilen ohne jegliche Kohlendioxidemission während der Fahrt produzieren müssen – das sind derzeit offensichtlich nur die Automobile mit elektrischem Antrieb und Batterien sowie Brennstoffzellen mit Wassersoff. Und wenn die Ausstoßgrenze von 95 Gramm (2020) auf 20 Gramm (2050) gesenkt werden soll, dann bleibt kein Ausweg mehr als fast nur noch Elektroautos zu bauen. Die klimaneutralen Kraftstoffe für Verbrennungsmotoren interessierten und interessieren erstmal niemanden in den Politikergremien.

Und so begann die dritte Elektroauto-Revolution. An ihrer Spitze ritt ein echter Held: Im Jahr 2006 brachte Venturi Automobiles aus Monaco (früher in Paris, Frankreich) den ersten elektrischen Sportwagen der Welt, den „Fetish" auf den Markt [8]. Aus dem gleichen Hause kam dann der „Volage", mit acht Elektromotoren, je zwei pro Rad, und dann „America", das erste elektrische Crossover, dann „Jamais Contente", mit einer Leistung von 588 kW (800 PS) welches Geschwindigkeiten von 500 km/h erreichte [9].

Dann kam in Kalifornien das Unternehmen Tesla Motors des Milliardärs Elon Musk ins Spiel: Es produzierte zwischen 2008 und 2012 ebenfalls einen elektrischen Sportwagen, den „Tesla Roadster" mit einer 70 kWh Lithium-Ionen-Batterie [10]. In 4 Sekunden von Null auf Hundert Kilometer pro Stunde, mit einer maximalen Geschwindigkeit von 212 km/h und einer

Reichweite von 340 Kilometern war dieses Auto eine große Konkurrenz für die teuren Klassiker mit Benzinmotoren. Ein Jahr nach der Einführung des Roadsters kam vom Musk-Konzern die Luxus-Limousine „Tesla S": 5,6 Sekunden von Null auf Hundert, 193 km/h, 480 km Reichweite, 85 kWh Batterie. Die Verkaufszahlen des Tesla stiegen von rund 22.000 in 2013 auf 84.000 in 2016. Ein Jahr später wurde Tesla „Model 3" mit Leistungen um 225 kW (306 PS), 400 Nm Drehmoment und Batterien mit Kapazitäten zwischen 52-85 kWh eingeführt.

Noch vor dem ersten Tesla, im Jahre 2007, präsentierte Mitsubishi, auf dem Automobilsalon von Tokyo, den MIEV (Mitsubishi Innovative Electric Vehicle). Chevrolet Volt (2010) und Opel Ampera, sein deutsches Pendant (2012) waren eher Range-Extender-Hybrid-auto-Mischlinge als pure Elektroautos, wie sie anerkannt werden wollten (wegen den staatlichen Elektroauto-Förderungen).

In der gleichen Zeit kam aber auch der Nissan Leaf auf den Markt, der zum meist verkauften puren Elektroauto der Welt wurde und blieb. Die Antriebsleistung war mit 80 kW (109 PS) eher für normale Straßen als für Autorennen oder Protzen gedacht, die Lithium-Ionen-Batterie mit 24 kWh entsprechend moderat, damit leichter, kleiner, preiswerter als die Monster-Batterien mit 80 bis 90 KWh, welche allein fast so viel wie zwei ganze Renault Twizy samt Batterien wiegen. Später wurden der Nissan-Motor kräftiger und die Batterie größer.

Der Diesel- oder Abgasskandal (bekannt auch als Dieselgate), der im September 2015 ausbrach, verschaffte dieser dritten Revolution, zusätzlich zum Argument der erwarteten Limitierung der Kohlendioxidemission, einen weiteren Zünder: Weg von den Antrieben, die Stickoxide emittieren, oder die überhaupt mit Verbrennung funktionieren.

Viele große Automobilhersteller entwickelten eifrig Elektrifizierungsprogramme: Volvo baut ab 2019 keine Antriebe mehr, die ausschließlich aus Verbrennungsmotoren bestehen – das heißt, entweder Hybridantriebe, Elektromotor plus Verbrennungsmotor, oder nur Elektromotoren. General Motors will ab 2023 mindestens 20 Modelle mit Elektroantrieb und Batterie oder Brennstoffzelle auf den Markt bringen und ab 2026 mindestens eine Million Fahrzeuge dieser Art pro Jahr verkaufen. Und die ganze Automobilwelt folgte diesem Revolutionsruf: Citroen C-Zero, Ford Mustang mach-E, Hyundai Ioniq und Kona Electric, KIA e-Niro, Nissan e-NV200, Peugeot e-208, Polestar, Renault Zoe ZE50, Twingo ZE und Twizy Urban, Volvo XC40, die Liste ist sehr lang, es sind derzeit (2020) über 170 Modelle [4].

Und wo bleiben die Deutschen? Seit 3-4 Jahren hört man auf verschiedenen Veranstaltungen oder von vielen Medien, dass die Deutschen die Elektroautomobilrevolution (gefühlt als Allererste!) ganz verschlafen haben, alles verpasst, uneinholbar, eine Katastrophe für „unsere" Industrie und Wirtschaft. Solches Getöse von „Experten" und „Päpsten" entsteht im Zusammenhang mit der deutschen Automobilindustrie in regelmäßigen Abständen: Vor mehr als 20 Jahren im Zusammenhang mit der Benzin-Direkteinspritzung in Ottomotoren, wie bei Mitsubishi, etwas später mit den

Hybridautos wie der Toyota Prius – in beiden Kategorien hat sich aber der verspätete, jedoch bedachte Anlauf von BMW, Mercedes und Co. sehr, sehr bewährt, sie führten diese Techniken zur Spitze der jeweiligen Gattungen.

Mit der Elektroautorevolution ist es aber so eine Sache: Wer lange Zeit gute Autos gebaut hat, ist sich bewusst, dass es nicht die erste, sondern eben eine dritte Revolution dieser Art ist, dass zwei zuvor scheiterten. Sie sind sich aber auch bewusst, dass diese neue Revolution viel heftiger und viel breiter aufgestellt ist, weil sie im Namen der Weltklimarettung geführt wird.

Mitmachen? Ja, aber mit welchem Risiko?

These 7:   Die dritte Elektroauto-Revolution steht vor einem Dilemma: Alles oder Nichts? Oder nur Mitmischen, bis die Revolutionsführer die Gesetze eindeutig neu geschrieben haben und das Volk sie auch noch akzeptiert hat?

Also Elektromotor und Batterie als Ersatz für Kolbenmotor und Tank in einem bewährten Modell oder ein grundsätzliches Elektroauto durch und durch, vom Design bis zum Antrieb, Energiespeicher und Fahrwerk.

BMW ging heldenhaft in Front, fast gleichzeitig mit dem ersten Tesla, mit einer Prototypen-Präsentation auf der Internationalen Automobilausstellung in Frankfurt, 2011, und dem Produktionsstart 2013 in Leipzig. Der geistige und technische Vater war der Mini Electric von BMW, der bereits im Jahre 2009 Feldversuche in den USA, in Berlin und in München absolvierte. Der neue Held i3 sollte aber etwas ganz anderes als ein klassisches Automobil sein, es ging nicht allein um den Elektroantrieb. Zukunftsweisendes Fahrzeugkonzept, unkonventionelle Karosserieart, neue Materialien – alles mutig, fesch und extravagant [11]. Das bedeutete alles oder nichts in höchsten technischen und ästhetischen Ebenen. Der erste Antrieb war ein Elektromotor von 125 kW (170 PS), später wurden noch einige Pferde dazugelegt. Die Lithium-Ionen-Batterie hatte erstmal vernünftige 22 kWh, später das doppelte, was auch die proportionale Gewichtszunahme brachte. Man sparte aber anders Gewicht: Die Fahrgastzelle aus Kohlefaser verstärktem Kunststoff, eine Weltpremiere auf diesem Gebiet, wiegt genauso viel wie der Autor dieses Buches. Aber mit Batterie und Fahrgestell standen insgesamt rund 1,3 Tonnen auf den Rädern, mit größerer Batterie entsprechend mehr. Der i3 wurde trotz exzellenter Eigenschaften kein wahrer Bahnbrecher wie erhofft: 2019 wurden 9000 Exemplare in Deutschland und 40.000 weltweit verkauft. Im gleichen Jahr verkaufte BMW insgesamt rund 2,5 Millionen Autos weltweit, fast eine Million davon X-Modelle! Der i3 geht in den nächsten Jahren aus der Produktion, seine Elektroantrieb- und Batterie-Technik wurde dem Konzernbruder Mini zurück verliehen, einem bewährten Klassiker, der bereits in Serie produziert wird.

Volkswagen hat im Jahr 2017 das Elektrifizierungsprogramm „Roadmap E" mit folgenden Zielen präsentiert: 3 Millionen Elektroautos pro Jahr, 80 Modelle, gebaut in 16 VW-Fabriken. Inzwischen wurde das Programm noch verschärft: 70 neue Elektroauto-Modelle in den nächsten 7 Jahren und eine Produktion von 22 Millionen Elektroautos in den nächsten 2 Jahren [12]. Als Vergleich: VW produzierte in seinem Rekordjahr

2019 rund 11 Millionen Autos, fast ausschließlich Benziner und Diesel. Das ist alles oder nichts in doppelter Hinsicht:

- einerseits werden nicht die bestehenden, bewährten Benziner und Diesel-Fahrzeugmodelle auf Elektromotoren umgerüstet, sondern komplett neu um die Elektromotoren und der Batterie gestaltet, wie bei i3 von BMW. Arteon R, ID1, ID4, ID6 stehen in den Startlöchern.

- andererseits wird nicht nur ein Teil der VW-Produktion auf Elektroautos umgestellt, sondern so gut wie die gesamte Produktion.

Diese strategische Positionierung ist nicht risikofrei. Der weltweite Bestand von Elektroautos erreichte im Jahr 2019 rund 7,9 Millionen Einheiten, 3,8 Millionen davon in China und 1,5 Millionen in den USA als größte Abnehmer. Der chinesische Markt bestimmt also das weltweite Elektroauto-Geschehen, der Strom kommt in dem Lande jedoch zu fast 70% aus Kohle, und die Chinesen suchen fieberhaft nach klimaneutralen Energiequellen. Dort fahren derzeit ganze Taxiflotten mit Biomethanol in Verbrennungsmotoren. Andererseits wird in China neuerdings viel Interesse für die Brennstoffzellen mit Wasserstoff gezeigt, Japan und Korea haben sehr überzeugende Serienautos mit dieser Technik.

Der Weltbestand von Automobilen mit allen Arten von Antrieben beträgt derzeit (01/2021) 1,345 Milliarden Einheiten, die 7,9 Millionen Elektroautos machen dabei 0,5% aus. Die meistverkauften Elektroautos weltweit kamen 2019 von Tesla: 0,361 Millionen. Im gleichen Jahr verkaufte VW rund 11 Millionen Autos und

Mercedes 2,34 Millionen, nahezu alle mit Verbrennungsmotoren.

Alles oder Nichts ist also eine der Varianten, bei der Elektroauto-Revolution mitzukämpfen. Die andere Variante ist Mitzumischen, wie Napoleon, der später Kaiser wurde.

In der deutschen Automobil-Luxus-Liga, die immer wieder heftige Kritiken hinnehmen musste, den Tesla-Weg verpasst zu haben, ist die Strategie ganz anders. In diesem Zusammenhang ist nicht außer Acht zu lassen, dass Mercedes, Porsche und Audi Limousinen bauen, die Raffinesse, Komfort und technische Details bieten, die seit jeher auf dem ganzen Globus begehrt sind. Ihre meisten Modelle wurden nicht revolutionsartig auf Hülle-um-Elektromotor-und-Batterie umgestellt, der pragmatische Weg war die Elektrifizierung der Verbrenner, ob Benziner oder Diesel: Ein schlanker, flacher Elektromotor auf der gleichen Achse, zwischen Motor und Automatik-Getriebe, eine Batterie der von außen mittels Strippe geholfen wird (Plug-In), in einer bewährten Karosserie, mit allen bekannten und beliebten Funktionen, tun es auch. Man kann rein elektrisch zum Bäcker oder zum Büro in der City und zurück nach Hause fahren, wenn es zum Skifahren nach Südtirol geht, lassen wir dem Diesel seine Freude. Zwischentanken braucht man nicht.

Das ist aber nicht das einzig Machbare, wenn es sein muss... Diese Liga zeigte, dass sie in puncto „rein elektrisch" nichts verpasst hat, im Gegenteil: wenn, bei Bedarf, elektrisch, dann aber richtig!

-   Porsche Taycan wird von zwei Elektromotoren, mit einer Gesamtleistung von 500 kW (680 PS), oder wahlweise 560 kW (760 PS) angetrieben. Das Drehmoment bis 1000 Newton-Metern, damit kann man gut einen Sattelschlepper ziehen. Beschleunigung von Null auf Hundert in 2,8 Sekunden, wie ein Formel 1-Auto [13]. Batterie wie bei Tesla (Lithium-Ionen, 71 – 84 kWh), Reichweite 300 Kilometer, aber Batterieladen mit bis zu 350 kW, Strom für 200 km in wenigen Minuten!

- Mercedes EQC 400, mit 300 kW (408 PS), Elektroantrieb, bis zu 300 km Reichweite [14]. „Als reines Stadt- oder Pendelauto hat der ECQ keinen großen Sinn" [15]. Es mag so sein, aber zeigen, was möglich ist, wenn es sein muss, ist richtig! Wie viele Zeitgenossen bewegen derzeit ihre 2,2 Tonnen SUV′s bis zur Firma im Stadtzentrum mit einem Benzinverbrauch von 15 Litern pro hundert Kilometer, demzufolge mit einer enormen lokalen Kohlendioxidemission?

- Audi e-Tron 55, Elektroantriebe mit 230 bis 370 kW, ähnlich wie im Mercedes EQC, Drehmomentwerte um 660 Newton-Meter (*ein Audi Q5 mit 2.0 TFSI Benzin-Motor hat nur 370 Nm, und die kommen erst bei etwa 3000 U/Min, beim Elektromotor sind die 660 Nm gleich von der ersten Umdrehung vorhanden*), Lithium-Ionen Batterien mit rund 90 kWh, 700 Kilogramm schwer, wodurch dieses SUV über 2,5 Tonnen schwer wird [16]. (aber Tesla S, als Limousine, wiegt auch stolze 2,1 Tonnen).

These 8: Elektrisch in den Stadtzentren, das macht Sinn, weil alle Substanz- und Geräusch-Emissionen des Antriebs Null sind. Und das geht mit jeder Fahrzeugklasse und -größe, man braucht dafür keinen universellen Elektromotor, umhüllt von einer einheitlichen Karosserie.

Das Hauptproblem der Elektromobilität ist und bleibt ein anderes, ungeachtet der Reichweite, Ladedauer, Fahrzeuggewicht und -preis: wo kommt der Strom her?

Die Elektroenergie macht nur 20% des Primärenergiebedarfs der Welt aus. Wäre diese wenigstens klimaneutral! Aber nein, nur 20% davon kommen vom Wind und Wasser [1]. Lokale Vorzeige-Lösungen in manchen Gebieten von Europa oder Amerika sind noch Tropfen auf dem heißen Stein.

These 9: Mit Strom aus Kohle oder Gas löst die Elektromobilität, keine Probleme im Zusammenhang mit dem Welt-Klimawandel.

Es sei denn, aus dieser Revolution erwächst ein genialer Stratege, der alle Strukturen, Verwaltungen, wirtschaftlichen Abläufe und politische Interessen vom Grund auf neu gestaltet: Kaiser Napoleon, wir brauchen dich!

3

Automobile Welt und ihre Umwelt

3.1 Smog ist nicht gleich Smog

Am 5. Dezember 1952 zog Nebel in London auf, was nicht ungewöhnlich war. London war bis 1925, über 100 Jahre, die Stadt mit den meisten Einwohnern der Welt. Sie heizten alle mit Kohle, und die Millionen von Schornsteinen über den klassischen Londoner Häusern sind bis heute sehr beeindruckend. Die Kohle beinhaltete viel Schwefel, es entstanden, neben dem Kohlendioxid, auch ganze Rauchgeschwader mit den giftigsten Zutaten: Ruß, unverbrannte Kohlepartikel, Schwefeldioxid, Kohlenmonoxid. Die warmen Gase stießen in den Himmel, aber unten, in Bodennähe, zog immer wieder eine kühle Meeresbrise hindurch. So entstand, aus dem Kontakt der oberen warmen Luft mit der unteren kalten Luft, eine dicke Nebelsuppe, versalzen mit Kohlekörnchen und versauert mit der Schwefelsäure, die aus der Kombination von Schwefeldioxid und Wassertropfen entstand. Das fanden die Londoner zunächst normal, das gab´s schon in den Zeiten des Königs Richard Löwenherz (1189 -1199). Am Tag

© Der/die Autor(en), exklusiv lizenziert durch
Springer-Verlag GmbH, DE, ein Teil von Springer Nature 2021
C. Stan, *Automobile der Zukunft*,
https://doi.org/10.1007/978-3-662-64116-3_3

nach jenem 5. Dezember 1952 wurde aber der dunkle Filz dicker. Die Autos und die Busse blieben auf den Straßen mitten im Verkehr stehen, die Sichtweite sank auf 30 Zentimeter, die Menschen sahen die eigenen Hände nicht mehr [17]. Die schwarzen Rauchschwaden drangen durch Fenster und Türen, in Theater und Kinos, Bühnen und Leinwände waren nicht mehr zu sehen. Die schmutzige Luft verfärbte die Hemden, aber auch die Lungen. Menschen und Tiere kollabierten massenweise. Infolge von Atemnot und Schwefelsäure-Vergiftung starben 12.000 Menschen. Das ist in der Geschichte als „The Great Smog" geblieben.

Den Begrif Smog schufen die Engländer aus der Kombination Smoke (Rauch) und Fog (Nebel).

Eine fundierte Analyse der Smogentstehung bedarf einer zunächst getrennten Betrachtung: Auf der einen Seite des reinen Nebels, auf der anderen Seite der Emission von Partikeln und Schwefeldioxid in der Atmosphäre.

Die Giftgase können aus dem Kamin wie aus der Stahlgießerei beim schönsten blauen Himmel hinaufschießen. Und dcr Nebel erst: Den gibt es auch pur wie Zuckerwatte, bestehend allerdings aus Luft (Stickstoff, Sauerstoff und Spuren von Kohlendioxid) und Wasserdampf. Eines der schönsten und ergiebigsten Nebelgebiete der Welt gibt es immer wieder, jedoch öfter zwischen November und Februar, in der Pianura Padana (Po-Ebene), eine der fruchtbarsten Regionen Italiens! Das tut Weizen, Mais und Gemüse, aber vor allem dem Wein besonders gut!

These 10: Ein Nebelgebiet ist die eine Sache, Schadstoffe in der Luft eine andere! Es kommt allerdings meist zu einer Katastrophe, wenn sie zueinander finden: Die „dicke Luft" in Form von Nebel umhüllt in so einem Fall die Teilchen, die von Auspuffröhren und Schornsteinen in sie hineinschießen und läßt sie nicht mehr hinaus.

Das ist wie mit den Wurststückchen in der Sülze, die fallen auch nicht runter, selbst wenn die Sülze noch warm ist.

Nehmen wir uns also erstmal den reinen Nebel (als Luft mit Wasserdampf) über einem Gebiet vor, und versuchen erst dann, mögliche Verunreinigungen zu betrachten. Im Norden der Po-Ebene erstrecken sich die Alpen, im Süden die Apenninen. Wenn die Sonne am Morgen über die südlichen Flanken der Alpen strahlt, entsteht eine relativ warme Luftströmung, die nach Süden, in Richtung der Ebene zieht. Am Boden ist die Luft noch kalt. Der Tau über den Feldern und die Wasseroberfläche des großen Flusses Po zieht ihr beim morgendlichen Verdampfen Wärme ab, die Wassertropfen brauchen sie eben zum verdunsten. Die warme Luftströmung von den Alpen bleibt über der Ebene stehen. Die weitere Bewegung der Luftströmung wird von den Apenninen im Süden blockiert. Die zwei Luftmassen mit unterschiedlichen Temperaturen vermischen sich nur in einer horizontalen Schicht, in der dann der Nebel entsteht. Meteorologen nennen dieses Phänomen „Inversionswetterlage" oder „Umkehr des vertikalen Temperaturgradienten" [18]. Klingt furchtbar wissenschaftlich, es stellt aber nur einen einfachen Fakt dar: die bodennahe Luftschicht hat eine geringere Temperatur als die oben drüber liegender Luftschicht. Für eine solche Inversion reicht eine Temperaturdifferenz von 6 bis 10°C. Die untere Luftschicht kann in so einem Fall nicht die obere durchdringen. Klar, die Wärme geht auch nicht von selbst von einem kalten zu einem warmen Körper über (eine der Formulierungen des Zweiten Hauptsatzes der Thermodynamik). Alles gut und schön, die Luftmassen liegen übereinander, aber warum entsteht doch Nebel, dicker Nebel in der unteren Schicht? Ist es vielleicht Rauch von irgendeinem Ofen da unten? Nein, es ist nur die Luft und das Wasser, die die zwei Fronten bereits enthalten. Es kommt nichts anderes hinzu.

Die Nebelbildung beruht auf der grundsätzlichen Eigenschaft der Luft, Wasserteilchen als in ihr schwebenden Dampf aufzunehmen. Dieser Wasserdampf ist mit dem bloßen Auge, aufgrund der Tropfendichte in einem solchen Zustand, nicht oder kaum durchdringbar.

Wasser in der Luft haben wir aber fast immer, auch wenn uns die Luft kristallklar erscheint und der Blick sehr weit durchdringen kann. Wenn die Dichte der gasförmigen Wassertropfen nur ein Zehntel der Dichte der umgebenden Luft beträgt, wirken die Tropfen wie schwebende, durchsichtige Gasbläschen. Wieviel unsichtbares Wasser in der Luft enthalten ist. können wir exakt messen oder berechnen, als „relative Feuchte" oder „Sättigungsgrad". Ein Kilogramm Luft kann, beispielsweise, bei plus 20°C bis zu 15 Gramm Wasser aufnehmen, ohne dass die Luft getrübt wird. Sobald ein Gramm mehr darauf gegeben wird ist die Luft mit Wasser übersättigt, es bilden sich teils flüssige, aber noch schwebende Tropfen. Das ist der Nebel. Wenn noch mehr Wasser darauf gespritzt würde, dann entstünde ein Regen, mit schwereren flüssigen Tropfen, die auf den Boden fallen würden [7] (s. in [7] Kap. 6.4. Gas- Dampf-Gemische). Bei minus 20°C kann die Luft nicht 15, sondern nur 0,64 Gramm, bei Null Grad rund 4 Gramm aufnehmen, bevor sich ein Nebel bildet. Was passiert dann, wenn zwei Luftfronten mit unterschiedlichen Temperaturen, jede mit einem Wassergehalt kurz vor Sättigung aufeinandertreffen? In ihrer Interferenzzone entsteht dann auch Nebel! Das kann ebenfalls sehr exakt anhand Temperaturen, Massenströmen und Luftenthalpie (Energie) berechnet werden. [7] (s. in [7] Kap. 6.4. Gas- Dampf-Gemische). Wenn aber Rauch von Schornsteinen, Dampf von einem Kraftwerk und Abgase von den Autos auf den Straßen in der Po-Ebene nach oben ziehen, kriegt die weiße, reine Nebelsuppe unzählige Körnchen von Gewürzen wie Ruß, feste und flüssige Partikel aus den entsprechenden Feuerungen, unverbrannte Kohlenwasserstoffe, Kohlenmonoxid und Stickoxide. Die letzteren bilden zusammen mit den Wassertropfen Schwefelsäure.

Diese Teilchen bleiben dann wie Kerne in der Nebelmasse, weil durch die Inversion der Temperaturen in den Luftschichten – unten kalt, oben warm – eine Luftströmung vom Boden gen Himmel nicht zustande kommen kann. In London haben damals viele solche Giftblasen in dem Nebel nicht nur direkt auf die Lungen gewirkt, sondern auch zur Verringerung der Sauerstoffkonzentration in dem gegebenen Luftvolumen geführt. Bei den Massen von Menschen in diesem Volumen, die Sauerstoff zum Atmen brauchten, führte das mit zu der beschriebenen Katastrophe.

Den „London-Smog" bezeichnen die Meteorologen üblicherweise als „Wintersmog". Sie haben jedoch auch ein weiteres Modell zu bieten, den „Los Angeles-Smog" oder „Sommersmog". Damit ist nicht mehr ein Luft-Wasser Nebel mit giftigen Zutaten, sondern eine verstärkte Bildung von bodennahem Ozon gemeint. Ozon hat drei Sauerstoffatome (Sauerstoff selbst besteht aus nur zwei davon) und entsteht in so einem Fall beim Eintreffen von Sonnenstrahlen in eine Luftschicht, die mit Stickoxiden und unverbrannten Kohlenwasserstoffen von Autos und Fabriken „verpestet" ist. Dieses Ozon reagiert gerne mit allen möglichen giftigen Gasen in der Luft. Das, was daraus resultiert beschädigt unter anderem die Lungen atmender Wesen, führt zu Krebs und begünstigt das Waldsterben. Der Sommersmog hat also ganz andere Voraussetzungen als der Wintersmog: starke Sonnenstrahlung an wolkenarmen Sonnentagen, Luft mit hoher Schadstoffkonzentration über Ballungsgebieten. Warum aber gerade „Los Angeles Smog"? Das konnte man früher oft auf einem Flug nach Los Angeles verstehen. Während der Landung erschien zunächst am Fenster des Flugzeugs ein ganz, ganz blauer, vor Freude strahlender Himmel, als „Welcome to California". Darunter erstreckte sich dann plötzlich eine senfgelbe Fläche, wie eine undurchsichtige Fischsuppe. Und der Pilot steuerte tatsächlich schnurstracks in die Suppe hinein. Die Welt sah man dann erst auf der Piste wieder, aber auch dort: Düsternis, vage Umrisse von Gebäuden, Fahrzeugen, Menschen. Die Luft war erfüllt mit stechendem Gestank. Mit der Zeit hat der Bundesstaat Kalifornien die strengsten Gesetze zu Luftreinhaltung in den Vereinigten Staaten von Amerika eingeführt.

3.2   Smog in der jetzigen Welt

These 11: Die Winter- und Sommersmog-Modelle reichen für die jetzige Welt nicht mehr aus.

Diese Welt explodiert: 7,777 Milliarden Menschen, 1,34 Milliarden Automobile, meist in Megametropolen. Tokyo hat 37,5 Millionen Einwohner, Delhi 28,5, Sao Paolo 21,7, Mexiko-Stadt 21,6, Mumbai, Kairo, Peking und Dhaka je 20 Millionen. Über die Hälfte der Weltbevölkerung lebt schon in Großstädten. Fast jede Megametropole auf dem Globus ist, vom Flugzeug aus gesehen, mit einer Dunstglocke überdeckt. Es ist aber anders als Londoner Smog, auch anders als in Los Angeles. Es gibt weder atmosphärische Voraussetzungen für eine Bildung von Nebel, welcher dann Schadstoffe aufnehmen könnte, noch direkte Sonnenstrahlungen auf Teilchen wie Stickoxide, die eine Ozonbildung begünstigen würden. Es geht dabei schlicht und einfach um eine trübe Sülze aus allen Arten von Partikeln, die in der Luft über einer solchen Stadt schweben.

Die gemessenen Lufttemperaturen sind über Großstädten meist höher als in der ländlichen Umgebung. Die trübe Sülze über den Großstädten führt mehr und mehr zu einem umgekehrten Treibhauseffekt: Die Sonnenstrahlen prallen vom Himmel mit hoher Intensität und kurzer Wellenlänge auf die Sülze auf, kommen aber nicht ganz durch ihre Kalotte, weil sie in deren oberen Schicht zu viel Energie in Form von Wärme lassen.

In der Sülze selbst besteht der Nebel, in dem die Partikel schweben, nicht aus Wassertropfen, die über die Sättigungsgrenze kondensierten. Wasser ist gewiss dabei, entwichen aus Motoren-Auspuffrohren, aus Fabrikschornsteinen und aus Kraftwerk-Kühltürmen. Allein die Verbrennung eines Kilogramms Benzin oder Diesel (rund 1,3 Liter) ergibt, neben anderen Produkten, auch ein Kilogramm Wasser, in Dampfform. Der Wasserdampf aus all diesen Quellen wird zwar auf die Luft in der Atmosphäre geblasen, nur dadurch kommt es aber selten zu einer Übersättigung der Luft. Das war aber nicht alles. Viele Verunreinigungen, Partikel aus Verbrennungen, Abrieb von Bremsen und Reifen oder Staub von der Straße, nisten sich gerne in den schwebenden Wassertropfen ein. So entsteht ein Smog, der eine andere Struktur als der Nebel in der Po-Ebene hat. Vielleicht wäre Dunst, giftangereicherter Dunst, die bessere Bezeichnung als Smog oder Nebel. Und dieser Dunst wird bei den dauernden Emissionen in den Megamctropolen zur Sülze. Somit kommen die Sonnenstrahlen von oben herab durch die Sülze nicht ganz durch, sie gleiten zum Teil diffus an ihrer Oberfläche. Die Temperatur ist somit höher an der oberen Seite der Kalotte als unten, am Boden. Und so haben wir wieder die „Temperaturinversion". Die kältere Strömung beschmutzter Luft von der unteren Seite kann nicht mehr vollständig bis zur oberen Schicht durchdringen. Demzufolge können auch die emittierten Abgase nicht mehr ganz aus der Sülze heraus. Es sei denn, ein kräftiger Wind zöge seitwärts an der Sülze vorbei. Großstädte am Meer oder in Gebirgsnähe sind in dieser Hinsicht besser dran.

Die Megametropolen mit der weltweit stärksten Luftverschmutzung, ausgedrückt in Konzentration von Feinstaubpartikeln unter 0,0025 Millimeter Durchmesser, befinden sich in Indien (Delhi, Patna, Raipur, Kanpur, Agra), Pakistan (Karatschi, Peschawar, Rāwalpindi), Bangladesh (Gazipur), Afghanistan (Kabul) und China (Lanzhou, Peking, Weinan). Die Staubkonzentration, gerade in diesen asiatischen Städten, hat klare Gründe:

- Es wird verhältnismäßig viel gebaut, es entsteht dabei viel Staub.

- Auf illegalen Mülldeponien werden, gerade am Rande von Städten in Indien, Unmengen von giftigem Abfall, angefangen von Plasteteilen, verbrannt.

- Die Bauern fackeln rund um die Städte die Felder ab.

- Und die Straßenfahrzeuge erst: In den Megametropolen von China, Indien, Pakistan und der benachbarten Länder fahren nicht nur unzählige Autos, sondern auch Millionen, wenn nicht gar Milliarden von Mopeds und Tuk-Tuks mit Zweitaktmotoren. Diese Motoren verwenden Benzin-Öl-Gemische, wegen der einfachen Schmierungsart. Durch die Motor-Auslass-Schlitze, die fürs Zweitaktverfahren charakteristisch sind, verlieren sie in manchen Lastbereichen bis zu einem Drittel der frischen Ladung, das sind unverbrannte, giftige Kraftstoffdämpfe, sowie verbranntes und unverbranntes Öl. Die Trabbis in der DDR waren fast klimaneutral dagegen. Zweitaktmotoren mit Benzin-Direkteinspritzung haben diesen Nachteil überhaupt nicht, sie verlieren ab und zu nur warme Luft, solche Motoren kann aber bei den Lebensverhältnissen nie-

mand bezahlen. Der Straßenverkehr stößt im Durschnitt, weltweit, 72% der Emissionen des gesamten Verkehres, bei Mitbetrachtung von Flugzeugen
und Schiffen. Davon entfallen 60% der Emissionen
auf die Automobile. Man soll sich aber hüten,
Durchschnittswerte von Statistiken überall anzu-
wenden, die Zweitakt-Armeen in Asien sorgen dort
für ganz andere Gewichtungen. Man versteht deswegen wohl, warum die Chinesen unbedingt Elek-
roautos für ihre Megametropolen haben wollen:
mit lokalen Null-Emissionen entlasten solche Fahrzeuge die Luft an Ort und Stelle. Der Strom dafür
wird zwar hauptsächlich aus Kohle, aber in Kraftwerken weit von der Stadt produziert.

Auf der anderen Seite, laufen in Asien jährlich Millionen von Autos vom Band, die meisten davon mit Verbrennungsmotoren. Der absolute Weltmeister dieser
Automobilproduktion ist China. Vor nur 20 Jahren
baute China 0,7 Millionen Autos jährlich, als vierzehn-
ter Großproduzent weltweit. Auf dem ersten Platz war
Japan mit 8 Millionen pro Jahr, gefolgt von Deutschland mit 5,3 Millionen und von den USA mit 4,8 Millionen. Selbst Mexiko baute damals mehr Autos als
China – rund eine Million. Zehn Jahre später war
China unangefochten auf dem ersten Platz mit knapp
16 Millionen Autos pro Jahr, gefolgt von den USA mit
8,4 Millionen. Indien stieg in den zehn Jahren von 0,65
auf 3,6 Millionen, weit mehr als traditionelle Autobauer wie Frankreich und Spanien mit jeweils 2,2 Millionen. Vor 5 Jahren erreichte China die Marke von 25
Millionen Autos pro Jahr, Indien schuf 6,2 Millionen,
also mehr als Deutschland oder Süd-Korea. Selbst
Thailand baute vor 5 Jahren mehr Autos als Frankreich

oder Spanien. Eine gewisse Marktsättigung bewirkte bei allen Herstellern einen Dämpfer. China baute im Jahr 2019, laut VDA (Stand 01.04.2020) „nur noch" 20,9 Millionen Autos (immerhin 28% der Weltproduktion), Indien nur 3,6 Millionen. Als Vergleich: in ganz Europa wurden 2019 weniger Autos als in China gebaut – 18 Millionen.

Die explosionsartige Zunahme des Automarktes in Asien, die Überbevölkerung seiner Riesenstädte und der unerträglich gewordene Smog in diesen Städten zwingt regelrecht zur Einführung emissionsfreier Fahrzeuge – so gut ihre Energie auch sauber produziert werden kann.

3.3   Luft und Emissionen

Wieso emissionsfrei? Es gibt doch giftige, aber auch ungiftige Emissionen. Und wohin werden sie von Verbrennungsmotoren aller Art, von Schornsteinen auf Häusern, Fabriken und Kraftwerken, von Kühltürmen und von Lungen aller Lebewesen versprüht? Natürlich, in die Luft der Erdatmosphäre. Und was ist Luft, so eine richtig saubere, mehr oder weniger feuchte Luft?

Bild 3.1   Zusammensetzung der Luft in der Erdatmosphäre

Standardmäßig enthält die Luft auf der Erde, nach der Definition der Wissenschaftler folgende Komponenten mit ihren jeweiligen Konzentrationen, ausgedrückt in Volumenprozenten (gerundet): Stickstoff 78%, Sauerstoff 21%, Argon 0,9%. Die restlichen Anteile sind Spurengase wie Kohlendioxid 0,04%, Neon 0,0018%, Methan 0,0001% und die viel diskutierten Stickoxide (Monoxid und Dioxid) mit nur 0,0000328% (Bild 3.1). Gut, etwas Xenon ist auch dabei, sogar Bromchlordifluormethan, wenn das jemand genau wissen will. Vergessen wir aber nicht, dass die so definierte Luft, die allgemein als eine eigenständige Komponente betrachtet wird, auch eine weitere Komponente, Wasser, in sich trägt, in Form von sichtbaren oder unsichtbaren Tropfen, je nach relativer Feuchte, wie vorhin erwähnt. Bei einer Lufttemperatur von 15° Celsius und einem Druck von 1,013 bar (1 Atmosphäre) enthält die Luft bei 100% Feuchtigkeit geradeso 10 Gramm Wasser pro Kilogramm Luft. Zwei-drei Tropfen mehr und sie fallen gleich vom Himmel, als Nieselregen. Soweit die saubere, feuchte Luft! Die Menschen reichern sie jedoch ständig mit weiteren Komponenten an, die ihre Öfen und Maschinen auspusten, wenn sie Wärme oder Arbeit verrichten müssen.

3.4   Das Kohlendioxid

Die erste Maschine, die Arbeit für die Menschen verrichtete, die Dampfmaschine von James Watt (1769), setzte dafür die Wärme von Wasserdampf um. Für die Verdampfung des Wassers wurde Kohle unter dem Kessel gefeuert. Die Kohle brannte mit Sauerstoff aus der Luft und wurde zu Kohlendioxid. Das war der Start der Industrialisierung und der maschinenbetriebenen Mobilität zu Land und zu Wasser. Aus den Dampfmaschinen wurden später Motoren ohne separate Wasserkessel mit Kohlefeuer darunter, sondern mit innerer Verbrennung von Kohlenwasserstoffen wie Benzin, Diesel oder Erdgas. Sie eroberten die Erde, die Luft und das Wasser. Seitdem stieg die Konzentration des Kohlendioxids in der Erdatmosphäre von *280 ppm* (parts per Million - Volumenanteile CO_2 je eine Million Anteile Luft) auf nunmehr *418 ppm* (2020). In der gleichen Periode hat sich die Erdatmosphäre um etwa $1\,°C$ erwärmt. Gibt es einen Zusammenhang des Temperaturanstieges mit dem Kohlendioxidanstieg in der Erdatmosphäre? Das wird sehr kontrovers diskutiert. Die Klimaforscher des IPCC (Intergovernmental Panel for Climate Change) betrachten den anthropogenen Konzentrationsanstieg als verantwortlich für den Temperaturanstieg mindestens während der letzten 5-6 Jahrzehnte. Andere Wissenschaftler halten jedoch die geänderte Intensität der Sonnenstrahlung für die Ursache des Temperaturanstiegs und bezweifeln den anthropogenen Treibhauseffekt.

Die vorausgesagte Erwärmung der Erdatmosphäre um *5,8 °C* bis zum Ende dieses Jahrhunderts – bei dem jetzigen Emissionstempo – zwingt jedoch zum Handeln, unabhängig davon, ob die eine oder die andere Theorie stimmt. Die von Menschenhand gemachte Kohlendioxidemission soll neutralisiert werden. Das Ziel der Staatengemeinschaft ist, bis zum Jahr 2050 die Temperaturerhöhung unter *2 °C* zu halten.

Würde das ein Ende aller Verbrennungsmotoren, in Industrieprozessen, in Autos, in Land- und Baumaschinen, in Flugzeugen und Schiffen bedeuten? Dann wäre die Heizung zu Hause auch gefährdet, Feuer unter dem Kessel mit einem kohlehaltigen Stoff, ob Kohle, Holz, Erdgas oder Heizöl, führt immer zu einer Kohlendioxidemission. Und die Hausheizung macht eine Menge aus: In Deutschland verbrauchen die Haushalte 30% der Primärenergie, die Industrie 26%, der Verkehr 28%, das Gewerbe 16%. Und wiederum in den Haushalten schluckt die Raumwärme 75% der Energie, mit Warmwasser rund 85%.

Wollen wir unsere Häuser auch elektrisch heizen, wenn wir sowieso nur Elektroautos haben werden? Klingt unrealistisch, nicht wahr? Und woher sollte in so einem Fall die ganze Elektroenergie kommen? Mit Photovoltaik und Windanlagen schafft man derzeit nicht mal 10% der in der Welt benötigten Elektroenergie. Und die Elektroenergie selbst macht derzeit nur ein Fünftel des Weltenergiebedarfs aus [1]!

Das Problem ist ernst, ein Zusammenhang zwischen Temperatur und Kohlendioxid offensichtlich, unabhängig von alternativen Theorien.

Das Erdklima wird durch komplexe Regelmechanismen bestimmt, die untereinander stark gekoppelt sind. Daran sind hauptsächlich die Biosphäre, die Ozeane sowie die Kryosphäre (die Eismassen) beteiligt. Eine nachgewiesene Tatsache sagt schon viel: Die durchschnittliche Temperatur der Erdatmosphäre von ca. 15 °C wird von Spurengasen, und insbesondere vom Kohlendioxid bestimmt.

Ohne diesen natürlichen Treibhauseffekt, den diese Gase hervorrufen, würde die durchschnittliche Temperatur der Erdatmosphäre um 33 °C, also auf minus 18 °C sinken [7].

Was ist aber ein Treibhauseffekt?

Die Strahlung der Sonne zur Erde wird zum größten Teil in den Wellenlängenbereich einer Wärmestrahlung emittiert. Die Lichtstrahlung liegt in einem engen Teil dieses Bereiches. Die atmosphärischen Gase mit 2 Atomen, wie Sauerstoff oder Stickstoff lassen sowohl die eingehenden, als auch die von der Erde zurückgesandten Sonnenstrahlen auf allen Wellenlängen durch. Gase mit 3 und mehr Atomen, wie Kohlendioxid oder Methan, reagieren dagegen selektiv auf Strahlungen. Die hohe Intensität der Sonnenstrahlung zur Erde erfolgt grundsätzlich auf kurzen Wellenlängen, im sichtbaren Bereich, mit geringen Anteilen im Ultraviolett- und Röntgenbereich. Die Strahlungsintensität auf einer jeweiligen Wellenlänge ergibt einen Wärmestrom, der die Atmosphäre und weiterhin die Körper auf der Erde über ihre Flächen durchdringt.

Die anteilmäßige Übertragung der Strahlungsenergie auf die Körper in der Erdatmosphäre schwächt die Strahlen: ihre Intensität verflacht, die Wellenlänge wird größer, das heißt, sie schwingen langsamer. Eine sichtbare Strahlung mutiert nach einer solchen Wärmeabgabe zum Infrarotbereich hin. Geschwächte Strahlen dringen bei der Reflexion von der Erde, durch die Atmosphäre, zum Himmel, durch zweiatomige Gase durch. Drei- und mehratomige Gase reflektieren sie aber zum großen Teil. Dadurch entsteht in der Atmosphäre erneut ein Wärmestrom. Die reflektierten Wellen werden noch flacher und umso mehr wieder zurückgeschickt. Die innere Energie und somit die Temperatur der Erdatmosphäre und der von ihr umgebenen Körper nimmt dadurch bis zu einem energetischen Gleichgewicht zwischen reflektierter und absorbierter Strahlung zu.

Im Treibhaus selbst wirkt nicht das Kohlendioxid aus der Luft als Barriere für die reflektierte Strahlung, sondern das Siliziumdioxid der Glasscheiben. Diesen Effekt kann jeder auf einer verglasten Veranda spüren, an frostigen und schneereichen Wintertagen bei strahlender Sonne am blauen Himmel: draußen minus 20°C und Eiszapfen, drinnen plus 20°C und warmer Kaffee. Es genügt aber, ein Fenster zu öffnen, um einen sehr kalten Kaffee und auch kalte Füße zu bekommen.

Bei jeder Verbrennung eines kohlenstoffhaltigen Energieträgers entsteht, wie erwähnt, grundsätzlich Kohlendioxid. Durch Verbrennung fossiler Energieträger übersteigt die Kohlendioxidemission 20 Milliarden Tonnen pro Jahr, was über 0,6 % der Emission in einem natürlichen Kreislauf ausmacht. Die letztere läuft infolge der Photosynthese ab.

These 12: Die Energie die die Menschen auf der Erde für Wärme und Arbeit brauchen, die nach der Industrialisierung gewaltig zugenommen hat, kommt zwar von der Sonnenstrahlung, aber viel zu viel davon auf Umwegen. Von der gesamten Energie der Welt stammen 32% aus Erdöl, 27 % aus Kohle, 22% aus Erdgas (2016). 88 Prozent der Energie, die wir verbrauchen, stammt also aus der Verbrennung fossiler Brennstoffe, das heißt aus verfallener organischer Materie, die in Millionen von Jahren mit Hilfe der Sonnenenergie die jeweilige Struktur erreichte.

Die Kritiker dieses Szenarios betrachten, wie erwähnt, andere natürliche Faktoren, wie die variable Intensität der Sonnenstrahlung oder die Aktivität der Vulkane als maßgebend für die globale Erderwärmung der letzten 150 Jahre. Darüber hinaus wird das aufgebaute Modell des Kohlendioxidkreislaufes in Atmosphäre, Biosphäre und Hydrosphäre, der Eigenschaften der CO_2-Strahlungsabsorption und die zu Grunde gelegte CO_2-Lebensdauer als nicht überzeugend betrachtet. Trotz dieser Bedenken wird weltweit eine drastische Reduzierung der offensichtlich zu stark wachsenden anthropogenen Kohlendioxidemission angestrebt.

Einen wesentlichen Anteil an der Kohlendioxidemission durch Verbrennung fossiler Energieträger hat der Verkehr und innerhalb dieses der Straßenverkehr mittels Fahrzeuge mit Otto- und Dieselmotoren. In der Europäischen Union verursacht der Straßenverkehr 72% (2016) der Kohlendioxidemissionen aller Verkehrsmittel (Flugzeuge, Eisenbahn, Schiffe, Straßenfahrzeuge). Innerhalb dieses Anteils sind die Automobile

für rund 61% der Kohlendioxidemissionen verantwortlich, gefolgt von Schwerlastern mit rund 26%. Europäische Gesetzgeber sehen deswegen, wie im Kap. 2.3
erwähnt, eine drastische Senkung des CO_2-
Grenzwertes für die Fahrzeugflotten der jeweiligen
Hersteller auf 20 g/km bis 2050 vor. In den USA war
eine Begrenzung des Streckenkraftstoffverbrauches –
aus dem die CO_2-Emission proportional resultiert – auf
7 Liter je 100km (160 g CO_2/km) bis 2020 angestrebt.
Dieser Wert beträgt aber derzeit in den USA *9,7* Liter
je 100 Kilometer (221 g CO_2/km). In Japan wurden
5,9 Liter je 100 Kilometer (135 g CO_2/km) bis 2015 als
Grenzwert bereits bestätigt. In der Energie- wie in der
Emissionsbilanz muss allerdings die gesamte Kette
von der Bereitstellung eines Kraftstoffs bis zum Drehmoment am Rad des Fahrzeugs in Betracht gezogen
werden, so zum Beispiel für ein Auto mit Benzinmotor: 10% der gesamten Kraftstoffenergie für seine eigentliche Herstellung aus Erdöl (inbegriffen Erdöler-
kundung   -förderung   und   Ferntransport,
Raffinerieprozesse, Benzinverteilung in der Infrastruktur), 10 % Auswirkungen der Nutzlastverhältnisse, 2-
3 % Verluste durch Getriebewirkungsgrade, 77-78%
Energienutzung im Motor, wovon nur 30-40% zum
Drehmoment führen.

**These 13: Ein Fahrzeug mit Antrieb durch Elek-
tromotor und Energie aus einer Lithium-Ionen-Batterie, geladen mit Energie aus dem EU Strommix
(2017 – 20,6% Kohle, 19,7% Erdgas, 25,6 Atomenergie, 9,1% Wasserkraft, 3,7% Photovoltaik, 6%
Biomasse, 11,2% Windenergie, 4,1% andere Energieträger) – emittiert nur unerheblich weniger
Kohlendioxid als ein Auto mit Dieselmotor.**

In einem Basis-Vergleich des Heidelberger Institutes für Energie und Umweltforschung, unterstützt von 23 anderweitigen Studien (2019) [4], wurde ein Standard-Elektroauto mit 35-kWh-Li-Ion-Batterie, mit einem Energieverbrauch von 16 kWh/100 km mit einem Auto mit Benzinmotor mit einem Verbrauch von 5,9 Liter/100 km und einem Auto mit Dieselmotor mit einem Verbrauch von 4,7 Liter/100 km in Bezug auf die gesamte Kohlendioxidemission verglichen. Erst bei 60.000 Kilometern sind die Kohlendioxidemissionen des Elektroautos und des Benzinautos gleich, der Vergleich mit dem Dieselauto ergibt die gleiche Emission bei 80.000 gefahrenen Kilometern! Das Elektroauto verursacht gewiss während der Fahrt gar keine Emission, aber der Strom kommt doch von dem erwähnten Strommix, in dem mehr als 40% der Energie von Kohle und Kohlenwasserstoff stammt. Die schwerwiegende Kohlendioxidemission entsteht aber bei der Herstellung der Lithium-Ionen-Batterie. Das sind, je nach Herstellungsverfahren 100-200 kg Kohlendioxid/ kWh Batterie. Bei den vorhin betrachteten 35 kWh einer Batterie werden also 3500-7000 kg CO_2 emittiert (bei einer Tesla-Batterie über 15.000 kg CO_2). Im Vergleich: im Falle des Dieselautos mit 4,7 l/100km bei einer Kohlendioxidemission des verbrannten Kraftstoffs von 3,1 kg CO_2/kg, werden auf 60.000 km insgesamt 6434 kg CO_2 emittiert.

Der thermische Wirkungsgrad der Dieselmotoren, als eigentlicher Kehrwert des Kraftstoffverbrauchs, erreichte in 125 Jahren nach seiner Einführung durch Rudolph Diesel den doppelten Wert. Gegenwärtig übertrifft er in PKW- und LKW-Motoren (40-47%), jene aller anderen Wärmekraftmaschinen, angefangen von

Ottomotoren (30-37%). Nur Gas- und Dampfturbinen mit Leistungen über 100 Megawatt können ähnliche Werte (40-45%) erreichen. Einzig und allein Gas- und Dampfturbinen-Kombikraftwerke von 100-500 Megawatt kommen auf höhere Wirkungsgrade (55-60%).

These 14: Der Diesel bleibt in Bezug auf den Verbrauch und dadurch auf die Kohlendioxidemission eine unverzichtbare Antriebsform für Fahrzeuge. Mittels neuer Einspritzverfahren werden Verbrauch und Emissionen noch beachtlich reduziert werden. Regenerative Kraftstoffe (und dadurch Kohlendioxidrecycling in der Natur, dank der Photosynthese) wie Bio-Methanol, Bio-Ethanol und Dimethylether aus Algen, Pflanzenresten und Hausmüll, sowie seine Zusammenarbeit mit Elektromotoren werden ihm einen weiteren Glanz verschaffen.

3.5   Die Stickoxide

Fauna und Flora unserer Erde brauchen für ihre Existenz Luft, Wasser, Nahrung und, in vielen Fällen, eine artspezifische Wärme. Der Mensch hat früher seinen Bedarf an Wärme durch die Feuerung von Holz und Kohle abgesichert, wodurch zunehmend Kohlendioxid in die Luft geblasen wurde.

Er brauchte später Energie und noch mehr Energie für arbeitende Maschinen, für Mobilitätsmittel, Raketen, Bomben, Brennstoffzellen, für Chemieprodukte. Nach seiner Suche nach mehr Energie spaltete der Mensch auch eine seiner Existenzgrundlage, das Wasser, in dessen Bestandteile, Wasserstoff und Sauerstoff, durch Elektrolyse. Der Wasserstoff wurde zum Treibstoff für Raketen, Brennstoffzellen, Verbrennungsmotoren und Hauptstoff für viele chemische Produkte.

Der Mensch hat allerdings nicht nur das Wasser, sondern auch seine weitere Existenzgrundlage, die Luft, zur Spaltung gebracht. Diese besteht hauptsächlich aus Molekülen von Stickstoff (78%), gebildet aus zwei Stickstoffatomen und aus Molekülen von Sauerstoff (21%), gebildet aus zwei Sauerstoffatomen. Die Moleküle von Stickstoff und die von Sauerstoff existieren in der Luft nebeneinander, ohne sich gegenseitig zu stören, jedes mit seinen eigenen Atomen. Das große Problem entsteht dann, wenn über die Luft Gas, Alkohol, Wasserstoff oder eben Dieselkraftstoff gegossen wird, um ein Feuer zu entfachen: Feuer für Omas Ofen, Feuer für den Stahlkocher, Feuer für die Kolben des Dieselmotors. Für die Feuerung eines Kraftstoffes der erwähnten Art wird allerdings nur der Sauerstoff aus der Luft benötigt. Bleibt dann der Stickstoff innert, uninteressiert am Geschehen? Eine Zeit lang schon. Aber irgendwann, wenn das Feuer auf Temperaturen über 2000°C ansteigt, beginnen die zwei Atome einiger Stickstoffmoleküle so stark zu zittern, dass sie aus ihren Laufbahnen geworfen werden. Sie schießen dann hin und her, außerhalb ihrer Molekülmütter, zwischen den in dem Feuer-Werk schwebenden, ähnlich entstandenen Splittern von Kohlenstoff (C), Sauerstoff (O), Stickstoff (N) oder zufälligen Bindungen (CO, HC, OH) [7].

These 15: Entsprechend den Murphy Gesetzen, was nicht sein darf, kommt dennoch immer wieder vor: Ein freischwebendes Stickstoffatom verbindet sich ausgerechnet mit einem freischwebenden Sauerstoffatom zu einem neuartigen Molekül: Stickoxid. Manchmal wollen zwei Sauerstoffatome zu einem Stickstoff, sie bilden dann ein Stick-Dioxid. Oder zwei zu drei und zwei zu vier. Und so entsteht die Katastrophe der modernen Welt: Die Stickoxide!

Ist das wirklich eine Katastrophe? Ist es ein Zeichen der modernen Welt? Und, überhaupt: Wurde das Feuer vom Menschen erfunden? Keineswegs: Das Feuer wurde vom Menschen nur entdeckt: erst gesehen, dann nachgeahmt, dann genutzt. Wo hat der Mensch das Feuer gesehen? Zuerst im Himmel, als Blitz, der auf die Erde hinabzischte, ins Holz einschlug und dieses in Flammen setzte, oder ein Schaf traf, und dieses ziemlich gut grillte. Welche Differenz besteht zwischen einem Blitz und einer Flamme? Die Energie der Flamme wird von jener des Blitzes entfacht, die in einem Strahl, wie ein Laserstrahl, konzentriert ist. Dieser Blitz-Strahl bohrt sich zunächst durch die Luft und zersetzt auf seiner Spur aufgrund seiner Temperatur von 20.000-30.000°C die Moleküle von Sauerstoff und Stickstoff in Atome, die sich dann, chaotisch oder nicht, in Stickoxidmolekülen zusammenfinden.

These 16: In der Erdatmosphäre entstehen in jeder Minute 60 bis 120 Blitze, allgemein über die Erdoberfläche. Sie verursachen durch die Spaltung der Moleküle von Sauerstoff und Stickstoff in der Luft, jährlich zwanzig Millionen Tonnen Stickoxide in der Atmosphäre. In der Troposphäre, also in Höhen unter 5 Kilometern, beträgt die Stickoxidemission durch Blitzschläge in den Sommermonaten mehr als 20% jener gesamten Menge, die von der Industrie, vom Verkehr und von den Heizungssystemen verursacht wird.

Und wo ist das eigentliche Problem? Die Stickoxide (NO, NO_2 und weitere N, O Bindungen) durchdringen die Bronchien von Lebewesen und verursachen dadurch gelegentlich ihre Reizung. Sie erreichen dann in dem weiteren Verlauf der Luftleitung, über die Luftröhre, das Gewebe der Lungen und können die Sauerstoffzufuhr ins Blut dämpfen.

Die Mischung von Stickoxiden mit Wasserdampf in der Atmosphäre führen außerdem, wie bei dem „Los-Angeles-Smog" dargestellt, zur Bildung von Säuren, insbesondere der salpetrigen Säure, welche in Regentropfen kondensieren (Saurer Regen) und am Boden insbesondere den Bäumen schaden.

Und nun kommen die Automobile ins Spiel. Deren Verbrennungsmotoren verursachen, so wird allgemein berichtet, mehr als die Hälfte der von den Menschen verursachten Stickoxidemissionen in der Erdatmosphäre. Die andere Hälfte stammt insbesondere aus dem Energiesektor der Industrie und der Heizungsanlagen in Wohnhäusern. Und zwischen den Verbrennungsmotoren ist der Diesel der Hauptschuldige. Man glaubt die Lösung gefunden zu haben: Der Diesel wird, zumindest aus den Automobilen, eliminiert – Zündkerze rein und ab sofort alles mit Benzin. Die halbe Flotte von europäischen Autos soll also ersetzt werden. Was haben die Menschen an diesen Dieseln nur so toll gefunden? Den Verbrauch, was sonst? Ein Drittel weniger Verbrauch im Vergleich zu einem Benziner, bei gleicher Leistung, ist doch nicht von Ungefähr. Und, darüber hinaus, ein kräftigeres Drehmoment aus dem Stand, was unverzichtbar für schwere Limousinen, für Lastwagen und Traktoren ist. Solche Vorteile kann man nicht einfach aus der Hand geben.

Warum emittiert ein Dieselmotor mehr Stickoxide als ein Benzinmotor? Weil die Verbrennung anders verläuft:

Beim Benziner läuft von der Zündkerze aus eine Flamme als Front durch ein gleichmäßiges Gemisch von Luft und Benzin. Das pflanzt sich fort wie eine Lawine in dem ganzen Brennraum.

Beim Diesel wird die Luft erstmal komprimiert bis sie heiß wird, darauf kommen dann Tropfen von Dieselkraftstoff, die in dem Meer von heißer Luft wie einzelne Inseln sich selbst abfackeln: keine Initialzündung von einer Zündkerze aus, keine Flammenfront. Jeder Dieseltropfen brennt für sich allein, aber oft brennen viele davon gleichzeitig. Die Verbrennungsvorgang dauert in diesem Modus länger und die Temperatur im Brennraum wird höher als in einem Benzinmotor. Die höhere Temperatur führt zu einer höheren Effizienz der Verbrennung und damit zu einem geringeren Kraftstoffverbrauch bei gleicher gewonnener Energie.

Das Schlechte daran ist, dass bei einer höheren Verbrennungstemperatur und mit mehr Zeit, einige Stickstoff- und die Sauerstoffmoleküle in jener Luft im Brennraum, die nicht an der eigentlichen Verbrennung beteiligt war, platzen. Und so finden sich, nach Murphy's Gesetzen, Splitter, die sich nicht finden sollten: Sauerstoff- und Stickstoffatome, die zusammen Stickoxide bilden. Was kann man dagegen tun? Weniger komprimieren. Ja, das wird zum Teil gemacht, von Ingenieuren, die es sich leicht machen. Das Stickoxid sinkt, aber auch die Effizienz, wodurch der Verbrauch steigt. Geht es auch anders? Gewiss, mit einem absorbierenden Katalysator nach dem anderen, immer größer, schwerer und teurer oder mit einer Umwandlung der Stickoxide im Auspuff mittels Urea-Ströme aus einem Extratank.

Helfen viele Filter und Anlagen in der Kaminesse mehr, als das Feuer im Kamin selbst besser zu kontrollieren? Bis zu einer bestimmten Emissionsgrenze gewiss. Und dann?

Dann muss man sich um die Verbrennung selbst besser kümmern: Abgasrückführung, mehrfache Einspritzung pro Zyklus, Piloteinspritzung von wenigen Dieseltropfen vor einer Ethanol-Haupteinspritzung lassen Stickoxidemissionen unter den messbaren Grenzen verschwinden. Langjährige Forschungsprojekte auf den Gebieten der Einspritzmodulation mit konventionellem Dieselkraftstoff und Piloteinspritzung eines zusätzlichen Kraftstoffs in Dieselmotoren die mit Gas- und mit Ethanol betrieben werden, zeigen, dass die Dieselmotoren der Zukunft ein Stickoxidproblem überhaupt nicht mehr haben werden [4].

3.6 Die Partikel und der Staub

Die Partikel sind immer ein Dorn im Auge der Umweltorganisationen und Klimaschützer, sobald es um die Fahrzeuge mit Verbrennungsmotoren geht. Man sieht so gerne die Partikel aus der Verbrennung, aber nicht den übrigen Staub aus Milliarden von Partikeln, der uns aus vielen Quellen bombardiert. Zugegeben, zu sehen ist es nicht immer: Das menschliche Auge kann Partikel mit einem Durchmesser unter 50 Mikrometer nicht wahrnehmen, die passieren die Hornhaut unserer Augen zusammen mit den vier Milliarden Photonen, die uns in jeder Millionstel Sekunde das Licht bringen. Gut ist das nicht. Genauso schlecht ist, dass diese Teilchen unsere Nase, dann den Rachen, den Kehlkopf, die Luftröhren, die Bronchien und Bronchiolen, bis zu den Lungenbläschen (Alveolen) durchqueren, um in unser Blut zu gelangen.

Es gibt solche und solche Partikel:

- Der Staub, der auf Feldern und Feldwegen aufgewirbelt wird, enthält sowohl organische als auch anorganische Teilchen. Auf den asphaltierten Straßen springen von den Bitumen-Anteilen Splitter von Kohlenwasserstoffen als polyzyklische Aromaten, die krebserregend sind, dazu noch kleine Steinchen aus verschiedenen Mineralien.

- Die Partikel, die aus der Verbrennung eines Kraftstoffs, in dem Heizungsofen oder im Kamin zu Hause, in den Industrie- und Kraftwerk-Verbrennungsanlagen sowie in Verbrennungsmotoren

von Fahrzeugen resultieren, enthalten unverbrannte oder unvollständig verbrannte Kerne von
Kohlenstoff oder Kohlenwasserstoffen.

- Die Partikel, die durch den Abrieb von den Reifen
aller Fahrzeuge, auch der Elektroautos, bei dem
Kontakt mit dem Straßenbelag abgerissen und ge-
schleudert werden. Das ist in Deutschland etwa
die gleiche Menge wie von den Abgasen aller Verbrennungsmotoren. Dazu kommt der Abrieb von
Kupplungen und insbesondere von den Bremsen.
Auch wieder die gleiche Menge an feinen Partikeln wie von den Reifen oder wie von den Abgasen der Verbrennungsmotoren.

- Die Partikel, die bei Straßenbahnen in einer Stadt
durch Bremssand und Abrieb der Räder auf den
Metallschienen entstehen. In Wien beispielsweise
werden von den Straßenbahnen jährlich etwa 417
Tonnen Partikel mit Durchmessern um 10 Mikrometer aus zermahlenem Bremssand und 65 Tonnen aus dem Räderabrieb emittiert. Zermahlener
Quarzsand gilt als hochgradig krebserregend.

Feste oder flüssige Teilchen dieser Art, die in der Luft
schweben, bezeichnet oft auch als „Aerosole", werden
als PM (Particulate Matter) in Größenklassen eingeteilt
– PM 10 sind beispielsweise die Partikel mit einem
mittleren Durchmesser von 10 Mikrometern.

Der Staub mit Partikelgrößen von mehr als 10 Mikrometern, den der Mensch sehr oft entgegennimmt, wird
größtenteils in der Nase gestoppt und in einem körper-
eigenen Sekret hoher Viskosität eingehüllt, um dann,
meistens in ein Taschentuch ausgeschieden zu werden.

Partikelgrößen zwischen 10 und 2,5 Mikrometern können jedoch die Nasenschleime passieren und in die Bronchien gelangen. Bei Unterschreiten dieser Partikelgrenze kommen sie bis in die Lungenbläschen (Alveolen). Das größere Problem verursachen die eingeatmeten Partikel mit Größen unter 0,1 Mikrometern, die in die Blutgefäße gelangen können. Die etwa 300 Millionen kugelförmigen Alveolen in den Lungen eines Menschen haben eine gesamte Fläche von 80 bis 120 Quadratmetern, was 50-mal mehr als die durchschnittliche Hautfläche des Menschen ausmacht! Durch die Flächen der Lungenbläschen wird der Gastransfer realisiert, der die Funktion des Organismus gewährt. Die eingeatmete frische Luft enthält rund 21 Volumenprozente Sauerstoff welcher ins Blut geleitet wird. Andererseits wird das Kohlendioxid, welches aus der Energieumwandlung in den menschlichen Zellen resultiert, aus dem Blut in die Lungen transferiert und von dort ausgeatmet.

Feine Partikel die zusammen mit der eingeatmeten Luft in die Lungenbläschen eines Menschen gelangen, verursachen Entzündungen der Oberflächen oder auch Wassereinlagerungen. Auch eingeatmete Wassertropfen mit Größen um 0,1 bis 2,5 Mikrometer wirken als Partikel (Aerosole)!

Die Verteilung von Staub und Partikeln in Europa, am Beispiel der Partikel mit einer durchschnittlichen Größe von 10 Mikrometern, zeigt sehr starke Unterschiede, insbesondere zwischen Skandinavien (weniger als 20 Mikrogramm je Kubikmeter) und Mitteleuropa oder Norditalien (mehr als das Dreifache!).

In Deutschland, ein Land mit 64,8 Millionen Fahrzeugen (01.01.2019), was 783 Fahrzeuge je tausend Einwohner bedeutet, ist die Feinstpartikelemission zum großen Teil den Straßenfahrzeugen geschuldet, obgleich die Anteile der Industrie, des Energiesektors und der Hauswärmeerzeugung eine ähnliche Größenordnung erreichen. Der Anteil der Fahrzeugemission ist dabei umso höher, je feiner die Partikel sind. Die Hauptschuld daran tragen die Motoren, insbesondere die der modernen Art: Dieselmotoren mit Direkteinspritzung bei hohem Druck und Ottomotoren mit Benzindirekteinspritzung.

Wo liegt das Problem?

Der eingespritzte Kraftstoff, ob bei Benzinern oder Diesel muss für eine effiziente Verbrennung so klein wie möglich zerstäubt werden. Der kleine flüssige Tropfen muss dann schnell, etwa in dem halben Tausendstel einer Sekunde, in der umgebenden Luft verdampfen. Das gelingt, je nach Bedingungen im Brennraum, nicht immer. Ab und zu bleiben noch flüssige Kerne mit etwa 0,1 Tausendstel Millimeter unverbrannt. Sie werden dann mit den Abgasen in die Umgebung abgestoßen. Man kann sie mit mehr Druck und in kleineren Portionen einspritzen, dadurch wird die Verbrennung effizienter und ihre Temperatur höher. Und dort lauert die Stickoxidgefahr wieder.

Das ist das größte Dilemma der Verbrennungsmotorenentwickler: Stickoxide runter heißt Partikelemission hoch und dazu auch noch Verbrauchszunahme und umgekehrt: Flammentemperatur hoch, Partikel runter, Verbrauch auch, aber Stickoxid hoch. Sie sind aber auf dem guten Weg.

These 17: Die Verbrennungsmotoren der Zukunft werden Maschinen sein, die schmutzige und verstaubte Luft aus der Umgebung saugen und etwas Kohlendioxid für die Pflanzen und saubere Luft zum Atmen emittieren werden.

Das Partikel-Problem der zukünftigen Automobile, obgleich diese elektrisch mit Batterie, Brennstoffzellen, oder auch noch von Wärmekraftmaschinen angetrieben sein werden, bleiben die Reifen! Aus den 205 Tausend Tonnen von feinen Partikeln, die derzeit in Deutschland pro Jahr insgesamt emittiert werden, sind 42 Tausend den Straßenfahrzeugen geschuldet. Und wiederum von diesen entstehen 6 Tausend Tonnen durch Reibung der Reifen auf der Fahrbahn und 7 Tausend Tonnen durch Reibung in den Bremsen. Die von den Reifen abgeworfenen Partikel enthalten Zink und Kadmium, jene von den Bremsen Nickel, Chrom und Kupfer. Die Räder der Zug- und Straßenbahnwagen führen im Kontakt mit den Metallschienen zu Abrieb und Abwurf von feinen Eisenpartikeln. Zugegeben, Kalzium und Magnesium haben die Menschen, sowie die Lebewesen allgemein, in den Knochen und im Gehirn, Phosphor wiederum in den Knochen, Eisen in den Enzymen, aber zu viel davon ist auch nicht gesund.

Ein Mittelklasse-Automobil emittiert durch die Reibung seiner vier Reifen auf der Fahrbahn, im Durchschnitt, rund 40 Gramm Gummipartikel je Hundert Kilometer. Die Reifenart und der Fahrbahnbelag sollten dabei berücksichtigt werden. Ein einfaches diesbezügliches Experiment kann man in der eigenen Garage durchführen, indem ein Reifen im neuen Zustand und dann nach zehntausend Kilometern Fahrstrecke gewogen wird, das Ergebnis wird viele Leser wundern. Das

Schlechte daran ist, dass diese Gummibällchen in unsere Lungen eindringen und jene, die noch auf der Fahrbahn bleiben, von Millionen Würmchen und anderen Tierchen gefressen werden, die ihrerseits in unsere Salate gelangen können, und damit auch in unseren Mägen.

Deswegen muss man nicht unbedingt in Panik geraten, wir sind an Partikel in dieser Größenordnung doch gewöhnt: Ein Cholera-Partikel ist zwei Mikrometer lang und ein halbes Mikrometer dick, Raps- und Fichtepollen-Partikel haben etwa zehn Mikrometer Durchmesser. Neuerdings gibt es in unzähligen Büros Laserdrucker. Eine gedruckte Seite führt zur Emission eines Staubs aus zwei Millionen sehr feiner Partikel, die über Nase und Atemwege in die Lungenbläschen geraten.

In London gibt es seit 2003 eine Gebühr für die Fahrt von Vehikeln durch das Zentrum der Stadt, was zur Minderung des Verkehrs um ein Drittel geführt hat. Die Partikelemission ist aber, erstaunlicherweise, absolut unverändert geblieben.

Und was ist mit den Vulkanen der Erde, in denen die Verbrennung absolut unkontrolliert verläuft? Fünfundachtzig Millionen Tonnen Asche pro Jahr, mit Partikeln, die kleiner als fünf Mikrometer sind, solche, die in die Lungen eindringen.

Es bleibt nur noch, die Farbe der Lungenbläschen eines Rauchers zu betrachten: Die Partikel in dem Zigarettenrauch haben Größen zwischen 0,1 und 1 Mikrometer, sie gelangen in die Blutbahn und „bereichern" die Blutkörperchen mit Kohlenmonoxid, Benzol, Formaldehyd und anderen Delikatessen.

Es erscheint als vorteilhafter in die Wüste zu gehen, wo die Partikel aus Quarz bestehen und über 60 Mikrometer groß sind, wodurch sie in der Nase stecken bleiben. Das Problem bereiten aber in diesem Fall die Augen.

Eine gesunde Lösung wäre es, all jene in die Wüste zu schicken, die sehr viel Staub aufwirbeln, ohne konstruktive und konkrete Lösungen zu haben. An denen aber arbeiten die Ingenieure und Wissenschaftler unermüdlich.

4

Der kontaktfreudige Vierrad-Elektrotänzer

Am 11. Juni 2009, gegen 19 Uhr, gab es in Großraum der Megametropole São Paulo, Brasilien, einen Streckennetz-Stau auf insgesamt 293 km Länge! Spielt es noch eine Rolle, ob die daran beteiligten Autos mit Elektroantrieben oder mit Verbrennungsmotoren fuhren? In China wurde vor kurzem auf einer Autobahn mit 10 Spuren je Fahrtrichtung, in beiden Richtungen ein Rekordstau von 260 Kilometern registriert. Nur mit Elektroautos wäre er auch nicht kürzer gewesen. In Mumbai stand jeder Autofahrer im Jahr 2019 nicht weniger als 209 Stunden im Stau, in Manila waren es gar 257 Stunden, in Moskau und Istanbul 225, in Bogota 230 Stunden. Das ergibt pro Fahrt zeitliche Verzögerungen von durchschnittlich 120%, insbesondere, in all diesen Metropolen der Welt, freitags zwischen 18 und 19 Uhr. Stundenlang im Stau, Abgase einatmend, mit platzenden Nerven, mit Durst und Hunger, mit Angst vor dem Chef wegen der Verspätung, mit Angst um Kevin allein zu Hause, mit Angst vor dem wartenden Publikum auf den geplanten Auftritt um 20 Uhr, falls man noch singen könnte! Oder, ganz einfach, (so einfach gesagt…), mit einer voll werdenden Blase auf der mittleren von 5 Spuren einer großen Straße in Chicago, auf der man etwa zweieinhalb Stunden stehen muss. Das Wasser, welches nicht aus dem Körper in der natürlich vorgesehenen Form hinausströmen darf, verdampfte in dem Körper und kühlte teilweise die Nerven, um dann als Tränen oder als Schweiß den Körper zu verlassen. Was hätte mir ein Tesla in diesem Stau genutzt, was hätte mir genutzt, wenn alle Autos um meins herum Teslas gewesen wären?

Würde die Umstellung des Straßenverkehres in Großstädten auf hundert Prozent Elektrofahrzeuge, neben der Abgasreduzierung (ausgenommen von Gebäudeheizungen und Industrie), auch zur Entlastung von Staus führen?

These 18: Für eine möglichst große Entlastung der Megametropolen von dichten Abgassülzen und vom Verkehrskollaps sind hauptsächlich vier Maßnahmen erforderlich: emissionsfreie Antriebe, reaktionsschnelle, fast verzögerungsfreie Antriebe, Antrieb und Lenkung aller Räder mit großer Bewegungsfreiheit, Konnektivität zwischen den Autos und mit dem Verkehrsleitsystem.

Alles deutet, entsprechend dieser Kriterien, auf die Nutzung von Elektromotoren hin.

4.1   Jedes Rad ist ein kraftgeladener, intelligenter Roboter

These 19: Der Elektromotor bietet als Autoantrieb, außer der lokalen Emissionsfreiheit, zwei überraschende Vorzüge, die ein Verbrenner praktisch kaum schaffen kann: Das maximale Drehmoment von der ersten Umdrehung an und die Möglichkeit, direkt in jedem Rad eingebaut werden zu können, was ihn prinzipiell fahrmäßig eigenständig macht.

Wofür ist das gut?

Das maximale Drehmoment vom Start bedeutet blitzschnelle Reaktion, wenn es losgehen muss. Die Entfaltung von 200 oder 300 Newton-Meter direkt bei der Stromeinschaltung im Elektromotor kann das Auto regelrecht von dem Asphaltfleck reißen, wenn die Ampel auf grün schaltet.

Für einen reißenden Start brauchen die Räder aber *Kraft*, viel Kraft zwischen ihrem Gummibelag und dem Asphalt. Nur dadurch können die Kilos des Vehikels mit Wucht über die Kreuzung gezogen oder geschoben werden, je nach dem, ob mit Vorderrad- oder mit Hinterradantrieb. Wuchtig ziehen oder schieben bedeutet, über die langgezogene Straßenkreuzung in zwei anstatt in zwanzig Sekunden zu rauschen. Das erfordert aber *Beschleunigung*, oder anders gesagt, die vorgegebene Strecke in sehr kurzer Zeit mit zunehmender Geschwindigkeit zu überwinden. Als Beispiel: von Null auf Hundert in vier Sekunden vom Anfang bis zu dem Ende der Kreuzung. Das tut echt gut, wenn die Reifen mithalten und die Hundert Kilometer pro Stunde auf der einen Kreuzung erlaubt sind.

Jetzt haben wir es: Die *Fahrzeugmasse* multipliziert mit dieser *Beschleunigung* ergibt die *Kraft*, die man unter den Rädern braucht!

Ein Rad gleitet aber nicht wie ein Ski, es muss sich drehen. Die Distanz zwischen dem Kontaktpunkt des Radreifens mit dem Asphalt und dem Drehpunkt des Rades (auf Deutsch der Rad-Radius) ist von Reifen- und Felgengröße abhängig. Und endlich: Die *Kraft* multipliziert mit diesem Radius (als *Hebelarmlänge*) ergibt das erforderliche *Drehmoment* an der Achse des Fahrzeugs für die besagte Aktion. Dieses Drehmoment an der Achse verlangt, über die vorhandene mechanische Übersetzung, ein Drehmoment von dem Antriebsmotor. Geschafft, wir sind jetzt an der Welle des Motors!

Ein Verbrenner kann nicht von der ersten Umdrehung an sein maximales Drehmoment liefern, er muss erstmal richtig atmen, dafür braucht er zunächst eine Drehzahl von 2000 bis 3000 Umdrehungen pro Minute. Die relativ langsame Zunahme des Drehmomentes bis dahin kostet aber Zeit, inzwischen ist der Elektroflitzer von der Nebenspur schon über die Kreuzung gespurtet. Natürlich kann ein Verbrenner auch schneller auf ein bestimmtes Drehmoment kommen, dafür muss jedoch sein Enddrehmoment groß genug gewählt werden. Das impliziert eine hohe Leistung des Verbrenners.

Der Elektromotor kommt bis zum erforderlichen Drehmoment für eine rasche Fahrzeugbeschleunigung, zum Beispiel 200 Newtonmeter, mit einer bedeutend geringeren Leistung als ein Verbrenner aus. Der Grund ist, dass er dieses maximale Drehmoment von der ersten Umdrehung bis 2000 – 2500 Umdrehungen pro Minute anhält. Der Verbrenner beginnt erst bei den hohen Drehzahlen richtig zu atmen. Und *Leistung* bedeutet nun mal für beide Gattungen: *Drehmoment* multipliziert mit der *Drehzahl*. Ein Elektromotor mit einer sehr moderaten Leistung verleiht demzufolge dem Wagen eine vorzügliche Beschleunigung und ein heldenhaftes Mitschwimmen zwischen so vielen imposanten Eisenschweinen auf vier Rädern in der Stadt und auf Landstraßen, also bis etwa 100 km/h. Auf der Autobahn ist es natürlich anders, bei Tempo 200 braucht das Auto viel Drehzahl am Rad, dadurch eine mehrgängige Übersetzung bis zum Elektromotor mit seinem begrenzten Drehzahlbereich, was sein Drehmoment und dadurch die Leistung in die Höhe treiben würde. Das ist nicht anders als bei einem Fahrrad mit mehreren Gängen, wer kennt das nicht?

Wir brauchen aber so viele Autos, am besten Kompaktautos, für die Megametropolen, in denen die Geschwindigkeit auf maximal 50 km/h limitiert ist. Dafür bekommen die Antriebselektromotoren meist eine einzige Übersetzungsstufe und benötigen entsprechend wenig Leistung bei einem sehr zufriedenstellenden Drehmoment! Ich behaupte ohne zu zittern: ein Auto wie Fiat Cinquecento, Smart, Renault Clio oder Opel Corsa mit einem winzigen 20-Kilowatt-Elektromotor (das sind die 27 PS eines Trabbi-Motors) kann jedem Zwei-Tonnen-SUV mit starkem Sechs-Zylinder 300 PS-Benziner in der Stadt Paroli bieten.

Ein viel interessanteres Experiment, *klein und elektrisch* gegen *groß und kolbenstark* fand auf dem Sachsenring, einer Rennpiste in Sachsen statt: am Start, ein Formula-Student-Elektroauto gegen einem echten Formel-Eins-Ferrari. Der Ferrari Pilot hatte ausreichende Erfahrungen mit seinem Boliden, der Student mit seiner Nussschale aber auch. Ein Dutzend Mal hat der Ferrari auf den ersten hundert bis zwei hundert Metern den Kürzeren gezogen, nach dieser Distanz zischte er nach vorne wie eine Kanonenkugel, aber was nutzte ihm das noch? Der Pilot gab dann auf und stieg mit einem so roten Kopf wie die Haut seines Rennwagens aus.

Kompakte Elektrowagen brauchen wir dringend für die großen Städte, die mehrmals täglich in Mega-Kollaps-Verkehrssituationen ersticken. Stellen wir uns eine Einbahnstraße mit zwei Spuren im Zentrum Berlins vor. Von links und rechts fließen Nebenstraßen wie kleine Flüsse in den Mutterfluss hinein. Die rechte Spur ist nur für Busse, Taxis und Elektroautos zugelassen, die linke für die Verbrenner aller Art. Die Ampeln auf der Hauptstraße stehen auf Rot. Links warten hintereinander sieben Verbrenner: lange Limousinen, Miniautos, Familienwagen. Auf der rechten Spur sieben Elektroautos: Mittelklasse, Kompakte, Oberklasse. Vor der roten Ampel ist weit voraus nichts zu sehen, keine Busse, keine Taxis, keine Falschparker. Die Ampeln schalten auf grün, wie bei der Formel Eins. Der Fahrer des kleinen Elektroflitzers rechts will den in dem Nobelwagen mit vielen Zylindern links ärgern, und startet wie aus der Pistole. Das gelingt ihm auch, wie vorhin dargestellt. Der spektakuläre Effekt ist aber ein ganz anderer außer jenem, dass der Nobelwagen zunächst einige Meter zurückgeblieben ist: der Familienwagen hinter dem Noblen startet mit einer gewissen Verzögerung gegenüber seinem Vordermann, die Distanz zwischen ihnen wird größer als beim Stehen vor der Ampel. Der dritte trödelt noch ein bisschen mehr, die Distanz zum Zweiten wird ebenfalls größer. Und diese Art von Verzögerung pflanzt sich bis zum siebten Wagen fort. Das Ganze sieht aus wie eine Feder, die vor der roten Ampel weder gezogen noch gedrückt war, die Windungen standen parallel zueinander, in gleichem Abstand. Nach dem Start distanzierten sich die Windungen voneinander, eine nach der anderen, die Feder wurde langgezogen. Auf der rechten Spur startet das zweite Auto fast hinter dem ersten, es gibt nur eine geringe Verzögerung, das dritte ähnlich hinter dem zweiten, und so bis zum siebten. In diesem Fall bewegt sich die ganze Feder nach vorne als wäre sie weder lang gezogen noch zusammengedrückt.

Und nun die Erklärung zunächst für die rechte Spur, weil das der einfachere Fall ist: Die geringfügigen Verzögerungen zwischen den Autos sind durch die Reaktionszeit der jeweiligen Fahrer verursacht. Die Fahrer haben unterschiedliche Reflexe. Die Reaktionszeiten addieren sich bis zum letzten Fahrzeug, das ergibt die geringfügige Ausdehnung der Feder. Auf der linken Seite haben wir auch Fahrer mit unterschiedlichen Reaktionszeiten. Es gibt aber einen gewaltigen Unterschied zur rechten Spur: zu der Reaktionszeit jedes Fahrers addiert sich jene seines Verbrennungsmotors, und der braucht Zeit bis zu den 2000 bis 3000 Umdrehungen pro Minute, ab dem er Luft kriegen und Drehmoment liefern kann. Bei den Elektromotoren rechts kommt diese Art von Verzögerung nicht vor, sie reagieren spontan, weil das maximale Drehmoment direkt vom Start vorliegt. Und somit rollt der siebte Wagen auf der linken Spur viel weiter zurück gegenüber dem Siebten auf der rechten Spur. Und das kostet Zeit. Von den Nebenstraßen rechts können inzwischen drei Autos in die Hauptstraße einbiegen und sogar über die grüne Ampel noch fahren. Auf der linken Nebenstraße entsteht ein Stau, auf den Nebenstraßen dieser Nebenstraße auch. Endlich ist der Weg zur Hauptstraße auch von der linken Seite frei, dem ersten Wagen von dieser Nebenstraße gelingt der Sprung auf die Hauptstraße, er fährt aufgeregt hinter dem Siebten in die Kolonne. Inzwischen schaltet aber die Ampel auf Rot, der Siebte schafft es gerade noch so, aber der Achte fährt in seiner Wut auch drüber, und sieht noch zweimal kurz rot. Das bringt Punkte in Flensburg!

Die reflexbedingten Verzögerungen der Fahrer könnten in beiden Kolonnen durch ein System zur automatische Abstandsregelung (Kapitel 1 – Erste Autonomie-Stufe) vermieden werden. In diesem Fall würde die rechte Kolonne wie eine starre Feder von der Ampel wegfahren. In der linken Kolonne würden noch Ausdehnungen entstehen, die von der Drehmomentcharakteristik des einen oder des anderen Motors verursacht werden, es sei denn, alle Motoren haben eine entsprechend hohe Leistung.

So viel zum kraftgeladenen Elektromotor. Wie kann er aber auch noch zum intelligenten Roboter in einem Automobil werden? Ein Antriebs-Elektromotor für Automobilanwendungen, mit einer Leistung von beispielsweise 20 Kilowatt und einem Drehmoment um 150 Newtonmeter kann sehr flach und mit dem Durchmesser einer Autorad-Felge konstruiert werden. Das ist eine sehr günstige Voraussetzung, um ihn in ein Rad integrieren zu können. Und so entstanden Radnabenmotoren.

Ein Automobil mit solchen Motoren präsentierte doch schon Ferdinand Porsche auf der Weltausstellung von Paris im Jahre 1900. Es funktionierte. Es überlebte aber nicht den Fall der ersten elektrischen Revolution.

In jener Zeit der Konkurrenz zwischen Elektroantrieb und Verbrennungsmotorenantrieb blieben die Verbrenner aber auch nicht in dieser Disziplin hinterher. In den 1920er-Jahren bauten die Deutschen Megola-Werke in München (später in die BMW eingegliedert) ein Motorrad mit einem Fünfzylinder-Umlaufmotor im Vorderrad. Die Zylinder waren sternförmig platziert und mit dem Rad, zwischen den Speichen, fest verbunden, sie übertrugen über ein Planetengetriebe ihre Arbeit an die feststehende Kurbel in der Radnabe. Ein Elektromotor kann das aber einfacher, der Rotor dreht sich außen, der Stator steht fest auf der Nabe.

Erst einhundertfünf Jahre nach dem „Sempre vivus" wurde der Welt ein „Redivivus" gezeigt: Der japanische Automobilhersteller Mitsubishi stellte im Jahre 2005 auf einer Automesse in Yokohama ein Fahrzeug mit Radnabenmotoren für die zwei Hinterräder (MIEV – Mitsubishi In-Wheel- Motor-Electric-Vehicle) vor. Jeder Radnabenmotor verfügte über 20 Kilowatt und 300 Newtonmeter und war in einer 15-Zoll-Felge integriert. Eine Allradvariante (Radnabenmotoren in allen vier Rädern) mit 50 Kilowatt wurde ebenfalls präsentiert.

Die Automobilwelt kam schnell auf den Geschmack: kein wuchtiger, zentraler Kolbenmotor mit Getriebe unter der Haube, kein Auspuff mit Schalldämpfer, dafür aber eine Batterie in dem Boden, das ergab für die

Fahrzeugbauer viel Gestaltungsraum. Nur ein Jahr später war Mitsubishi auf dem Genfer Automobilsalon mit einer leistungsfähigeren Variante, mit einer Reichweite von 150 Kilometern, präsent. Anders als bei üblichen Elektromotoren dreht bei einem Radnabenmotor, wie erwähnt, der Rotor um den mittig platzierten Stator. Die vier Radnabenmotoren zeigten bei dieser Gelegenheit eine erste, aber sehr überzeugende Stufe ihrer Anpassungsfähigkeit zu einem Fahrzeug: Die Möglichkeit der einzelnen Stromzufuhr machte es wahlweise zu einem Frontantriebswagen, wie ein klassischer Audi, oder zu einem Hinterradantriebauto, wie ein bewährter BMW, oder eben zu einem Allradantrieb-Helden, wie ein Geländewagen.

Siemens VDO entwickelte in Folge den „E-Corner", der die nächste, revolutionierende Freiheitsstufe der Radnabenmotoren, nach der einzelnen Steuerung, zeigte: Mittels „by-wire- Techniken" wurden auch die Bremse, die Dämpfung, aber, vor allem, die Lenkung elektromechanisch im Rad integriert. Keine Mechanik und keine Hydraulik mehr vom Auto zum Rad, alles nur elektrische Leitungen. Und solche Kabel kann man nach Belieben drehen und biegen.

Diese Technik wurde nicht nur von Mitsubishi und Siemens angewandt. Schaeffler entwickelte in Zusammenarbeit mit Ford das „E-Wheel Drive" für Ford Fiesta. Zwei Radnabenmotoren dieser Art wurden in den Hinterrädern integriert. Das Drehmoment eines solchen Motors erreichte einen gigantischen Wert von 700 Newtonmeter. Ein Rad dieser Art wog aber insgesamt 53 kg, das waren 45 kg mehr als das Gewicht des herkömmlichen Rades.

These 20: Die Integration der Funktionen Antrieb, Bremse, Dämpfung und Lenkung mittels biegsamer elektrischer Leitungen ins Rad eines Automobils verschafft diesem nicht nur Autonomie bei der Steuerung des Antriebs, sondern auch Autonomie und Freiheit bei der Lenkbewegung.

Ein derart konstruiertes Rad kann sich nicht nur um seine eigene Achse, zum Antreiben und Bremsen drehen, sondern auch um die vertikale Achse des Radträgers, in einem sehr breiten Winkel.

Ein Auto mit vier solchen Rädern wird zum Eiskunstläufer:

- Wenn nur ein Rad angetrieben wird und die anderen drei entsprechend gelenkt, kann es eine Pirouette auf der Straße machen und in entgegengesetzter Richtung fahren, das wäre die schönere Alternative zum Rückwärtsfahren.

- Wenn eine enge Parklücke zu sehen ist, kann das Auto alle vier Räder langsam antreiben und alle zur Bordkante richten. Das Auto passt dann rein wie angesaugt, wie ein Schubfach in den Küchenschrank.

- ...und die Kurvenfahrten, was für ein Genuss: Bis zu etwa 60 km/h kann man die Räder der Vorder- und der Hinterachse in Gegensatz lenken, das Auto fährt dann fast um die Ecke. Das hilft besonders auf engen Gassen, wie in den alten Zentren so vieler, malerischer Orte in Italien und nicht nur dort. Andererseits, eine Kurve mit über 100 km/h zu meistern, verlangt viel Geschick. In so einer Situation ist es auf jeden Fall bequemer, wenn alle vier Räder in die gleiche Richtung gelenkt werden.

- Eine weitere interessante Funktion wäre der Pflug, wie beim Skifahren, aber mit allen Vieren, das würde jede Notbremsung garantiert unterstützen.

Trotz solcher Freiheiten, die ein Radnabenmotor bietet, sind nicht alle Autobauer und Systemlieferanten davon überzeugt. „In schweren Nutzfahrzeugen und in Bussen, ja, in Personenwagen eher nicht", meinen viele Experten. Der Nachteil dieser Lösung ist die hängende Masse unter Feder und Dämpfer. Die Karosserie drüber gut gefedert, und unten drunter solche rauf und runter springenden Bälle? Es wurden zwar schon Linearmotoren entwickelt, die entlang der Feder solche Bewegungen dämpfen, aber das macht diesen intelligenten Roboter weder billiger, noch kleiner oder leichter. Feuchtigkeit, Dreck, hohe Temperaturen und Erschütterungen in der Nabe sind auch vom Nachteil. Bosch Manche Hersteller wollten es anders machen: Die Elektromotoren wurden nicht direkt in den Radnaben, sondern, paarweise, nur nahe an jedem Rad, auf der Vorder- und Hinterachse eingebaut. Damit geht der Vorteil eines Lenkwinkels über 180° zwar verloren, aber ein gewisser Lenkwinkel jedes Rades ist doch noch möglich. Auf der anderen Seite werden sowohl die ungefederten Massen als auch die Überhitzung und Verschmutzung der Motoren samt Elektronik in den Rädern vermieden. Ein solches System wurde von Bosch in Zusammenarbeit mit Daimler entwickelt. Vor kurzem wurde der sehr ansehenswerte Prototyp Mercedes VISION AVTR mit vier solchen individuell steuerbaren Antriebselektromotoren vorgestellt. Die kombinierte Motorleistung ist mit 350 kW (476 PS) ziemlich gewaltig für ein Elektroauto. Die Lenkung aller Räder ist zwar, wie erwähnt, nicht mehr so weitgehend wie bei Radnabenmotoren, aber einiges ist noch möglich: Die Räder auf der Vorderachse werden paarweise, wie bei einem konventionellen Auto gelenkt. Die Räder an der Hinterachse können auch nur paarweise, 30° nach links oder nach rechts gelenkt werden. Bei Steuerung der Räder an der Vorder- und Hinterachse in gegensätzlichen Richtungen verengt sich der Kurvenradius erheblich. Wenn aber alle Räder auf 30° in gleicher Richtung in Bezug auf die jeweilige Achse, ob nach links oder nach rechts gelenkt werden, fährt das Auto wie ein andockendes Kreuzfahrtschiff, so kann man auch gut genug in eine Parklücke, mit oder ohne dem automatischen Park-System-Distronic+ (Kapitel 1), fahren.

4.2   Konnektivität in allen Richtungen

Um den Fahrtverlauf in einem sehr dichten Verkehr zu optimieren, soll die Lenk- und Antriebsfreiheit aller vier Räder mit einem Kommunikationssystem mit der Umgebung kombiniert werden. Diese Umgebung hat aber mehr Dimensionen als die Kommunikationsebene zwischen den Fahrzeugen selbst, oder zwischen Fahrzeug und Verkehrsleitsystem.

Ein System mit solchen Konnektivitätfähigkeiten hat jeder von uns zu Hause: ob ein Computer unter dem Schreibtisch, ein Laptop auf dem Schreibtisch, ein Notebook auf dem Schoß oder ein Tablet in den Fingern. Google-Suche, Email, Instagram, Facebook,

Skype, WhatsApp, Amazon-Bestellen, Prime Video, das können sie alle.

Ein solches Gerät hat allerdings im Fahrzeug noch ganz andere Anforderungen zu erfüllen als jene unter dem Schreibtisch oder auf dem Schoß:

- Hardwareseitig muss es Temperaturdifferenzen ertragen, die viel gewaltiger als in der guten Stube zu Hause sind: Im Sommer, bei plus 35° Celsius draußen, kann die Einstrahlung der Sonne durch die geschlossenen Schreiben eines geparkten Autos mit ausgeschalteter Klimaanlage 70° Celsius im Innenraum (in Sevilla oder in Kairo noch viel mehr) verursachen. Wenn das Auto im Winter, vor dem Haus über Nacht, bei minus 30°C (in Norwegen oder Sibirien erheblich kälter) steht, ist das andere Extrem erreicht. Und wenn man ins Auto einsteigt, bei Hitze oder Kälte, muss der Computer sofort funktionsfähig sein, bevor die Klimaanlage oder die Heizung eine Wirkung zeigen. Andererseits, ob warm oder kalt, in der Atmosphäre gibt es neben Luft auch Wasser, die Feuchtigkeit kann im Sommer, wie im Winter, von null auf hundert Prozent variieren, was die Komponenten des Computers auch belasten kann wenn keine Schutzmaßnahmen getroffen wurden. Und dann sind noch die Schlaglöcher, wogegen manchmal die beste Federung und Dämpfung nicht mehr helfen. Solche Erdbeben müssen im Auto alle Fest- und Leiterplatten aushalten.

- Softwareseitig ist die Situation im Auto für den Fahrer auch anders als vor einem Laptop, Notebook oder Tablet auf der Couch im Wohnzimmer, wo man ununterbrochen auf den Bildschirm starrt und die Finger auf der Tastatur hat. Im Auto, am Lenkrad, hat man zuerst die reale Welt vor der Windschutzscheibe zu erfassen, diese hat für die Augen und für deren Verbindung zum Gehirn absolute Priorität gegenüber dem Display. Warum das? Sowohl vor der Windschutzscheibe, als auch auf dem Display könnte irgendwann, zur gleichen Zeit, ein Hund der gleichen Rasse, Größe und Farbe von links nach rechts springen und dabei vor ein Auto gelangen. Die Sequenz vor der Windschutzscheibe ist irreversibel, der Hund ist endgültig tot, im Display kann man die Szene zurückspulen. Andererseits braucht man beim Fahren die Finger die meiste Zeit am Lenkrad. Mit der Tastatur des Bord-Konnektivität-Gerätes dauernd zu spielen, könnte fatale Folgen haben. Die Bedienung per Stimme und Gestik hat in diesem Fall eindeutig Vorrang. Es ist nur nicht sehr günstig, wenn man zu lange hustet, den Fahrer im Nebenwagen beschimpft, oder wenn eine Wespe unbedingt ins Auge fliegen will.

Zu viele und zu große Displays in manchen Wagen neueren Datums können allerdings sowohl ablenken als auch verwirren, so gerne das die IT Chefs in manchen Automobilkonzernen auch haben wollen. Der Nutzen ist sicherlich sehr vorteilhaft, denn Konnektivität in jeder Richtung und Hinsicht bedeutet Freiheit und Komfort zugleich (Bild 4.1).

Bild 4.1   Konnektivität im Automobil der Zukunft

<u>Auto – Internet:</u> Telefon, Emails, Nachrichten, Wetter, Webradio, Facebook, Instagram, Street View, Google Maps, Navigation, alles da.

<u>Auto – Ampel:</u> Optimiert den Verkehrsfluss und macht Korrelationen zwischen Ampelschaltzeiten und Fahrzeug-Geschwindigkeitsprofil möglich.

<u>Auto – Werkstatt:</u> Man kann nicht nur den Meister zu einem neuen Geräusch im Armaturenbrett konsultieren oder sich einen Termin geben lassen. Darüber hinaus sind Ferndiagnosen für bestimmte Funktionsgruppen, aber auch Reparaturen online möglich.

<u>Auto – Dienstleister:</u> Man kann im Auto eine Live-Vorstellung von Metropolitan Opera in New York einschalten oder für ein Musical in Berlin Karten für Sonntagabend, auf dem Balkon, in der ersten Reihe, reservieren. Man kann der Tochter 300 Euro für die Schuhe die sie gerade anprobiert überweisen oder die Maut für die in Sicht kommende Europa-Brücke bezahlen.

<u>Auto - Auto:</u> Sehr wichtig sind bei dieser Funktion die gegenseitigen Warnungen, wie plötzliches Glatteis einige hundert Meter weiter in Fahrtrichtung, ein Geisterfahrer oder Stau in der nächsten Kurve. Ein Auto, welches gerade eine solche Situation während seiner Fahrt erkennt, schickt die Warnung schneller und gezielter an die Autos, die in seinem Umkreis fahren, als es ein zentrales Erfassungssystem machen kann.

<u>Auto – Geräte im Auto:</u> Fahrer, seine Frau und zwei Kinder, das bedeutet mindestens: vier Smartphones und vier Tablets die gleichzeitig arbeiten, aber jedes etwas anderes. Das Konnektivitätssystem des Fahrzeugs muss die entsprechenden elektromagnetischen Knoten lösen und einordnen.

<u>Auto – Verkehr:</u> Das autonome Fahren stellt den Gipfel der Konnektivität eines Fahrzeugs dar. Die mit der Umgebung ausgetauschten Informationen werden für Lenken, Beschleunigen, Bremsen bei Stop-and-Go, Überholen, Blinken, Einparken und Tempo-Anpassung benötigt.

These 21: Ein Konnektivitätssystem im Automobil unterscheidet sich von einem häuslichen Computer hardwaremäßig durch die Arbeitsbedingungen unter extremen klimatischen und fahrtechnischen Schwankungen und softwaremäßig durch die Bedienungsart mittels Sprache und Gestik.

Gut, wenn alles funktioniert.

4.3 Grenzen und Gefahren der elektrisierten und digitalisierten Freiheiten

Heizung gegen Reichweite

Ende Januar 2019 in Chicago: Ein Riesenstau im Schnee auf allen Spuren, soweit man noch Spuren erkennen konnte. Dazu ein kalter, peitschender Wind vom Michigan See her, bei minus 30° Celsius. Ein High-Tech-Miet-Elektrowagen ruckelt zeitweise in einem „Mehr-Stop-als-Go-Tanz" auf der mittleren von 5 Spuren einer großen Straße in der Downtown. Die große Batterie sollte theoretisch noch halb voll sein, das wäre planmäßig eine etwaige 40 Kilowattstunde-Ladung. Aber doch nicht bei Minus 30°C, bei denen jeder Batterie-Elektrolyt einfriert. Mit den Kälteschutzmaßnahmen, von der Isolation bis zur Klimatisierung der Batterie, kann man trotz alledem mit der Hälfte der 40 Kilowattstunden rechnen. Das Problematische daran ist, dass die Menschen in den Autos bei Minusgraden draußen, Wärme drinnen brauchen. Mit einem Verbrennungsmotor unter der Haube wäre es besser gewesen, abgesehen von den Abgasen die in die Atmosphäre gepustet werden. Der Motor nutzt für die zu liefernde Arbeit etwas weniger als die Hälfte der Wärme, die ihm der Kraftstoff liefert. Der Rest der Wärme macht das Kühlwasser und den Auspuff heiß. Im Sommer sind dies Verluste. Im Winter ist diese Wärme eine Wohltat für die Wesen im Fahrgastraum. Im Elektroauto gibt es nur Elektroheizung, und ihre Energie kommt von der gleichen Batterie, die den Antrieb absichern soll. Wenn man bei minus 30°Celsius draußen mit Mantel im Auto bei plus 10°Celsius ein bisschen friert, um die Batterie etwas zu schonen, muss die Elektroheizung trotzdem arbeiten, um die zwischen minus dreißig und plus zehn Grad zu halten. Das Karosserieblech, gemischt mit Plaste, ist bei solchen Differenzen nur ein schwacher Isolator. Und dafür müssen die heißen Drähte nicht etwa 400 Watt liefern, wie ein Elektroheizkörper neben dem Schreibtisch im Büro, sondern gewaltige 10 Kilowatt, und zwar ständig! Eine Stunde im Stau bedeutet, dass die halbe Ladung (10 Kilowattstunde) von dem, was noch in der Batterie ist, von der Heizung verbraucht wird. Eine Batterie wäre also nach einer halben Stunde in diesem Stau leer. In der Spur stehen ist es wie es ist. Aber dann, nach der Stauauflösung *trotzdem stehen, weil „Saft alle",* ist dramatisch. Alleine in Chicago, eingemummt am Steuer, würde man mit zunehmender Angst jede von der Batterie vergebene Kilowattstunde zählen. Nach einer Stunde geht es langsam weiter, der Motor braucht etwa 25 Kilowattstunden pro hundert Kilometer für den Antrieb, die Heizung muss aber auch weiterlaufen. Das Display zeigt noch 20 Kilometer Reichweite, ich schwitze, nicht weil es plötzlich zu warm geworden wäre. Das Navi zeigt ein Dutzend Charge-Points in der Zentralarea von Chicago. Man fährt an dem ersten vorbei, er war von gigantischen Schlangen umgeben, denn alle Elektroauto-Fahrer hatten das gleiche Problem. Jeder braucht mindestens 20 Minuten, um Strom für 50 bis 80 Kilometer zu laden, falls er den vereisten Stecker in die vereiste Dose mit den vereisten Fingern reinkriegen kann. 20 Minuten mal 20 Autos macht fast 7 Stunden aus. Am zweiten und am dritten Charge-Point sind die gleichen Schlangen zu sehen. Durch die Schlangen ergeben sich in der Downtown wieder flächendeckende Staus.

Elektroautos scheinen den Sommer mehr zu mögen.

Konnektivität und autonomes Fahren gegen Viren, Hacker und Mikrowellen-Waffen

Konnektivität hat jede Menge Vorteile, wie die Beispiele vorhin zeigten. Wenn aber im Auto Mama, Papa und zwei pubertäre Töchter, jeder mit seinem Laptop, Notebook oder Tablet sitzen, können auch Nachteile zum Vorschein kommen. Papas Laptop ist mit dem besten Antivirenprogramm am Markt versehen, weil er im Auto auch Börsengeschäfte macht, wenn das Auto mal von alleine fährt. Mamas Notebook hat auch irgendeinen Virenschutz, die Tablets der Mädchen, die ständig im Einsatz auf Influencer-Kanälen sind, haben möglicherweise auch irgend-so-etwas, das weiß niemand mehr so richtig. Aber die Konnektivität all dieser Geräte mit der komplexen Umwelt verläuft erstmal über das gleiche elektronisch-digitale System im Auto. Zugegeben, die elektronischen Kontrolleinheiten für die tausenden von Funktionen im Auto sind voneinander getrennt und funktionieren auf verschiedenen Frequenzen. Und dennoch, wenn ein Tablet ein Virus über eine E-Mail fängt, kann es ungeahnte Probleme geben. Ein Virus ist ein Virus! Weiß jemand genau, wo und wie sich ein Grippe- oder ein Corona-Virus vermehrt und welche Organe und Funktionen sie genau befallen werden?

Im Auto könnte dadurch plötzlich ein Fenster aufgehen, der Elektromotor zum Stillstand kommen oder die intelligenten Rad-Roboter eigene Solos tanzen: die zwei hinteren ein Spagat zusammen, das Vordere links eine Pirouette ohne Antrieb, das vordere rechts ein Geradeauslauf mit Antrieb, aber rückwärts. Wenn das dem Auto passiert, welches sich gerade auf der mittleren der 5 Spuren auf einer dicht befahrenen Straße in Chicago bewegt, dann gibt es bestimmt einen großen Blechsalat.

Viren über einen Rechner fangen und dann auch die anderen infizieren, ist die eine Variante. Ein gezielter Hacker, der einem der Kinder im Auto einen Streich spielen oder ins Konto des Vaters eindringen wollte, eine andere. Das Ergebnis kann auch wieder ein Blechsalat sein.

Die höhere Katastrophenstufe ist von den elektromagnetischen Störungen von außen gegeben: Man fährt mit der Oberklasselimousine, die jede Menge Elektronik-Einheiten in der Fahrertür hat, an der Straßenbahn vorbei. Zwischen dem Leitkabel und dem Kontakt der Straßenbahn funkt es kurz, daneben gehen alle Scheiben in der Limousine plötzlich von alleine auf, die Hupe heult und der Motor bleibt stehen. In der Automobilindustrie gibt es große Abteilungen, die auf elektromagnetische Verträglichkeit (EMV) der elektrischen und elektronischen Systeme und Komponenten im Automobil spezialisiert sind. Diese Systeme werden gezielt mit elektromagnetischen Strahlungen unterschiedlicher Intensitäten (Leistungsflußdichten – in Watt pro Quadratmeter) und Wellenlängen (in Mikrometer) bombardiert, um die möglichen Störungen zu detektieren. Danach werden die entsprechenden Teile, Kabel oder Kontakte gekapselt oder abgeschirmt. Das scheint erstmal sicher zu funktionieren. Wenn es nicht die Pulsbasierten-Hochleistungs-Mikrowellen-Waffen gäbe, die neuerdings jeder Gauner oder Räuber selber basteln kann. Wie bei jeder Waffe, gibt es einen

Schuss. Der besteht aber in diesem Fall aus einer elektromagnetischen Strahlung, definiert wie vorhin durch eine Intensität und eine Wellenlänge. Ein Schuss ist aber sehr kurz, nur ein Impuls, oder eine Folge von Impulsen. Jeder Impuls hat aber eine enorme Intensität, von einigen hundert Megawatt pro Flächeneinheit, und eine extrem kurze Wellenlänge, im Nanometer-Bereich. Ein solcher Impuls kann einen normalen EMV-Schutz durchdringen und viele Funktionen zerstören. Das ist wie mit der Kugel aus einer Pistole: sie geht durch das Blech oder durch die Scheibe jedes Autos. Man kann das Auto selbstverständlich panzern, wie die Limousinen der Staatschefs, aber dann wird das Auto nicht nur unbezahlbar, sondern auch fünf Tonnen schwer. So könnte man auch Autos vor elektromagnetischen Waffen schützen, aber mit einem ähnlichen Preis. Zum Bau solcher Waffen werden im Internet Bücher für Hobby-Bastler angeboten, die auch entsprechende Patente detailliert präsentieren. Patente sind doch normal zugängliche Veröffentlichungen!

Man könnte sich ein elektrisches, autonom fahrendes, digitalisiertes Auto mit vier Personen an Bord vorstellen: Papa, Mama und die zwei Mädchen, jeder und jede in seiner oder ihrer Computer-Welt vertieft. Am Straßenrand oder im ersten Stock eines Hauses steht ein Kerl mit einer gut getarnten elektromagnetischen Waffe: sie kann in einem Geigenkasten oder in einem Diplomatenkoffer stecken. Der Kerl kann ein Gauner, ein Psychopath oder ein verlassener Freund sein. Nach dem Schuss gibt es auch in diesem Fall, mit ziemlicher Sicherheit, einen großen Blechsalat.

Mit einem VW Käfer oder mit einem Trabbi wäre das nicht passiert!

Was soll mein Auto alles können, außer elektrisch, digital und autonom?

5.1 Vielfalt der Automobilausführungen und Funktionen

Elektrischer Antrieb, autonomes Fahren, Digitalisierung aller Funktionen, Konnektivität: die Automobile werden am Beginn des dritten Jahrtausends mehr und mehr zu elektrisch-elektronischen Geräten auf Rädern.

Die Entwicklungsschwerpunkte laufen augenscheinlich auf eine universelle Lösung zusammen! Das Automobil der Zukunft als einheitliche, fahrtaugliche, eierlegende Wollmilchsau? Wollen und brauchen so ein Gefährt alle Menschen der Welt, im Gebirge und in der Taiga, in Tokyo und in Cooktown, mit der Yacht im Schlepptau auf dem Weg zum See, oder mit den Gemüsekisten im Kofferraum auf dem Weg zum Markt?

Alle Menschen, ob mit oder ohne Hochschulbildung, ob mit Aktien an der Börse oder mit Schulden bei der Bank, haben im Laufe ihres Lebens größere oder kleinere Mengen von erlebten Phänomenen in spezifischen

Gesetzmäßigkeiten einsortiert. Das hilft in vielen erwarteten und insbesondere in vielen unerwarteten Situationen viel mehr als das so genannte „logische Denken" deterministischer Art.

In Bezug auf die Mobilität leitet sich aus vielfältigen Erfahrungen über Raum und Zeit eine deutliche phänomenologische Erkenntnis ab:

These 22: Ein einheitliches, universelles Automobil, elektrisch angetrieben, digitalisiert und autonom würde den natürlichen, wirtschaftlichen, technischen und sozialen Umgebungsbedingungen widersprechen. Die Automobile der Zukunft werden vielmehr von der Vielfalt der Antriebs-, Karosseriearten und Funktionseinheiten auf weitgehend modularer Basis geprägt sein.

Soll ein gesund denkender Bauer zum Stadtmarkt über Berg und Tal, auf holprigen und verstaubten Wegen, mit seinen ganzen Gemüsekisten, mit einer elektrischen, autonomen und sehr kommunikationsfreudigen Limousine mit Anhänger fahren? So eine, unter welcher eine schwere Batterie hängt, die in jedem Dorf unterwegs Strom braucht, wie die Pferde Heu und Wasser in den früheren Posthaltereien? Warum doch nicht mit dem braven Diesel fahren, den jetzt viele Entscheider in der Politik, besonders in Regierungen wohlhabender Staaten, zum Schrottplatz schicken wollen? *„Nur weil dieser Verbrenner irgendwelche Gase auspustet, die angeblich die Lungen reizen, was von den Gelehrten niemals exakt nachgewiesen wurde?"* Der Bauer hat ein klares Urteil dafür: *„Ein Herr Minister will natürlich nicht wissen, dass die Zigaretten, die immer noch legal verkauft und geraucht werden, die Lungen* *schwarz machen, was wissenschaftlich genau erfasst und mit Bildern belegt wurde! Den Diesel macht er aber schwarz, für Gründe, die nicht ganz plausibel sind"*

Wie sauber ist dann der Strom für die elektrischen Limousinen, der zu einem erheblichen Anteil in Gas- und in Kohlekraftwerken produziert wird, wodurch, nachweisbar, mächtig Kohlendioxid auspusten wird?

Zugegeben, für die Menschen in den ganzen Megametropolen dieser Welt, ist ein elektrisch angetriebener, selbstständig fahrender und mit dem Internet ständig verbundene Flitzer eine Wohltat. Die weitaus schlechtere Alternative, die viele in Kauf nehmen, ist für sie immer noch, mit ihrem Benziner oder Diesel, Tag für Tag, sich den Fahrfaden zum Büro, zur Schule des Kindes oder zum Supermarkt, durch gewaltige Strömungen von tausenden Vehikeln, durch Rauch-, Stickstoff- und Partikelwolken zu erkämpfen. Der Elektroflitzer, der selbst denkt, selbst fährt und Facebook, YouTube und Skype während Fahrt und Stau bietet, ist eindeutig die bessere Wahl.

Der Bauer hat auf dem Weg zum Markt andere Sorgen. Er muss beim Fahren selbst denken und entscheiden, ob er schlagartig um das Loch im Straßenbelag oder um das plötzlich vor den Kühler springende Wildschwein fahren soll. Und wenn der fossile, atmosphärenbedrohliche Dieselkraftstoff nicht mehr erlaubt sein wird, so kann er aus seinen faulen Kartoffeln, Äpfeln und sonstigen Pflanzenresten einen ordentlichen Bio-Treibstoff selbst kochen. Lassen wir den Bauer sein Gemüse zum Markt einer deutschen Stadt mit dem zu diesem Zweck passenden Vehikel bringen.

Eine ganz andere Sequenz spielt sich zur gleichen Zeit in Australien ab: Von Melbourne im Südosten bis Darwin, im Norden, sind es rund 3800 Kilometer, vorwiegend auf einer engen Asphaltstraße und teilweise auf Wegen aus rotem Sand, die nicht umsonst als „Wellblech" bezeichnet werden. Mit dem Auto auf einem solchen Weg, mit kurz aufeinander folgenden Sandwellen, sollte man den Mund gut geschlossen halten, um die Plomben nicht zu verlieren. Im australischen Sommer, im Dezember, ist es dazu noch heiß, bis zu 40° Celsius, die Wasserflasche zum Mund führen zu wollen kann auch gefährlich fürs Gebiss werden. Auf der Asphaltstraße kommt immer wieder ein Road Train entgegen, das ist ein Truck mit mindestens 2 Anhängern, fünfzig Meter lang. Dem muss man sehr schnell Platz auf der Straße machen, weil er, angesichts der unbefestigten Straßenränder stets gnadenlos durch die Mitte fährt. Auf diesen Rändern, mit Sand wie Pulverschnee, muss bei jedem plötzlichen Ausweichmanöver der Personenwagen klarkommen.

Stellen wir uns eine elektrisch angetriebene Limousine, voll elektronischer Steuermodule und Sensoren auf dieser Route von Melbourne nach Darwin vor. Der feine, rote Sand, kriecht durch alle Spalten, durch Verschlüsse, durch Nasenlöcher und durch die winzigen Löcher und Schlitze der Sensorengehäuse aller Art im Vehikel. Sie haben die eigentliche Aufgabe Temperaturen, Drücke oder Distanzen zu messen. Der feine Sand kriecht aber auch in Minikameras, Laser, Festplatten und elektronische Steuereinheiten an Bord. Solche Umgebungsbedingungen sind keine theoretischen Annahmen. Für eine nicht seltene Route um rund 10.000 Kilometer könnte vielleicht einem elektrischen, digitalisierten, teilweise selbstfahrenden Auto, ein strapazierfähiger Jeep mit Dieselmotor, mit großem Lenkrad und Gangschaltung einschließlich zuschaltbarer Allradfunktion, vorgezogen werden.

Der erste Grund dafür ist offensichtlich: Woher sollte man die Elektroenergie für das Elektroauto in so einer großen Wüste nehmen? Photovoltaische Paneele und Stromleitungen neben der Straße von Melbourne nach Darwin, oder neben jedem ähnlich langen Weg in Australien zu legen, mit Charge-Points alle 200 Kilometer, das klingt recht illusorisch. Vor einer solchen Maßnahme sollte doch jede australische Fernstraße über tausende von Kilometern nochmal asphaltiert und verbreitert werden, aber wer schafft das schon?

Und wenn die Route nicht von Melbourne nach Darwin, in Australien, sondern von San Francisco nach Los Angeles, USA, über die Highway One, führt? Wer würde dort noch in einem alten Diesel-Jeep, oder in einer einheitlichen Limousine mit Autopiloten und Konnektivität mit der ganzen surrealen Welt fahren wollen? Der reale, traumhafte Pazifik rechts und die echten, duftenden Wälder links verlangen regelrecht nach einem Cabrio, sei es auch mit elektrischem Antrieb! Wir sind doch Menschen: Schalten wir den autonomen, elektronischen Fahrer aus, nehmen wir die Nase vom Notebook und das Smartphone vom Ohr weg, lassen wir die salzige Meeresluft und die aromavollen Walddüfte in die Nase, den blauen Himmel in die Augen. Das ist pure Lebensfreude!

Das klingt alles sehr menschlich. Was ist aber die Alternative zum Universal-Auto? Werden wir ein Chaos von Modellen, Formen, Antriebsarten und Treibstoffen erleben? Keineswegs: Die modernen Automobile haben modulartige Komponenten, die Fertigungstechnologien für solche Bau- oder Funktionsgruppen sind inzwischen weitgehend vereinheitlicht. Auf einer gleichen Plattform, auf dem gleichen Fahrwerk, mit der gleichen Klimaanlage werden gegenwärtig zahlreiche Modelle eines Markenbündels wie Peugeot/Citroen/Opel oder Volkswagen/Audi/Seat/Skoda produziert.

Ungeachtet der gegenwärtigen Vielfalt der Automobilmodelle weltweit sind drei klare Kategorien erkennbar:

1. Der Leistung, der Ausstattung und dem Preis folgend: Luxusklasse, Oberklasse, Mittelklasse, Kompaktklasse und preiswerte Mehrzweckfahrzeuge.

2. Nach geographischen, wirtschaftlichen und ökologischen Kriterien: vom Pick-up am Amazonas oder in Texas bis zum autonomen, kompakten Luxus-Elektroauto, ohne Lokalemissionen, für die großen Metropolen wie New York, Rio, Tokyo.

3. Entsprechend objektiver und subjektiver Anforderungen der Kunden: von Sport Utility Vehicles (SUV) und Coupés, bis Cabriolets, Limousinen und Kombis.

Ein Bespiel von subjektiven Anforderungen der Kunden, die den internationalen Automarkt stark bestimmen, sind die SUVs. Was hat so ein Vehikel, ob groß oder winzig, aber auf den Rädern wie auf Stöckelschuhen aufgebaut, mit Sport zu tun? Auf einer Wellblechpiste in Australien oder auf einem Schlammweg in den

Bergen von Transsylvanien würden die Salon-SUVs vieler bekannten Marken eine sehr schlechte Figur machen. Und Utility, das heißt eigentlich Nutzbarkeit. Jedes Auto ist nützlich in seiner Klasse, das muss nicht noch auf der Haube geschrieben stehen. Einen Vorteil hat so ein hochgesetztes Auto: Die Sicht ist vom Lenkrad eines SUV, verglichen mit den ursprünglichen Modellen der gleichen Klasse, viel weitreichender, die Straße von oben zu dominieren ist beruhigender, das Ein- und Aussteigen ist für Kopf und Wirbelsäule viel schonender. Die SUVs haben die Welt erobert, alle Marken und Modelle, groß oder klein. Von allen in der Welt verkauften Automobile machten im Jahre 2000 die SUVs 10% aus, zehn Jahre später waren es über 13%, im Jahr 2020 stieg ihr Anteil auf 15%. Allein in Deutschland war im September 2020 eins von drei neu zugelassenen Automobilen über alle Klassen hinweg ein SUV [19]. Die Oberklasse- und Luxusautos haben ihrerseits jährliche Verkaufsanteile von 10 % pro Jahr auf dem Weltmarkt erreicht.

Innerhalb der drei Kategorien gibt es, trotz der Vielfalt der Ausführungen, exakt definierte Topologien der Automobile (Bild 5.1):

Automobilklassen: Minivehikel (wie Minicar Murray), kleine Automobile (wie Mini Cooper), Kompaktklasse (wie Mercedes GLA), Mittelklasse (wie Ford Mondeo), Obere Mittelklasse (wie Audi A6), Oberklasse (wie BMW 7er) Luxusklasse (wie Maybach), Van (wie Honda Odyssey), SUV (wie Range Rover).

Automobilarten: Geländewagen (wie Land Rover Defender), Pick-up (wie Ford Ranger), Limousine (wie Toyota Corolla Limousine Hybrid), Cabriolet (wie

Ford Mustang), Coupé (wie Jaguar), Roadster (wie Mini Cooper).

Motorplatzierung im Automobil: vorne (wie BMW), hinten (wie Porsche 911), in der Mitte (wie Ferrari); längs (wie BMW) oder quer zur Fahrzeuglängsachse (wie Mazda).

Antriebsachse: Vorderachse (wie VW Golf), Hinterachse (wie Mercedes C-Klasse), beide Achsen/Vierradantrieb (wie Subaru Outback).

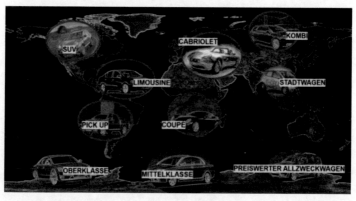

Bild 5.1   Vielfalt der Automobilausführungen

Kombinationen der Elemente aus diesen vier Kategorien können zu sehr spektakulären Ergebnissen führen, soweit der Kunde es so wünscht. Will er sich beim Einsteigen wie bei einer Yoga-Sonderübung knicken und verknoten, will er den heulenden Kolbenmotor fast auf dem Rücken haben, will er direkt auf dem Benzintank sitzen, so ist es sein Problem. Er bezahlt schließlich dafür. Ferrari Kombi gibt es doch auch.

Was muss aber ein Automobil aus einer dieser Kategorien in der Zukunft alles können?

Die ultimativen Attribute der zukünftigen Autos werden als Werbeslogans in allen Medien angepriesen: Sie müssen *„Konnektivität"* können, sie müssen *„Autonomes Fahren"* können! Natürlich müssen sie auch *„nachhaltig"* sein, idealerweise aus *„veganen"* Materialien gefertigt werden und *„Bio-Elektronen"* zur Stromerzeugung fressen.

Ihre klassischen Attribute werden jedoch, ungeachtet der ultimativen, von jedermann erwartet: ordentliche Leistung, Schadstoffemissionen unterhalb der jetzigen und den zukünftigen gesetzlichen Grenzen, sehr geringen Kraftstoff- / Energieverbrauch, maximale Sicherheit, perfekte Klimatisierung im Sommer, gute Heizung im Winter, Komfort wie auf dem Kreuzfahrtschiff, Fahreigenschaften die zwischen jenen eines Ferrari und eines Maybachs umschaltbar sind und, nicht zuletzt, ein atemberaubendes Design. Das sind die Erwartungen jedes Kunden an das Auto, das er kaufen will, sei es groß oder klein, teuer oder billig, Roadster oder SUV.

Ob objektiv oder subjektiv, solche Erwartungen bestimmen die Akzeptanz. Der Kunde der neuen Zeit hat sich eben mit der automobiltechnischen Evolution auch geändert, er wurde von vielen neuen, überraschenden Funktionen, ob wirklich brauchbar oder nicht, immer mehr verwöhnt. Eine solche Funktion wird jedoch immer von einem dafür entwickelten materiellen System erfüllt. Jedes dafür konstruierte System hat ein Volumen, ein Gewicht, kostet Geld und braucht fast immer Strom. Es kann ab und zu auch Fehler machen, oder einfach den Geist aufgeben.

These 23: Ein zukunftsfähiges Automobil hat Funktionen zu erfüllen, die von der objektiv und subjektiv bestimmten Kundenakzeptanz und von den ständig aktualisierten Anforderungen der Gesellschaft und der Umwelt bestimmt werden.

Die meisten dieser Funktionen müssen in allen Automobiltypen und –klassen realisiert werden, ob Verbrenner oder Elektroautos, ob Pick-ups oder Cabrios, ob Dacias oder Audis, ob in New Delhi oder in Berlin zugelassen (Bild 5.2).

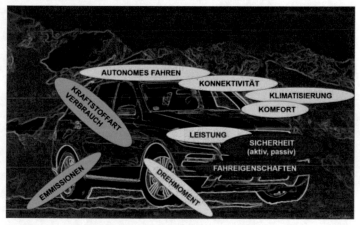

Bild 5.2   Vielfalt der Automobilfunktionen (Hintergrund-Vorlage: Daimler)

5.2   Hohe Leistung oder doch großes Drehmoment?

Gibt es überhaupt einen Kunden der an der Leistung des Autos, das er gerade erwerben will, gar nicht interessiert ist? Wenn es um Leistung geht, spielt dabei gar keine Rolle, ob es sich um einen Porsche Carrera oder um einen Opel Mokka handelt. Die Leistung ist fast immer ein entscheidendes Kaufargument. Was ist eigentlich Leistung? Ob der Kunde wirklich weiß, wann er sie wirklich braucht, was spielt das für eine Rolle? Leistung ist imposant, wenn von Menschen erbracht. Das müssen demzufolge auch die Autos schaffen.

Für den Menschen und für sein Auto hat die Leistung zunächst eine gemeinsame physikalische Basis:

These 24: Leistung kommt zustande, indem <u>kraftvoll</u> ein physischer oder ein geistiger <u>Weg</u> in einer möglichst kurzen <u>Zeit</u> durchlaufen wird.

Ein Rad am Auto läuft aber auf krummen Wegen, immer im Kreis. Kraftvoll ist in dem Fall nur über einen Hebelarm möglich, das ergibt ein Drehmoment. Der krumme Weg ist dabei ein Winkel, der über die Zeit eine Winkelgeschwindigkeit ergibt. Und diese Winkelgeschwindigkeit ist direkt proportional der Raddrehzahl. Geschafft!

Was man also in einem Auto tatsächlich nutzt, bevor von der Leistung überhaupt die Rede sein kann, ist das Drehmoment an den Antriebsrädern. Dieses Drehmoment ist eines der Elemente der Leistung, genauso wie die Drehgeschwindigkeit des Antriebsrades, welche die Fahrgeschwindigkeit des Fahrzeugs bestimmt.

Das Drehmoment an der Radachse bestimmt, mittels einer Übersetzung in einem Getriebe, das von dem Verbrenner oder von dem Elektromotor erwartete Drehmoment. Die Winkelgeschwindigkeit am Rad, welche die Fortbewegungsgeschwindigkeit des Fahrzeugs bestimmt, wird über das Getriebe bis zur Motorachse übersetzt. Daraus resultiert die erforderliche Motordrehzahl. Damit sind das Drehmoment und die Drehzahl des Motors für eine Fahrsituation ermittelbar.

Eine hohe Drehmomentreserve ist wichtig, um von jeder Fahrgeschwindigkeit aus noch genug Kraftreserve fürs Rad zu haben, wenn zum Beispiel bei einer Überholung beschleunigt werden muss.

Bei höheren Fahrzeuggeschwindigkeiten wird die Beteiligung der Drehgeschwindigkeit des Antriebsrades an der Leistung, neben dem Drehmoment, immer deutlicher. Ein Beispiel, wie im Bild gezeigt, macht diesen Zusammenhang konkret: wenn wir vom Verbrennungsmotor das gleiche Drehmoment - 200 Newton-Meter – auf der Landstraße bei 2.000 Umdrehungen pro Minute und auf der Autobahn, bei 4.000 Umdrehungen pro Minute haben wollen, so verdoppelt sich die Leistung von 41,6 auf 83,2 Kilowatt (von rund 57 auf 114 PS).

Das Drehmoment eines Motors – ob elektrisch oder mit Verbrennung – ist grundsätzlich nicht konstant entlang des Drehzahlbereiches in dem er funktionieren soll (Bild 5.3). Das Drehmomenten-Profil entlang der Drehzahl kann aber den Anforderungen angepasst werden. Ein Motorkonstrukteur ist in erster Linie Drehmoment-Designer, er gestaltet den Verlauf, die Höhe und die Drehzahl bei der das Drehmoment-Maximum erreicht werden soll. Dafür nutzt er hauptsächlich die Öffnungszeiten der Ein- und Auslassventile und die Modulation der Kraftstoffzufuhr.

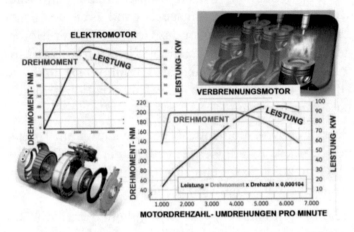

*Bild 5.3   Leistung und Drehmoment eines modernen Benzinmotors mit 1,5 Liter Hubraum bei voller Last, **für verschiedene Drehzahlwerte**, im Vergleich mit den ähnlichen Werten eines Elektromotors - beide haben eine maximale Leistung von 96 Kilowatt (130 PS), der Elektromotor schafft jedoch ein Drehmoment von rund 350 Nm gleich vom Start, der Benziner kommt nur auf 200 Nm, aber nur ab 1700 U/Min.*

Ein Elektromotor hält das maximale Drehmoment von der ersten Umdrehung bis 2000-2300 Umdrehungen pro Minute an, dann fällt dieses abrupt ab. Ein Otto- oder Dieselmotor für Automobile erreicht erst im Bereich 1300-2500 Umdrehungen pro Minute sein Drehmoment-Maximum und hält es oft fast so hoch, besonders die Ottomotoren, bis 4000-5000 Umdrehungen pro Minute.

Das ergibt eine gute Orientierung für die Einsatzberei-
che beider Gattungen, unabhängig von der Anzahl der
Gänge in einem dafür erforderlichen Getriebe: Elektromotor in städtischen Gebieten, mit viel Drehmoment
bei eher moderaten Geschwindigkeiten, Verbrenner
unschlagbar auf der Autobahn.

5.3   Unreine Stadtluft ansaugen, saubere
Luft ausstoßen

Eine saubere Luft, besonders in Großstädten ist zu einem Hauptthema der modernen Welt geworden. Und
das Automobil wird immer wieder als Hauptschuldiger
für die Luftverschmutzung gesehen, ungeachtet der
Hausheizung, des Stahlgießens, der Zementherstellung
oder der Stromerzeugung in Kohle- und Gaskraftwer-
ken. Mein Auto sollte also möglichst Luft mit Schadstoffen von der Hauptstraße ansaugen und reine Luft
auspusten. Welche Schadstoffe sind aber gemeint, außer Stickoxide und Partikel (Kap. 3.5 und 3.6)? Gemäß
internationaler Normen sind das die unverbrannten
oder nur partiell verbrannten Anteile von Benzin und
Dieselkraftstoff (unverbrannte Kohlenwasserstoffe –
HC und Kohlenmonoxid – CO) sowie Formaldehyd
und organische Gase ohne Methan [20].

Die gesetzlich fixierten Grenzen für die Emissionen
dieser Schadstoffe sinken in regelmäßigen Abständen
drastisch. Beispiele von solchen Normen sind LEV
(Low Emission Vehicles), ULEV (Ultra Low Emission
Vehicles), SULEV (Super Ultra Low Emission Vehicles) in den USA oder EU1 bis 6 in Europa. Obwohl in

den letzten drei Jahrzehnten die Schadstoffemissionen durch eine besonders erfolgreiche Entwicklung der Verbrennungsmotoren drastisch reduziert werden konnten – HC und NO_x um 86 %, CO um 84 % und Rußpartikel von Dieselmotoren um 97 % - hat die Verschärfung der Grenzen an Dynamik noch deutlich gewonnen [4].

Die Emissionen der aufgeführten Schadstoffe, dazu auch der Kohlendioxidausstoß (Kohlendioxid ist kein Schadstoff, sondern ein klimabeeinflussendes Gas) aus Automobilen mit Verbrennungsmotoren oder mit Hybridantrieben werden unter vergleichbaren Fahr- und Umgebungsbedingungen für alle, meist auf dafür konditionierten Prüfständen gemessen. Der Grund ist verständlich: Schmutz oder Schnee auf der einen oder der anderen Prüfstraße im Freien, ein anderer Straßenbelag, Wind von der Seite oder plötzlicher, strömender Regen, würden zu großen Abweichungen der Messergebnisse für verschiedene Autos und an verschiedenen Tagen führen. Ein Vergleich wäre dann nicht mehr möglich. Die Autos fahren also auf Prüfständen mit geeichter Technik, jedoch nicht mit konstanter Geschwindigkeit oder mit konstanter Last, sondern mit Geschwindigkeits- und Laständerungen, die einer realen Fahrt auf der Straße in einer Stadt, teils auf dem Land und teils auf der Autobahn entsprechen.

Der bis vor kurzem geltende Europäische Fahrzyklus (NEFZ) ging von einem bestimmten Fahrprofil aus, wie im Bild 5.4 dargestellt.

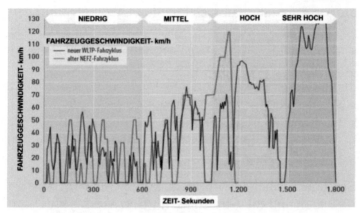

Bild 5.4   Vergleich der Fahrzyklen NEFZ und WLTP (Quelle: UNECE - United Nations Economic Commission for Europe)

Dieser Fahrzyklus, welcher auf Basis von statistischen Werten entstand, entspricht aber einem Bereich mit niedrigem Drehmoment bzw. mit niedriger Drehzahl eines Otto- oder Dieselmotors, ziemlich weit entfernt von dem Gebiet mit dem geringsten Kraftstoffverbrauch pro Energieeinheit oder des maximalen Drehmomentes. Aus diesen Gründen wurde im Jahr 2017 durch UNECE (Wirtschaftskommission der Vereinigten Nationen für Europa) ein neues Testverfahren, bezeichnet als WLTP (Worldwide harmonized Light vehicle Test Procedure / weltweit einheitliches Testverfahren für leichte Fahrzeuge) für Personenkraftwagen und für leichte Nutzfahrzeuge auch in Europa eingeführt.

Der neue Zyklus ist wesentlich dynamischer, mit mehr Beschleunigungs- und Bremsvorgängen, wie im Bild ersichtlich. Neben dem Fahrprofil wurde dabei auch die Messprozedur an die aktuelle Fahrzeugtechnik angepasst. Die Zykluslänge wurde von 11 km auf 23,23 km gestreckt, die mittlere Geschwindigkeit von 34 km/h auf 46,6 km/h gehoben, die maximale Geschwindigkeit von 120 km/h auf 131 km/h. Die Grenzen der Antriebsleistung wurden von 4 bis 34 kW auf 7 bis 47 kW erhöht. Dieses neue Messverfahren soll die Werte für Verbrauch und Emissionen näher an die realen Fahrzustände bringen [4].

Ein überraschendes Problem kommt jedoch bei den Hybriden und Plug-In Autos vor: Ein Messzyklus wird einmal mit eingeschaltetem Elektromotor und noch einmal mit leerer Batterie durchfahren. Die meisten Autos dieser Art schaffen im ersten Zyklus die Teststrecke von 23,23 km locker nur mit dem Elektromotor, der Verbrenner kommt nur im zweiten Zyklus zum Arbeiten. Die Ergebnisse der beiden Zyklen werden jedoch mittels einer umständlichen Formel, entsprechend einem „Nutzungsfaktor" umgerechnet. Demzufolge werden in Prospekten unglaubliche Verbräuche von 1 bis 2 Liter Diesel je 100 km und fast vernachlässigbare CO_2 Emissionen angegeben, die bei einer üblichen Nutzung des Fahrzeugs auf der Straße weit übertroffen werden.

Die realen Fahrzustände sollten aber auch aus einer anderen Perspektive als jene eines täglichen Fahrzyklus bewertet werden:

Statistische Analysen zeigen, dass ein Fahrzeug der Luxusklasse durchschnittlich 8000 km/Jahr gefahren wird, eine Familienlimousine dagegen etwa 30.000 km/Jahr. Die höhere Leistung des Antriebs im Falle des Luxusklassefahrzeugs bedingt gewiss einen höheren momentanen Ausstoß, beispielsweise an Kohlendioxid. Der absolute Wert des jährlichen Kohlendioxidausstoßes ist jedoch durch Multiplikation der momentanen Emission mit der Anzahl der gefahrenen Kilometer allgemein geringer als im Falle der Familienlimousine.

Andererseits ist die Messung der Emissionen von Abgaskomponenten pro gefahrenem Kilometer unabhängig von der Motorleistung oder von seiner geleisteten Arbeit (erbrachte Kilowatt-Stunden) sehr diskutabel. Der Ingenieur rechnet (normalerweise) für seinen Motor, wie folgt: "Ich gebe dir so viel Kraftstoff mit Energiegehalt, ich bekomme Arbeit, nach einem Profil, in einer bestimmten Zeit, das ist letzten Endes die Energie". Verbrauch und Emissionen pro Kilometer für ein großes Auto mit sehr effizientem Motor gegen einen Winzling mit schlechtem Motor auf gleicher Strecke, das ist wie Äpfel mit Birnen vergleichen.

Die Begrenzung der Partikelemission von Automobil-Verbrennungsmotoren ist auch ziemlich fragwürdig: sie wurde in Europa von 0,18 Gramm pro Kilometer (1992) auf 0,0045 Gramm (ab 2014) gesenkt. Wen interessierte dabei der Abrieb der Reifen auf dem Asphalt? Unabhängig davon, ob Gummireifen unter einem Elektroauto oder einem Dieselfahrzeug rollen, verursacht der Gummiabrieb Partikelemissionen, die diese Grenzen bei weitem übertreffen. Grundsätzlich sind aber Elektroautos erheblich schwerer als Fahrzeuge des gleichen Typs mit Verbrennungsmotoren, wegen des Batteriegewichtes. Das ergibt grundsätzlich mehr Abrieb, insbesondere bei höheren Fahrzeuggeschwindigkeiten.

Wie werden die Verbrennungsmotoren in Automobilen all diesen ganzen Limitierungen, von Kohlenmonoxid und unverbrannten Kohlenwasserstoffen bis zu den Stickoxiden und Partikeln angepasst? Allgemein mit Katalysatoren, die unter dem Auto, einer nach dem anderen angeordnet, bis 70 Kilogramm schwer und platzraubend, sehr teuer und sehr empfindlich sind. Die andere Maßnahme ist, die Verbrennung im Brennraum in jeder Lage von Last und Drehzahl besser zu machen. Dafür werden, unter anderem, die eingespritzten Kraftstofftropfen immer kleiner und in getakteten Portionen serviert und die Luft wirbelwindartig in den Brennraum eingeschleust.

Die Motorenentwickler in der Automobilindustrie haben in dieser Hinsicht über Jahre hinweg eine solide Arbeit geleistet, wie bei der Einhaltung der EU Limitierungen von Euro 1 bis Euro 6 dargestellt. Diskutanten und Militanten aller Art wollen aber unbedingt die Abschaffung aller Verbrenner, auch wenn sie dafür keinerlei objektive Argumente haben. Die Bilanz zwischen der allgemeinen Verschmutzung der Luft in einer Megametropole und der Zusammensetzung der Gase, die einen Verbrennungsmotor verlassen, ist aber eindeutig belegt.

Ein High-Tech-Automobil-Verbrennungsmotor reinigt gegenwärtig vielmehr die Luft in einer Großstadt, als er sie beschmutzt.

Der Elektromotor eines Automobils saugt weder die schmutzige Luft aus der Umgebung an, noch emittiert er überhaupt irgendwas. Der Strom für seine Batterie wird aber immer noch zu einem maßgebenden Anteil in einem stadtnahen Kraftwerk generiert, in dem zu diesem Zwecke fossile Kohlewasserstoffe verbrannt werden.

5.4   Kalorienbewusst und nur mit Bionahrung seine Arbeit tun

Für den Kunden ist ein geringer Kraftstoffverbrauch genauso heilig wie die hohe Leistung seines neuen Autos, sei es ein Mercedes der S-Klasse oder ein Fiat Cinquecento. Das erinnert an frühere, unendliche Diskussionen: "mein Trabbi verbraucht einen halben Liter weniger als deiner!". Aber wehe, in der neuen Zeit, der Nachbar mit seinem BMW ist vor der roten Ampel auf der Nebenspur, neben meinem Audi! Dort zählt dann nur die Leistung, Leistung pur, wen geht noch der Verbrauch an? Der Kraftstofferbrauch interessiert erstaunlicherweise allgemein mehr die Besitzer schwerer Luxusautos. Das hat weniger mit dem Geld, als vielmehr mit der Reichweite zu tun: Wer will schon zwischen Tegernsee und Sylt an irgendeine Tankstelle in der Pampa, bei Wind und Kälte aussteigen?

Der wichtigere Grund ist allerdings im Zusammenhang mit der klimaschutzbedingten CO_2-Emission zu sehen, deren Minderung zur drastischen Senkung des Benzin- und Dieselverbrauchs in den Verbrennern zwingt.

Der Kohlendioxidausstoß ist, wie im Kapitel 3.4 dargestellt, direkt proportional mit dem Kraftstoffverbrauch. Bei der Nutzung von Benzin, Dieselkraftstoff oder Erdgas ist dieses Kohlendioxid anthropogen und damit kumulativ in der Erdatmosphäre.

Und nun, eine gute Frage: Kann man die Kohlendioxidemission genauso wie die Schadstoffe, mit Katalysatoren reduzieren? Nein, das geht gar nicht! Die CO_2-
Emission entstammt der chemischen Reaktion während der Verbrennung des Kraftstoffes – welcher allgemein ein Kohlenwasserstoff mit definierten Anteilen
von Kohlenstoff und Wasserstoff ist – mit Sauerstoff
aus der Umgebungsluft oder der von Alkohol mit Koh-
lenstoff-, Wasserstoff- und einigen eigenen Sauerstoff-
anteilen. Die Produkte einer idealen, vollständigen
chemischen Reaktion dieses Typs - kurzum einer Verbrennung - sind immer eindeutig in der Massenbilanz
erfasst: so viele Kilogramm Edukte in die Verbrennung eingehen (*Kraftstoff plus Luft*), genauso viele Kilogramm Produkte (*Kohlendioxid, Wasser und Stickstoff* welches in der Luft enthalten war, aber an der
Verbrennung, massenmäßig so gut wie nicht beteiligt)
kommen raus. Die Emissionen von *Kohlenmonoxid,
Stickoxiden und anderer schädlicher Gase* durch lokal
unvollständige Verbrennung und Dissoziationen fallen
allesamt unter 2% und sind deswegen belanglos für die
Massenbilanz zwischen Kraftstoff und Kohlendioxid.
Man muss sie aber trotzdem neutralisieren, wie vorhin
erwähnt, weil sie giftig für Flora und Fauna sind.

Ein vielversprechender Weg zur Vermeidung der Ku-
mulation von Kohlendioxid in der Atmosphäre infolge
Verbrennungen ist jedoch der Ersatz von Benzin oder
Dieselkraftstoff mit Methan oder mit Wasserstoff,
wodurch aus der Verbrennung mehr Wasser und weniger oder gar kein Kohlendioxid (im Falle des Wasserstoffs) entsteht.

Es gibt aber auch eine andere, eine sehr wirksame Lösung zur Umgehung der globalen Umweltbelastung mit dem Kohlendioxid aus Fahrzeugmotoren:

These 25: Die Vermehrung der Kohlendioxidkonzentration in der Atmosphäre durch die Emissionen von Fahrzeugverbrennungsmotoren kann grundsätzlich vermieden werden, ohne dafür die Motoren selbst zu verbannen. Dafür müssen Benzin, Dieselkraftstoff und Erdgas durch Alkohole aus dafür gezüchteten Pflanzenarten, aus Pflanzenresten und aus Algen ersetzt werden. Die Natur nimmt die aus der Verbrennung entstandene Kohlendioxidemission durch die Photosynthese in den nächsten Treibstoff-Pflanzen wieder zurück.

Der Kohlendioxidkreislauf schließt sich bei der Nutzung von Alkoholen nahezu vollständig [4].

Und das, was die Flora schafft, kann die Fauna auch: ein Motor funktioniert genauso gut mit Biogas wie mit Benzin oder mit Dieselkraftstoff, wenn nicht noch besser! Das natürliche Recycling hat in diesem Fall mehr Stationen, es ist dennoch nahezu vollständig: Das Gras wächst auf der Weide dank dem Kohlendioxid aus der Luft und dem Wasser aus Luft und Erde. Die Kuh frisst das Gras und sorgt für volle Kläranlagen, in denen Biogas entsteht. Dieses Biogas bekommt der Kolbenmotor, der wiederum, infolge der Verbrennung, Kohlendioxid und Wasser erzeugt. Und das ist genau das, was das nächste Gras zum Wachsen braucht! Der Salat, die Radieschen und die Kartoffel, die der Mensch isst, brauchen aber auch Kohlendioxid und Wasser, die aus der Verbrennung, beispielsweise von Biogas, resultieren.

So schließen sich die Kreise!

Wenn der Mensch ein saftiges Rindersteak verzehrt, so trägt er im Anschluss daran zur Füllung einer Kläranlage bei. Daraus entsteht wiederum Biogas, welches in einem Motor zusammen mit Luft verbrannt werden kann. Der Motor produziert infolgedessen Arbeit für den Menschen und Kohlendioxid für das Gras welches die Rinder fressen und für den Salat, den der Mensch neben dem Rindersteak genießt!

5.5   Aktive und die passive Sicherheit gewährleisten

Das neue Auto ist eine wahre Freude: es sieht gut aus, es hat eine schöne Farbe, es hat genug Leistung und Drehmoment, es verbraucht grünen Strom und Biokraftstoff in einer effizienten Kombination. Die Kinder freuen sich über die Computerspiele an Bord. Das Gefährt meistert souverän die vereiste Straße, dank ausgezeichneter Fahreigenschaften. Irgendwo, einige hundert Meter weiter geradeaus, in dieser weißen und platten Landschaft, auf der linken Straßenseite, ist das dunkle Profil eines hohen und dicken Baumes zu erkennen. Einen solchen schwarzen Punkt auf einer immensen weißen Fläche ungewollt zu treffen, dazu mit einem sehr geübten Fahrer und mit solch einem Hightech-Auto, wäre nach der üblichen deterministischen Logik ein Ding der Unmöglichkeit.

Nach den Gesetzen von Murphy, wenn es einen einzigen Baum als winzigen Punkt in einer großen Landschaft gibt, wird das fahrende Auto, trotz aller dagegensprechenden Umstände, darauf prallen. Murphy pflegte, gewiss, seinen schwarzen Humor. Zahlreiche, zuerst nicht wahrnehmbare Phänomene, die einen geplanten Verlauf stören können, geben ihm jedoch oft recht: Ein Vogel prallt gegen die Frontscheibe, gleichzeitig springt ein Reh auf die Straße und eins der beiden Kinder hat sich plötzlich auf der schönen, neuen Rückbank übergeben. Der Baum kommt unwiderruflich dem Auto entgegen. Und der Baum ist nicht nur resistent, er ist viel mehr als das, er ist resilient.

Resilire heißt lateinisch zurückspringen! Das sollte man im Fall eines Baumes genauer betrachten, weil so viele Kollisionen mit Autos tödlich für die Insassen enden. Der Baum könnte nur resistent sein, gerade stehen bleiben, absolut unbewegt von der aufprallenden Masse. Der Baum macht aber mehr: elastisch wie ein Ski nimmt er zunächst die Aufprallenergie auf, indem sich sein Stamm in die Bewegungsrichtung biegt. Gerade stehenbleiben hätte seine Rinde beschädigt. Aber dank seiner Elastizität biegt er sich erstmal ein bisschen, dann kommt er schlagartig in seine ursprüngliche Position zurück, und gibt, binnen Mikrosekunden nach dem Kontakt, dem inzwischen stehen gebliebenen Auto dessen ganze Energie zurück. Das Auto wird von dieser Wucht in einer so kurzen Zeit schlagartig verformt. Der Baum hat also am Ende des ganzen Prozesses seine ursprüngliche Position wieder erreicht, ohne einen Kratzer bekommen zu haben (Bild 5.5).

Das können manche Menschen auch:

Sie nehmen Kollisionen, Herausforderungen oder Veränderungen durch eine elastische Biegung psychischer

Art auf und geben dann die unerwünschte Energie dem Widersacher schlagartig zurück, in dem Augenblick, in dem er das am wenigsten erwartet. Die Psyche des resilient reagierenden Menschen kommt dabei in den ursprünglichen Zustand zurück.

Bild 5.5   Resilienz: Der Baum hat nach der Kollision seine ursprüngliche Position wieder erreicht, ohne einen Kratzer bekommen zu haben, das Auto nicht

Das Automobil soll auf ein Treffen mit einem resilienten Baum oder mit einem weniger resilienten Wildschwein entsprechend reagieren:

-   Es soll mit Systemen zur höchstmöglichen Vermeidung des Unfalls ausgerüstet sein. Das ist <u>aktive Sicherheit</u>.

-   Es soll darüber hinaus mit Systemen versehen sein, die dahingehend wirken können, dass die Folgen des Unfalls, insbesondere für Menschen im und außerhalb des Fahrzeugs, minimiert werden. Das ist <u>passive Sicherheit</u>.

<u>*Die aktive Sicherheit*</u> beginnt mit guten Reifen, gerade bei einer glatten Straße, wie vorhin geschildert. Ein

Hightech-Automobil, mit ausgezeichneten Fahreigenschaften per se, ausgerüstet mit allen Sicherheitssystemen, steht trotz alle dem nur auf vier Gummiflecken (im Fachjargon: „Reifenlatschen"). Die vier Latschen haben zusammen, im Falle eines Mittelklassewagens, die Fläche eines A4 Blattes. Ein Auto mit 1600 – 2000 kg Eigengewicht drückt mit 2 bis 3 bar auf den Kontaktflächen zwischen den Latschen und dem Belag. Wenn die Kontaktflächen vereist oder verölt sind und dazu die Bahn auch noch geneigt ist, hilft einer Adhäsion nur weiches Gummi und ein Reifenprofil, welches tausende von kleinen Saugnäpfen bildet.

Die aktive Sicherheit bedeutet Information (Glatteis, Stau, Verkehrsgeschehen), Unterstützung (Gefahrenwarnung, Assistenzsysteme) und Intervention (automatische Fahrzeugsteuerung, Notbremsung). Die aktive Sicherheit begann, nach guten Reifen und gutem Abblendlicht, mit den Brems- und Fahrstabilitätssystemen (ABS – Antiblockiersystem, ab 1969, ESP-Electronic Stability Control, ab 1995) Es ging dann mit Spurhalte-, Notbrems-, Totwinkel- und Nachsichtassistenten weiter.

Die passive Sicherheit betrifft den Schutz der Passagiere und der Fußgänger im Falle eines Unfalls. Das wird allgemein mit folgenden Maßnahmen realisiert:

-   Systeme zur Minimierung der Kollisionswirkung,

-   Straffung der Sicherheitsgurte,

-   Airbags,

-   Warnsysteme und Entsperren der Türen,

- Notrufsysteme.

Die Konnektivität ist dabei in jeder Hinsicht extrem effizient: Notrufsignale an Rettungsdienst und Polizei schicken und die Ortung des Fahrzeugs ermöglichen, Fahrzeuge in der Umgebung über den Unfall warnen, die Werkstatt informieren, die Tischreservierung beim Italiener annullieren.

Die Gesamtheit der aktiven und passiven Sicherheitssysteme in einem Automobil wird neuerdings unter dem Begriff ADAS (Advanced Driver Assistance Systems – Fortgeschrittene Fahrerassistenzsysteme) gebündelt. Die ADAS Philosophie ist (noch), dass trotz aller elektronisch gesteuerten Sicherheitsmaßnahmen, der Fahrer jederzeit mit eigener Entscheidung und mit eigenem Wirken die Aktion des Sicherheitssystems korrigieren kann.

In der Stufe des „vollautomatisierten Fahrens" wird dieses Konzept nicht mehr praktikabel sein, ab dort werden die Techniker den Staffelstab an Juristen und Ethiker übergeben.

5.6   Mediterranes Klima im Sommer und im Winter verschaffen

Was kann mediterraner sein als ein in Spaziergang, kurz vor Mitternacht, auf der Promenade von Albisola oder von Porto Fino, entlang des Meeres, nach dem Abendessen auf einer Ristorante-Terrasse? Eine bezaubernde Umgebung, ein Barolo-Geschmack noch auf der Zunge, und dazu noch so eine angenehme Luft, die man als Dessert löffeln könnte! Gibt es eine Steigerung? O, ja: Fahren statt laufen, in der gleichen Umgebung, zur gleichen Sternenhimmelzeit, mit einem traumhaften Cabrio.

Die Heizung im Winter oder die Klimatisierung im Sommer werden allgemein, bei der Begeisterung über die Vorteile der zukunftsträchtigen Elektroautomobile mit Batterien kaum noch erwähnt, geschweige die Sitzmassage oder die Sitzbelüftung, wofür unzählige kleine Elektromotoren in den Sitzen integriert werden müssen! All diese Systeme brauchen Energie, natürlich aus der gleichen Batterie wie der Antriebsmotor selbst!

Ein Heizsystem an Bord eines Fahrzeugs, sei es der neueren Art, mit Wärmepumpe oder klassisch, mit Kühlwasser-Kreislauf, braucht zunächst eine Wärmequelle. Bei Fahrzeugen mit Verbrennungsmotoren ist diese Quelle der Motor selbst. Der Motor, der so oft in der Kritik deswegen auch steht, weil etwa ein Drittel der durch Verbrennung erzeugten Wärme über das Motorkühlsystem verloren geht, anstatt auch in Arbeit umgewandelt zu werden, die auf die Kolben drückt.

Im Winter sieht das also anders aus, die vom Motor verlorene Wärme wird für den Fahrgastraum gewonnene Wärme. Der Motorblock mit seinen vielen Kühlkanälen wird zum Heißwasserkessel, wobei das Feuer nicht drunter gelegt wird, sondern aus der Kesselmitte, vom Brennraum zwischen Kolben, Kopf und Zylinder kommt. Das Wasser wird nach der Wärmeabgabe in den Fahrgastraum, über einen ersten Wärmetauscher, zu dem großen Wärmetauscher hinter dem Kühlergrill geführt, um eine noch niedrigere Temperatur zu erreichen, bevor es wieder in den Motorblock geführt wird.

Die Wärmepumpe ist eine noch effizientere Anlage zur Wärmegewinnung und -nutzung an Bord. Sie enthält ein eigenes, flüssiges Arbeitsmedium, welches die Wärme, über jeweilige Wärmetauscher sowohl vom Motorblock, als auch, in manchen Ausführungen, vom Abgasleitungssystem aufsammelt. Das Arbeitsmedium wird dann mittels einer Pumpe auf einen höheren Druck gebracht, wodurch auch seine Temperatur erheblich steigt. Von dieser Temperatur aus ist eine Wärmeabgabe in den Fahrgastraum, wieder über einen Wärmetauscher, viel wirkungsvoller als nur von dem warmen Wasser welches direkt vom Motorblock kommen würde. Das Arbeitsmedium erreicht dann, über ein Ventil, den ursprünglichen, niedrigeren Druck, wobei die Temperatur erheblich geringer als am Beginn des Zyklus ist, schließlich würden etliche „Grade" dem Fahrgastraum geschenkt! Mit dieser niedrigeren Temperatur strömt dann das Arbeitsmedium durch die Wärmetauscher vom Motorblock und Auspuffanlage. Die große Temperaturdifferenz erlaubt demzufolge eine besonders intensive Wärmeaufnahme.

Die Effizienz eines Verbrennungsmotors muss also im Winter anders als im Sommer betrachtet werden. Über 40% der von der Verbrennung gewonnenen Wärme für die Arbeit, die an die Räder geht, und nochmal soviel für die Erwärmung von Fahrgastraum und Funktionsmodulen bringen im Winter den Verbrennungsmotor in den Effizienzbereich eines Elektromotors.

Und nun zur Heizung in einem Automobil mit elektrischem Antrieb und Elektroenergie aus der Batterie:

Eine Wärmequelle wie aus dem Brennraum eines Kolbenmotors ist in dem Fall nicht vorhanden. Heizen muss man dann rein elektrisch, mit Energie aus der Batterie. Und das halbiert in den meisten Fällen, im Winter, die Reichweite eines Elektroautos.

Gibt es Alternativen dazu? Manche Autohäuser bieten Elektroautos bekannter Marken, die mit einer Benzinheizung ausgerüstet sind – inklusive 5 Liter-Kraftstofftank. Machen wir den Tank gleich viermal so groß, so wäre ein Stromgenerator mit Kolbenmotor an Bord auch betreibbar und die Suche nach Ladesäulen im Schnee für die leere Batterie erübrigt!

Inzwischen werden auch in Elektroautos Wärmepumpen eingebaut, wobei die Wärmequelle der mehr oder weniger warm arbeitende Elektromotor ist.

Einen warm gelaufenen Elektromotor samt warmen Kabeln und Kontakten kann man aber bei weitem nicht mit einem befeuerten Kolbenmotor samt glühenden Auspuff vergleichen.

Im Sommer wird die Heizung meistens auf Kühlung umgestellt. Eine Klimaanlage ist nichts anderes als eine Wärmepumpe mit umgekehrtem Kreislauf, wie im Kühlschrank: das nach dem Pumpen heiß gewordene Arbeitsmedium gibt die Wärme nicht in den Fahrgastraum, sondern in die Umgebung ab. Nach der Drucksenkung in einem Ventil erlangt das Arbeitsmedium eine sehr geringe Temperatur. Über einen Wärmetauscher wird dem Fahrgastraum Wärme wie der Bierflasche im Kühlschrank entzogen und dem kalten Arbeitsmedium geführt.

Die Klimaanlage an Bord eines Fahrzeugs braucht, wie jeder Kühlschrank, einen Kompressor, der wiederum Elektroenergie benötigt. Allgemein sind dafür 20-30% der Batteriekapazität erforderlich.

Mehrere Dutzende Steuereinheiten (ECU – Electronic Control Units) an Bord eines modernen Autos und die entsprechenden Aktoren für die mehr als 6000 Funktionen, vom autonomen Fahren bis zu den Sicherheitsmodulen, brauchen aber auch Elektroenergie aus der Batterie. Und die Sitze mit Massage, Heizung, Lüftung und Klimatisierung oder die elektrisch beheizten und gesteuerten Spiegel?

5.7   Manövrierbar sein und wie auf Wolken latschen

Die Kunst des Automobilbauens beginnt immer mit dem Fahrwerk. Das ist die komplexe und inzwischen intelligente Kontaktstelle zwischen der so oft holprigen Straße und dem Fahrzeug samt Insassen. Vertikalschwingungen, in einem Rhythmus von 3 hundertstel Sekunde hintereinander, sind für Blech und Menschen besonders unangenehm. Die Funktionen eines Fahrwerks, über seine Gestaltung hinaus, werden durch mechanische, pneumatische und hydraulische Systeme realisiert, in sehr vielen Fällen mit elektrisch-elektronischer Steuerung. Die Gestaltung eines Fahrwerkes beginnt mit den Federn, den Schwingungsdämpfern, der Radaufhängung und Radführung und umfasst auch Reifen, Lenkung und Bremsanlage (Bild 5.6).

Diese Komponenten sind für elektrisch oder nicht elektrisch angetriebene Fahrzeuge sehr ähnlich. Das bedeutet wieder Volumen, Gewicht und Elektroenergie an Bord [21], [22]. Von den Trabbi-Blattfedern, über Schraubenfedern und Drehstabfedern ist der Fahrwerkbau bei den sanften Gas- und Balg-Gasfedern mit pneumatischen Niveau-Regulierung und zu hydropneumatischen Federn angekommen. Die Schwingungen des gefederten Fahrzeugs werden durch hydraulische Teleskopdämpfer in Kombination mit Schwingungstilgern besänftigt.

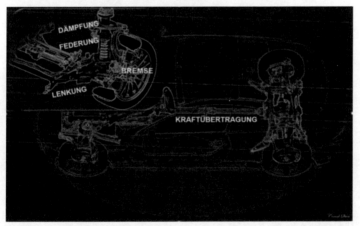

Bild 5.6   Fahrwerk als geometrische, kinematische und dynamische Verbindung zwischen Karosserie und Straße: Kraftübertragung, Bremsen, Lenkung, Federung, Dämpfung (Hintergrund-Vorlagen: Daimler-links, BMW-rechts)

Eine wahre Kunst ist der Bau einer Radaufhängung. Für das Fahrverhalten und insbesondere für die Fahrdynamik sind unter anderen die Spurweite, der Spurwinkel, der Sturzwinkel, der Lenkrollradius sowie die

Längs- und die Querfederung maßgebend [22]. Die Radaufhängungsarten reichen von der Starrachse über Halbstarrachsen bis zu Einzelradaufhängungen. Hinzu kommt das Lenksystem mit hydraulischer oder mit elektrischer Hilfskraftlenkung. Dafür braucht man wieder Strom von der Batterie. In die Betrachtung ist darüber hinaus die Bremsanlage zu ziehen, in der sowohl die elektrohydraulischen Module als auch ihre Steuerung durch entsprechende Aktoren schon wieder Strom von der Batterie benötigen.

Die Fahrzeugbewegung in Längs- und Querrichtung wird in kritischen Situationen durch ein elektronisch gesteuertes Zusammenspiel zwischen Antrieb und Bremssystem gesteuert. In diesem Zusammenhang sind die intelligenten Räder, mit integriertem Antriebselektromotor wie im Kapitel 4.1 dargestellt, das ideale Szenario.

Weitere Freiheiten für die Fahrdynamik bieten der wahlweise zuschaltbare Vierradantrieb und die Lenkung sowohl der Vorderräder als auch, in einem kleineren Winkel, der Hinterräder, wie im Kapitel 4.1 im Falle der Radnaben- und der Radnahen Motoren erläutert.

Fazit zum Vergleich von Aufbau und Funktionen der Automobile mit Verbrennungsmotoren- und mit Elektromotoren-Antrieb

Zahlreiche Funktionen, von der aktiven und passiven Sicherheit, Konnektivität, Heizung, Klimatisierung und Komfort bis zur Manövrierbarkeit, Fahrstabilität, Federung und Dämpfung sind identisch für Fahrzeuge mit elektrischem oder thermischem Antrieb. Gleiche Anzahl Teile, gleiche Volumina, Gewichte und Preise, aber auch gleicher Bedarf an Elektroenergie. Dieser Aspekt ist für Fachleute offensichtlich. Verfechter der absoluten Elektromobilität sehen es oft als großen Vorteil, dass ein Elektroauto weniger Teile als ein Verbrenner hat. Wo nehmen sie das her? Motorenteile, das mag sein, aber bis zu den 25.000 Elementen eines ganzen Autos ist ein sehr langer Weg (Bild 5.7).

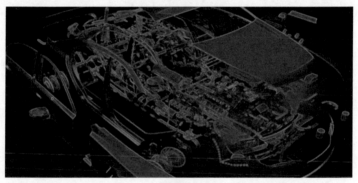

Bild 5.7   Automobil aus 25.000 Elementen – fast drei Viertel davon sind von Lieferanten

Die Zunahme der Elektromobilität bedeutet keineswegs, dass alle Industrien, gerade im Bereich der kleinen und mittelständischen Unternehmen sich schnell auf Spulen, elektrische Steuereinheiten und Transformatoren umprofilieren müssen, wie manche in Medien sehr vokalen Besserwisser, aber auch Politiker in unverantwortlicher Weise der Welt verkaufen wollen. Schrauben, Federn, Bleche, Beleuchtungssysteme, Klimaanlagen, Lenk- und Bremssysteme werden die Autos immer haben, ob mit Elektromotoren- oder mit Verbrennungsmotoren-Antrieb.

Und es wird auch weiterhin, auf noch sehr lange Sicht, Verbrennungsmotoren zu einem großen Anteil geben.

Literatur zu Teil I

[1]   Stan, C.: Energie versus Kohlendioxid – Wie retten wir die Welt? 59 Thesen,
Springer Verlag 2021,
ISBN 978 – 662 – 62705 -1

[2]   Carollo, S.: Understanding Oil Prices: A Guide to What Drives the Oil Price in Today´s Markets, Wiley 1. Edition, 2011,
ISBN/ASIN B006ES4VOB,
Chapter3: Evolution of the Price of Crude Oil from the 1960s up to 1999

[3]   Voy, Chr. Elektromobilität in Deutschland – Ein Statusbericht, Bundesverband Elektromobilität, Neue Mobilität, 02, 13.01.2011,
CYMAGE Media Verlag UG

[4]   Stan, C: Alternative Antriebe für Automobile, Springer Verlag, 5. Auflage, Springer Verlag 2020, ISBN 978-3-662-61757-1

[5]   Stan, C., Personnaz, J.: Hybridantriebskonzept für Stadtwagen auf Basis eines kompakten Zweitaktmotors mit Benzindirekteinspritzung, Automobiltechnische Zeitschrift 2/2000, ISSN 0001-2785

[6]   Cogan, R.: 20 Truths About the GM EV1 Electric Car [archive], GreenCar.com, 26 mai 2008, EV1 electric automobile [archive], National Museum of American History, Smithsonian Institution

[7]   Stan, C.: Thermodynamik für Maschinen- und Fahrzeugbau, Springer Verlag, 2020, ISBN 978-3-662-61789-2

[8]   *** : Venturi Fetish, La première sportive électrique de série, Moteur Nature, 2004, https://www.moteurnature.com/actu/2004, zuletzt abgerufen am 10 April 2021

[9]   Mladenow, Z.: Venturi Jamais Contente topped 515 km/h, Automobiles Review, 27.08.2010, https://www.automobilesreview.com/auto-news/venturi-jamais-contente-world-record/25242, zuletzt abgerufen am 3. Juni 2021

[10]   *** : Tesla Roadster: Features and Specs, Tesla Motors, https://www.tesla.com/roadster, zuletzt abgerufen am 3. Juni 2021

[11]   Baumann, U.: Elektro-BMW stellt sich 2013 dem Markt, Auto-Motor-und-Sport, 29.07.2013, https://www.auto-motor-und-sport.de/news/bmw-i3-auf-der-iaa-elektro-bmw-stellt-sich-2013-dem-markt/, zuletzt abgerufen am 3. Juni 2021

[12] *** : Roadmap E, Elektromodelle von Volkswagen, Auto-Bild, 02.01.2021,
https://www.autobild.de/artikel/,
zuletzt abgerufen am 3. Juni 2021

[13] Schmidt, H.: Porsche lanciert erstes Elektroauto, Neue Zürcher Zeitung, 04.09.2019,
https://www.nzz.ch/mobilitaet/auto-mo-bil/taycan-porsche-lanciert-endlich-ersten-elektrosportwagen-ld.1506499,
zuletzt abgerufen am 3. Juni 2021

[14] Bönninghausen, D.: Mercedes-Benz EQC feiert Premiere in Stockholm,
electrive.net, 04.09.2018,
https://www.electrive.net/2018/09/04,
zuletzt abgerufen am 3. Juni 2021

[15] Reitberger, S.: VW ID.3 im ersten Test, 14.10.2020
https://efahrer.chip.de/tests/vw-id3-im-ersten-test-mit-bis-zu-490-kilometern-reichweite-gegen-tesla_102708,
zuletzt abgerufen am 3. Juni 2021

[16] Audi e-tron GT geht in Serie,
Audi Media Center, 09.12.2020,
https://www.audi-mediacen-ter.com/de/pressemitteilungen/audi-e-tron-gt-geht-in-serieco2-neutrale-pro-duktion-in-den-boellinger-hoefen-startet-13473,
zuletzt abgerufen am 3. Juni 2021

[17] Bojanowski, A.: Forscher klären Ursache des Londoner Todesnebels, Der Spiegel, 19.11.2016

[18] Kirchhübel, L.: Smog – ein Phänomen, das vielen Städten den Atem nimmt, Der Deutsche Wetterdienst, 26.12.2018, https://www.dwd.de/DE/wetter/thema_des_tages/2018/12/26.html, zuletzt abgerufen am 3. Juni 2021

[19] Seibt, T.: Deutschlands beliebteste SUV im Jahresrückblick, Auto-Motor-und-Sport, 14.01.2021, https://www.auto-motor-und-sport.de/verkehr/suv-neuzulassungen-deutschland-dezember-gesamtjahr-2020-daten-zahlen/, zuletzt abgerufen am 3. Juni 2021

[20] Maus, W.: Zukünftige Kraftstoffe, Kap. 1, Springer Verlag 2019, ISBN 978–3–662–58006-6

[21] Pischinger, St.; Seiffert, U.: Vieweg Handbuch Kraftfahrzeugtechnik, 9. Auflage, 1204 Seiten, Springer Vieweg, 2021, ISBN 978-3-658255565

[22] Bosch Gmbh (Herausgeber): Kraftfahrtechnisches Taschenbuch, 29. Auflage, 1780 Seiten, Springer Vieweg, 2019, ISBN 978-3658235833

Teil II

Funktionen und Strukturen zukünftiger Automobile

6

Elektrik, Elektromagnetik und Elektronik im Zukunftsauto

6.1 Elektrische Netzwerke zwischen zahlreichen elektronischen Geräten

Das zukunftsgerecht durchdigitalisierte Automobil muss, so die Visionäre, elektrisch und autonom fahren. Ein Automobil mit Wahrnehmung der Menschen in seinem Inneren, des Bodens darunter und der übrigen Welt draußen hat aber zuerst seine Grundfunktionen ausfühlen: Die aktive und die passive Sicherheit in allen Situationen absichern, Drehmoment an zwei oder an vier Rädern nach einem realitätsgerechten Profil liefern, den Energieverbrauch während der Fahrt optimieren, die Konnektivität mit der vielfältigen Umgebung herstellen, Klimatisierung im Winter und im Sommer schaffen, Federung, Schwingungsdämpfung, Lenkung, Bremsung realisieren und kontrollieren.

All diese Funktionen erfordern in unserer modernen Zeit <u>Sensoren</u>, welche *Drücke, Temperaturen oder Entfernungen* erfassen, <u>Aktoren</u> die Steuerungsele-

© Der/die Autor(en), exklusiv lizenziert durch
Springer-Verlag GmbH, DE, ein Teil von Springer Nature 2021
C. Stan, *Automobile der Zukunft*,
https://doi.org/10.1007/978-3-662-64116-3_6

mente einstellen und, dazwischen, <u>elektronische Steuergeräte</u>, welche die jeweilige Funktion zwischen Signal und Befehl mit ihrem künstlichen Denken bemühen.

Einige Beispiele für solche Funktionen sind die Kontrolle, Steuerung und gegebenenfalls der Regelung des Antriebsmotors und des Getriebes, der ADAS (Fortgeschrittenen Fahrerassistenzsysteme), des ABS (Antiblockiersystem), der ESP (Elektronische Stabilitätskontrolle), wie im Kapitel 5 beschrieben. Weitere Funktionen aus der gleichen Kategorie sind die Spurhalte-, Notbrems-, Totwinkel- und Nachsichtassistenten. Es geht weiter mit der Kontrolle und Steuerung der Licht- und Klimasysteme und mit der Konnektivität (Telematik, Multimedia, Infotainment, GPS, Navigation, e-Call, Car Tracking, Car Alarm).

Die Wege von der Datenaufnahme in und um das Automobil, weiterlaufend über Befehltasten und Recheneinheiten bis hin zu den Steuerungselementen sind elektrisch. Man brauchte also elektrische Leitungen, dann Kabel, dann ganze Kabelbäume, die groß und schwer wurden und in der Karosserie, zwischen all den Teilen, irgendwie verlegt werden mussten. Diese elektrischen Wege reichten bald nicht mehr aus, für alle Informationen die durchlaufen mussten. Die Kabel in einem einzigen Auto erreichten mit der Zeit Längen (falls man die einzelnen Kabel aus jedem Bündeln Kopf an Kopf stellen würde) von mehr als drei Kilometer und Gewichte über 70 Kilogramm! Irgendwann liefen dann verschiedene Ströme auch noch über gleiche Leitungen.

In einem modernen Automobil sind inzwischen weit über 6000 der oben genannten Funktionen zu erfüllen. Die zwischen Sensoren, Befehlstasten und Aktoren über Kabel oder über sonstige Wege laufenden Informationen werden zunächst prozessiert. Das geschieht selbstverständlich in Prozessoren, sprich in elektronischen Steuergeräten oder „schlicht" ECUs (Electronic Control Unit). ECU ist im Grunde genommen eine Bezeichnung für „Embedded Systems", das sind eigentlich Computereinheiten, die in Geräten wie in Uhren, Handys und Mikrowellen „eingebettet" sind (Bild 6.1). Anders als im Laptop oder Notebook haben solche ECUs keine Maus, kein Pad, keine Tastatur und keine Festplatte, sie nutzen Anzeigen oder funktionelle Tasten. Für die über 6000 Funktionen, die im Automobil zu erfüllen sind, kommen in manchen Modellen mehr als 100 solche ECUs zum Einsatz. Um all diese Stationen miteinander zu verbinden erschien in den 1980-iger Jahren als absolut notwendig die Länge, das Gewicht und die Kosten der Kabelbäume drastisch zu reduzieren. Die ECUs kommunizieren neuerdings untereinander über einen zentralen Kommunikationsknoten CGW (Central Gateway), als Daten-Sammler und -Verteiler mit Bussystemen. Diese haben weder mit Datentransportbussen noch mit Stadtbussen oder mit Kaffeefahrtbussen zu tun. Mit BUS bezeichneten früher die Elektroniker die Steckplätze an der Rückwand einer Leiterplatte (*Back Panel Unit Sockets*). In der neuen Elektronikära wird mit BUS ein Datenübertragungssystem zwischen mehreren Teilnehmern, über einen gemeinsamen Weg, bezeichnet. Folgende Beispiele sind repräsentativ für den Einsatz in einem Automobil: CAN-Bus (Controller Area Network), LIN-

Bus (Sensor-Aktor-Netzwerk), FlexRay (zeitgesteuerter Feldbus für Lenkung und Bremssysteme).

Nehmen wir als Beispiel ein CAN Bus: Sensoren, Aktoren, Antriebe, Schalter, werden darin mit Leitungen oder eben drahtlos miteinander verbunden. Sie tauschen über Schnellrechner Daten aus. Ein CAN- Bussystem wurde für die Vernetzung von mehreren Steuergeräten als serieller Zwei-Draht-Bus entwickelt, worin das Übertragungsmedium ein TP-Kabel (Twisted-Pair Kabel aus zwei Kupfer-Adern) ist. Auf den zwei Adern zirkulieren Signale mit entgegengesetzter Polarität.

Bild 6.1   Elektrik- und Elektronik-Verbindungen in einem modernen Automobil

Als wäre das nicht genug, gibt es im Auto, als alternative Kommunikationsstruktur zwischen den im lokalen Netz angeschlossenen Geräten, mit ihrer Hard- und Software, noch die Ethernet-Technik.

Und nun zu der Datenübertragung selbst: Digitalisierung ist die höhere Technik des Benehmens! Erst redest du, dann ich! Das heißt, zwei Systeme führen einen Dialog auf einer sehr zivilisierter Art: keiner der zwei Kommunikationspartner unterbricht den anderen solange er seine Information übermittelt. Und während die zwei in dieser Form kommunizieren, halten alle anderen Systeme die Luft an. Das ist die höhere Form des Benehmens. Schauen Sie sich eine Talk-Sendung im Fernsehen an. Warum können so viele Menschen so etwas nicht? Und jetzt stellen wir uns vor, was passieren würde, wenn eine ECU der anderen ins Wort fallen würde: die erste ECU weiß nicht, was die zweite eigentlich bis zum Schluss des Satzes sagen wollte, zieht die falsche Schlussfolgerung und führt eine entsprechende, schief geratende Aktion durch. Die Information der zweiten ECU bekommen die 98 von 100 während dessen still gebliebenen ECUs nur unvollständig mit, obwohl sie in den nächsten Sequenzen gebraucht hätten. Und so könnte eine ernste Störung im Gesamtsystem vorkommen. Die künstliche Intelligenz ist aber schlauer als manche Menschen: Wenn ein Modul nur einen Teil der Information mitteilen darf weil es unterbrochen wurde, oder wenn es gar keine Information schicken kann, weil es auf kurz oder lang ausgefallen ist, dann nehmen die anderen Module in einer Art und Weise Kontakt miteinander auf, dass sie die Funktion des Ohnmächtigen kompensieren.

Diese künstliche Intelligenz im Automobil bildet darüber hinaus auch noch Informations-Hierarchien: Die wichtigeren Informationen haben Priorität in der Übertragung, andere, die nicht so wichtig sind, werden später auf die Schienen gelassen, wie die Bummelzüge, von Dorfbahnhof zum Dorfbahnhof, zwischen den durchfahrenden ICEs. Die Bildung der Hierarchien beginnt bei dem Knochenmark des Systems selbst, das heißt   bei dem Binärsystem 0 -1. Es werden „Master Bits" und „Slave Bits" definiert. Die einen herrschen, die anderen horchen. Ein Zeitintervall zwischen der Aktion solcher Bits beträgt derzeit rund eine millionstel Sekunde. Mehr Verzug wäre auch nicht mehr möglich. Wir wollen autonomes Fahren, Konnektivität, GPS. In einem Automobil in dem alle modernen Funktionen dieser Art aktiviert sind, werden 4000 Gigabyte pro Tag verarbeitet. Ein übliches Smartphone hat 32 Gigabyte.

These 26: Das moderne Automobil ist zum elektronischen Kannibalen geworden, es frisst die Info-Kalorien von 125 Smartphones pro Tag!

6.2   Elektromagnetische Wellen in Leitungen, Schaltungen und Geräten aller Art

Die Datenübertragung zwischen Stationen wie in den aufgeführten Beispielen ist ein Soft-Problem. In der gesamten Systemkonfiguration gibt es aber zuerst ein Hard-Problem: die Leitungen! In großen oder nun kleineren Kabelbäumen dank BUS Systemen, in einem CAN Bus selbst, zwischen den ECUs und dem Kommunikationsknoten CGW gibt es elektrische Leitungen, kurze, lange, dünner oder dicker. Die richtig dicken Leitungen gehen von der Batterie aus zu den großen Energiezentren an Bord, wie Antriebsmotoren, Stromgeneratoren oder Kompressoren.

Elektrische Leitungen und Schaltungen, die von Strom durchflossen werden, strahlen grundsätzlich elektromagnetische Wellen aus.

Das wäre nichts Besonderes, denn in unserem Universum strahlt alles: die Sonne, die Erde, der Mensch. Das Smartphone, der Laptop, die Hochspannungsleitungen übers Haus. Elektrische und elektromagnetische Wellen kreuzen sich überall, sie decken das gesamte Frequenz-Spektrum, welches vom Menschen bisher gemessen wurde und noch zu entdecken wäre. Zwischen Sonne und Erde laufen Wellenlängen mit verschiedenen Intensitäten (als Energiestrom pro Volumeneinheit) auf jeder einzelnen Wellenlänge in dem Spektrum. Eine Wellenlänge ist dabei die Distanz zwischen zwei Intensitätsspitzen. Der Mensch ist sehr empfänglich für Wellenlängen die sie beleuchten und erwärmen. Die Sonnenstrahlung wirkt beispielsweise als Wärmestrahlung im Wellenlängenbereich von 0,35 bis 10 tausendstel Millimeter. Diese Wellen sind aber sichtbar, als Licht wahrgenommen, in dem schmaleren Bereich von 0,35 bis 0,75 tausendstel Millimeter [1] (s. Kap 8.4 in [1]).

Für die Analysen und Vergleiche in der Technik ist der Bezug auf die Wellenfrequenz häufiger als auf die Wellenlänge. Die Transformation ist einfach, indem die Lichtgeschwindigkeit (300 Millionen Meter pro Sekunde) auf die jeweilige Wellenlänge bezogen wird. Als Beispiel, ein sichtbarer Sonnenstrahl mit einer Wellenlänge von 0,6 tausendstel Millimeter hat eine Frequenz von 500.000.000 Megahertz. Als Vergleich: *Die Ausstrahlung von UKW Radioprogrammen erfolgt im Frequenzbereich zwischen 87,6 und 107,9 MHz.*

Und nun zurück zu den elektrischen Leitungen und Schaltungen, die elektromagnetische Wellen strahlen. Um eine Spule aus stromleitendem Draht, zum Beispiel aus Kupferdraht, erscheint ein magnetisches Feld. Auf seinen um die Spule kreisenden Bahnen erscheinen Kräfte, die magnetisch leitende Teile bewegen können (Bild 6.2). Die Kraftlinien um die eine Spule, zum Beispiel, werden in benachbarten Systemen, Modulen, Leitungen und Schaltungen, aber auch in nahe befindliche menschliche Körper induziert. Die Induktion hat damit zu tun, dass ein Bündel von Kraftlinien eine Fläche oder einen Querschnitt durchqueren können.

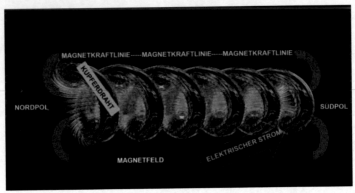

Bild 6.2 Um eine Spule aus stromleitendem Kupferdraht, erscheint ein magnetisches Feld

Wie dicht so ein Kräftebündel beim Passieren durch einen Querschnitt sein kann hat der serbische Elektroingenieur Nikola Tesla (1856 – 1943), auch Namensgeber der Elektroautos von Elon Musk, als Induktion bezeichnet. Ein magnetisierbares Material wie Eisen, Cobalt oder Nickel kann so viele Kraftlinien durchlassen, wie es seine materialabhängige Sättigungsinduktion zulässt [2]. Je größer die Sättigungsinduktion des Materials ist, desto mehr Kraft kann durch dieses wirken, wenn eine magnetische Feldstärke von irgendeiner stromdurchflossenen Leitung verursacht wird.

These 27: Elektromagnetische Felder übertragen nicht nur Energieströme, die in benachbarten, magnetisierbaren Körpern Kräfte erwirken können, sondern auch Informationen: Eine Information entsteht durch Modulation der Intensität und der Frequenz der jeweiligen Strahlung. Kräfte und Informationen können Empfänger aktivieren und steuern.

Die Geräte und Systeme in einem Automobil haben typische Frequenzbereiche ihrer elektromagnetischen Strahlungen (Bild 6.3):

- Ein UKW-Radio empfängt und dekodiert Strahlungen üblicherweise im Frequenzbereich 87,6 und 107,9 MHz, wie vorhin erwähnt.

- Ein Satteliten-Radio empfängt beispielsweise von Astra eine Frequenz von 12.188 MHz.

- GPS arbeitet auf den Frequenzen von 1575,42 MHz und 1227,60 MHz.

- Toll Collect als Mauterhebungssystem arbeitet im Frequenzbereich von 5.800 MHz.

Dem Mobilfunk sind in Deutschland die Frequenzbereiche von 890 bis 2170 MHz zugeordnet, je nach System (GSM-Global System for Mobile Communication/2G – 2. Generation, UMTS-Universal Mobile Telecommunications System/3G – 3. Generation oder LTE-Long Term Evolution/4G – 4.Generation). Dem viel diskutierten 5G-Smartphone System, als Erweiterung von LTE, ist in Deutschland ein Frequenzbereich von 3.600 MHz zugewiesen.

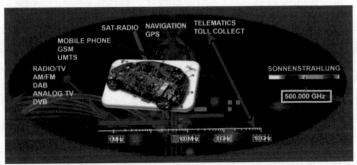

Bild 6.3   Die Geräte und Systeme in einem Automobil haben typische Frequenzbereiche ihrer elektromagnetischen Strahlungen

Bei allen Geräten, als Empfänger oder Sender von elektromagnetischen Wellen, angefangen vom Radio bis zum Smartphone, gelten ähnliche Gesetze: Je höher die Frequenz der Wellen desto feiner die Tonmodulation (beim Radio) oder die Datenmenge (beim Smartphone). Der Nachteil ist, dass mit der Frequenzsteigerung die Reichweite sinkt. Ein Langwellenradio, mit Frequenzen um 0,2 MHz kann ein sehr treuer Begleiter sein, wenn man mit dem Zelt in den Karpaten wandert, man kann zumindest erfahren, wie das Wetter in München ist, oder ob der Trump nochmal kandidieren will. Zurück in München, frisch gewaschen und rasiert, hört man Mozart oder Lady Gaga lieber in Dolby Surround auf UKW mit 100 MHz, was bis zu den Karpaten nicht durchdringen würde.

Bis die Frequenzen von elektromagnetischen Strahlen der Systeme und Geräte in einem Automobil den Bereich der sichtbaren Sonnenstrahlung um 500.000.000

MHz erreichen kann, müsste noch viel digitalisiert werden! Die gefährlichen Strahlungsbereiche sind noch viel weiter: Ultraviolett nach 800.000.000 MHz, Röntgen-Strahlen erst nach 30.000.000.000 MHz (Bild 6.4). Man braucht deswegen keine Angst vorm Zahnarzt oder Radiologen haben, sie servieren den Patienten immer nur sehr kleine Portionen davon, und dazu noch in langen Abständen.

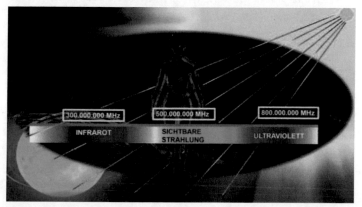

Bild 6.4   Typische Frequenzbereiche der Sonnenstrahlung: infrarot, sichtbare Strahlung (Licht), ultraviolett

6.3   Wie beeinflussen elektromagnetische Strahlen Menschen und benachbarte Geräte

These 28: Eindringende elektromagnetische Wellen beeinflussen Mensch wie Gerät durch ihre Intensität (als Energiestrom), durch ihre Frequenz (als Schwingungserreger), und durch Modulation der Impulse (als gute und schlechte Nachrichten).

In diesem Zusammenhang definierten die Fachleute eine „Elektromagnetische Verträglichkeit" (EMV). Die Europäische EMV-Richtlinie bezeichnet die elektromagnetische Verträglichkeit wie folgt: *„Fähigkeit eines Apparates, einer Anlage oder eines Systems, in der elektromagnetischen Umwelt zufriedenstellend zu arbeiten, ohne dabei selbst elektromagnetische Störungen zu verursachen, die für alle in dieser Umwelt vorhandenen Apparate, Anlagen oder Systeme unannehmbar wären."* [3].

Beeinflussungen durch Ströme und Spannungen sind dabei inbegriffen. Die elektromagnetisch verträgliche Funktion eines Gerätes oder eines Systems wird grundsätzlich durch seinen Aufbau und durch seine Gestaltung gewährleistet. Die Grenzen der Störungsempfindlichkeit und der Störaussendung sind durch EMV-Richtlinien und EMV-Normen geregelt.

Daraus leiten sich Schutzanforderungen ab, wie zum Beispiel die Begrenzung der Störquellen (Funkentstörung). Andererseits sollen Störgrößen wie Magnetfelder, Störströme oder Störspannungen die Funktion benachbarter Systeme nicht beeinträchtigen. Jede elektronische Steuereinheit an Bord, jede Schaltung und jeder Kommunikationsknoten muss störfest aufgebaut oder eben abgeschirmt werden.

Mit Störungen ist darüber hinaus bei den vielfältigen Kopplungsarten von Steuergeräten, Sensoren, Aktoren, Antriebsmotoren und Batterien in einem Automobil grundsätzlich zu rechnen, entsprechende Modelle helfen, Maßnahmen von vorne herein zu treffen.

Das übliche Störkopplungsmodell legt eine Störquelle (Source), einen Kopplungspfad und eine Störsenke

(Victim) fest. Den Weg zwischen Quelle und Senke nennt man *Kopplung* oder *Kopplungspfad.* Kriterium der Güte einer Signalübertragung ist in der EMV der Störabstand.

Es gibt natürliche und technische Störquellen und Störsenken. Ein böses Beispiel: Ein Blitz ist eine natürliche Störquelle, ein Mensch kann zur Störsenke oder Victim werden.

Eine technische Störquelle kann ein Frequenzumrichter sein, die technische Störsenke ein Funkempfangsgerät, ob Telefon oder Radio.

Eine Abschirmung elektrischer und elektronischer Geräte muss sowohl eine Abstrahlung als auch eine Einstrahlung störender elektromagnetischen Wellen mit magnetischen und elektrischen Komponenten verhindern oder zumindest verringern.

Für statische und niederfrequente elektrische Felder wird die Abschirmung mit elektrisch leitenden Materialien wie Metallbleche, leitfähige Folien, Schichten oder Lacke mit Erdungspotential. Statische und niederfrequente Magnetfelder werden mit ferromagnetischen Materialien abgeschirmt, wie beispielsweise in Röhrenmonitoren und Oszilloskopen.

Hochfrequente elektromagnetische Felder werden mit elektrisch leitfähigen, allseitig geschlossenen Hüllen vollständig abgeschirmt. Spalten oder Öffnungen verringern die Schirmdämpfung. Wenn die Länge der Öffnung oder der Spalte die halbe Wellenlänge der störenden Welle überschreitet, ist die Abschirmung kaum noch wirksam.

Abzuschirmende Gehäuseteile werden oft mit leitfähigen Lamellen oder Metallgeflechten gedichtet, die einen elektrischen Durchfluss ohne Unterbrechungen ergeben. Die Schirmwirkung metallischer Gehäuse kann durch Kabel und Leitungen, die die Gehäusewand durchdringen, erheblich beeinträchtigt werden. Solche Kabeleinführungen, Steckverbinder und Klemmstellen bedürfen zur Abschirmung hochfrequenter Störsignale daher einer sorgfältigen mechanischen Gestaltung.

Und was passiert mit den Insassen in einem solchen Hightech, durchdigitalisierten und computerisierten Auto? Sind sie auch Störsenken (Victims) in einem dichten Wald von Störquellen (Sources)?

Es ist nicht ganz so, oder nicht immer so: Der Mensch emittiert auch elektromagnetische Strahlen! Vier Insassen eines Automobils strahlen zum Beispiel auf die Luft im Fahrgastraum bei 20°C so viel Wärmestrom (Energiestrom) wie sieben 100 Watt Glühbirnen [1]

Andererseits ist der menschliche Körper empfindlich für die Intensität und für die Frequenz (umgekehrt proportional der Wellenlänge, wie erwähnt) elektromagnetischer Wellen, zum Beispiel als Wärme oder als Licht. Elektromagnetische Wellen, insbesondere von benachbarten Geräten, rufen aber auch eine Induktion hervor. Und diese kann Kräfte bewirken, und zwar nicht nur in Zahnimplantaten und in Herzschrittmachern!

Der Körper eines Menschen enthält durchschnittlich 4–5 g Eisen. Es kommt in Enzymen (Zytochromen, Peroxidasen, Katalase), in Hämoglobin und Myoglobin sowie als Depot- oder Reserve-Eisen in Form von Ferritin und Hämosiderin vor. Für die Gewebearten des menschlichen Körpers werden durch nationale und internationale Normen Induktionsgrenzen festgelegt, die im Bereich der Strahlung eines Fernsehers liegen. Einige wissenschaftliche Studien schließen nicht aus, dass die Magnctfelder die Aktivität und die Reproduktion der Zellen beeinflussen kann. Dafür spricht nicht nur der Eisengehalt im Körper, sondern auch die Tatsache, dass durch die Zellen ein elektrischer Strom fließt, auch wenn nur mit 0, 000 000 000 001 Ampere (Bild 6.5).

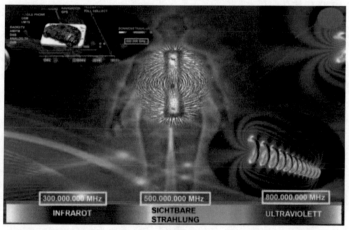

Bild 6.5   Elektromagnetische Wellen, Magnetkraftlinien, magnetische Flussdichte (Induktion)

Nachdem es feststeht, dass durch Gewebe, Implantate und elektromechanische Geräte im menschlischen Körpcr Fcldlinien strömen, die Kräfte und denen zu Folge Bewegungen verursachen können, ergibt sich die Frage: beeinflussen die empfangenen elektromagnetischen Felder auch das Gehirn des Menschen? Die technische Basis dafür wäre gegeben. Durch die Zellen der aktiven Nerven fließen elektrische Ströme, die bis

zu 10-mal höher als die Ströme durch übrige Zellen
sind!

Die Empfindlichkeit der Menschen für elektromagnetische Strahlungen ist laut wissenschaftlichen Studien
zumindest in Bezug auf manche Reaktionen festgestellt worden: Schlaflosigkeit, Schlafstörungen, Herzrhythmusstörungen (Bild 6.6). Den funktionellen Zusammenhang zwischen den Gehirnströmen und den
hineinstrahlenden Magnetfeldern einerseits und solchen Symptomen andererseits sollten die Neurologen
herausfinden!

*Bild 6.6   Die Empfindlichkeit der Menschen für elektromagneti-
sche Strahlungen: Schlaflosigkeit, Schlafstörungen,
Herzrhythmusstörungen*

Der Ingenieur kann nur folgenden Zusammenhang
feststellen: Die elektronischen Geräte an Bord eines
Automobils können auch durch solch schwache Magnetfelder beeinflusst werden, die die Zellen im
menschlichen Körper gar nicht beeinflußen. Solche
Geräte kann man auf elektromagnetische Verträglichkeit prüfen und entsprechend abschirmen. Wie wird

aber der Informationsfluss im Gehirn durch Magnetfelder beeinflusst, die von der Umgebung aus darauf wirken?

These 29: Die Abstrahlung elektromagnetischer Wellen oder Felder aus Geräten auf Menschen in ihrer Umgebung können auf diese derart wirken, dass in Zonen des Gehirns oder des Körpers einzelne (diskrete) Quellen von innerer Energie aktiviert werden.

Das ist keineswegs übertrieben! Die übelste Anwendung dieser Erkentnis sind elektromagnetische Waffen gegen Menschengehirne, die bereits in mehreren Ländern vorgekommen ist!

Die Geräte und Leitungen EMV-gerecht zu gestalten ist die eine Seite. Die ergänzende Maßnahme wäre, Mann, Frau und Kinder auf die Autofahrt entsprechend vorzubereiten, wie beim Ski- oder beim Motorradfahren: Helm mit Mikrowellenabsorber, Astronautenanzug mit Metallabschirmungen verschiedener Formen und -größen.

Das Automobil der Zukunft wird möglicherweise autonom fahren. Hoffentlich bleibt dem Menschen noch die finale Entscheidungsbefugnis bei den wichtigsten Aktionen. Früher traf der Mensch im Auto die Entscheidungen nur selbst, mit Händen und Füßen, manchmal auch mit Hilfe des Gehirns. Derzeit sind Stimme und Gesten gefragt.

Für die nächste Automobil-Evolutionsstufe stellen sich forsche Entwickler steuernde Gehirnströme vor. Oder werden die Gehirne die Phantasien der Steuerelektronik im Automobil annehmen?

Licht und Lichter: Lumen, Laser, LED

7.1 Illuminati, Illuminare

Die Sonne schenkt uns Wärme zum Leben und Licht zum Sehen. Das sind die menschenfreundlichen Fraktionen der von ihr ausgestrahlten elektromagnetischen Wellen, die sonst unendliche Intensitäten und Wellenlängen haben. Das, was wir als Licht wahrnehmen, sind Sonnenstrahlen im Wellenlängenbereich von 0,35 bis 0,75 tausendstel Millimeter, wie im Kap. 6.2 erläutert, die unsere Sehnerven zum Schwingen bringen. Diese Sehnerv-Akkorde gelangen ins Gehirn und lösen dort mehr oder weniger bunte Vorstellungen aus.

Die Strahlung, die von der Sonne dem Auge in diesem Wellenlängenbereich übertragen wird, hat eine bestimmte Intensität, was einem Energiefluss gleich ist [1] (s. Kap. 8.4 in [1]). Die *Hellempfindlichkeit* der Menschen wird allerdings von den Photometrie-Spezialisten in Form von Hellempfindlichkeitskurven für Tagessehen und für Nachtsehen interpretiert. Um diese Theorie brauchbar für alle Menschen zu machen wird die *Strahlungsintensität*, sprich der Energiestrom,

C. Stan, *Automobile der Zukunft*,
https://doi.org/10.1007/978-3-662-64116-3_7

nicht in Watt, sondern als relativer Faktor mit einem Maximalwert auf einer ganz bestimmten Wellenlänge angegeben. Interessant ist, dass die Helligkeitsempfindung der Menschen bei Nachtsehen auf kürzeren Wellenlängen, also auf höheren Frequenzen, im Vergleich mit dem Tagessehen verschoben wird. Die Konzentration steigt eben in der Dunkelheit, Puls und Blutdruck auch.

Um die wissenschaftliche Darstellung der Helligkeit des Sonnenlichtes haben sich unsere Vorfahren möglicherweise weniger Sorgen gemacht. Aber irgendwann wollten sie selbst ihre Wege beleuchten, zuerst mit Fackeln, dann mit aller Art von Kerzen und Öllampen. Und so wurde das Problem konkret, die Wirkung der kleinen oder großen Kerzen und Dochte musste doch irgendwie quantifiziert werden. Umso mehr, weil der Mensch nach dem Licht zum Beleuchten der Mensch auch Licht zum Erleuchten brauchte. Das Erleuchten, ins Deutsche seit dem 18. Jahrhundert als *Illumination* aus dem französischen importiert, hat lateinische Wurzeln: Lumen!

Das spirituelle Erleuchten geht dabei über das materielle Beleuchten hinaus: Philosophen und Theologen, von Platon bis Luther, meinten, „Erleuchten" sei *„ein spontan eingetretener Durchbruch von dem Alltagsbewusstsein zu einer gesamtheitlichen Wirklichkeit"*. Was das mit der Lichttechnik im zukunftsträchtigen Automobil zu tun hat ist offensichtlich, seine Illuminationstechnik entwickelt sich unaufhaltsam vom Beleuchten zum Erleuchten.

Die Brücke vom Beleuchten zum Erleuchten hat auch ihre Historie. Der Grundstein dieser Brücke wurde

nachweislich in Ingolstadt von den Mitgliedern des Il-
luminatenordens gelegt. Das war jene Geheimgesell-
schaft, die am 1. Mai 1776 vom Kirchenrechtler Adam
Weishaupt *„zur Aufklärung und sittlicher Verbesse-
rung der Menschengesellschaft"* gegründet wurde. Die
Illuminaten hatten als Ziel, eine allgemeine Freiheit
durch die Verbreitung allgemeiner Aufklärung einzuführen, und zwar nicht durch Wort-, sondern durch
Sachkenntnis [4]. Genau das soll das Automobil der
Zukunft auch schaffen: Freiheit infolge allgemeiner
Aufklärung, auf Basis von Sachkenntnis!

Leben die Illuminaten also doch noch, nachdem sie
vom Bayerischen Kurfürsten neun Jahre nach ihrer
Gründung verboten und sogar vom Papst Pius VI
schriftlich missbilligt wurden? Sind die Illuminaten,
als weiter bestehende Geheimorganisation, nun auch
für den Automobilbau verantwortlich? Die Mythen
und Verschwörungstheorien über eine derartige, über
Jahrzehnte und gar Jahrhunderte weiter existierende
Gesellschaft reichen von ihrem Einfluss bei der Entstehung der Vereinigten Staaten von Amerika (1776) und
von ihrer Verantwortung für die Französische Revolution (1789) [5] bis zur Anzettelung des Zweiten Welt-
krieges (1939) [6], [7]. Von den Illuminaten zogen
aber auch Romanautoren wie Umberto Ecco oder Dan
Brown ihr Kapital, was mit *„Aufklärung auf Basis von
Sachkenntnis"*, wie die Devise des Ordens grundsätzlich war, nichts mehr zu tun hat: Hauptsache Bestseller
schreiben und verkaufen, sie füllen die Kasse.

Nun wird die Geschichte doch noch spannend. Im gleichen Ingolstadt, in dem Adam Weishaupt den Illumi-
natenorden gründete, wurde Audi über 220 Jahre später zu einem der Pioniere der zukunftsweisenden

Lichttechnik im Automobil. Beleuchtung der Straße war es einmal, die jetzige Menschengesellschaft verlangt nach der Erleuchtung der gesamtheitlichen Wirklichkeit um das fahrende Auto herum: von der Umgebungsstatik bis zur Dynamik von Menschen, Fahrzeugen, Tieren, Schneestürmen und plötzlichen Nebelerscheinungen. Die Illuminati scheinen also doch noch zu existieren, als Scheinwerfer-Ingenieure! Wenn das kein Bestseller wird!

„Mein Großvater beleuchtete die dunkle Dorfgasse, irgendwo an einem Ufer des Schwarzen Meeres, noch mit der Öllampe, während ich seine Hand festhielt und die finstere Umgebung ängstlich mit meiner Phantasie erleuchtete. Er verstand aber die Umgebung mit den mir damals unbekannten Sensoren, seine Hand gab mir Sicherheit, über alle Phantasie-Gefahren hinweg.

In den jüngeren Jahren meines Großvaters gab es bereits Automobile, die mit für mich beängstigender Geschwindigkeit über die Gassen flitzten."

Den Weg beleuchteten die damaligen Automobile aber nur mit Kerzen und Öllampen. Der im Jahre 1886 als Weltpremiere eingeführte Motorwagen von Daimler, als erstes Kraftfahrzeug mit Benzinmotor und vier Rädern, hatte eben Wachskerzen in den Lampen.

Wieviel von einem Weg kann man mit einer Kerze beleuchten? Die Fachleute haben daraus eine Wissenschaft gemacht: Sie haben die Größe „Lumen" eingeführt. Alles zurück zu den lateinischen Wurzeln des Lumens? Nicht direkt: gemeint sind in diesem Fall die elektromagnetischen Wellen im sichtbaren Bereich des Spektrums, wie im vergangenen Kapitel dargestellt.

7.2   Lichtstrom, Lichtstärke, Beleuchtungsstärke

LICHTSTROM

Ein Lichtstrom von einem Lumen wird, entsprechend einer empirisch aufgestellten Definition von Fachgelehrten, auf einer genormten Wellenlänge von 0,555 tausendstel Millimeter, in dem sichtbaren Bereich des Strahlenemissionsspektrums, mit einer genormten Leistung von 1/683 Watt emittiert.

An der Basis dieser Definition stehen, wie im Kap. 7.1 erwähnt, die Hellempfindlichkeitskurven des menschlichen Auges. Wem die Augen für diese im Jahr 1924 empirisch ermittelten Kurven gehörten, wurde uns nicht überliefert. Fakt ist aber:

These 30: Ein menschliches Auge wird bei einem Lumen, im Durschnitt, von etwa 4 Milliarden Sternchen namens Photonen pro Millionstel Sekunde bombardiert. Video, ergo sum! (Ich sehe, also existiere ich).

Manchen Gelehrten war die Lumen-Kerze zu wenig. Sie definierten demzufolge im Jahr 1979 eine Candela (eine Lichtmess), als eine andere Form die Lichtstärke zu messen.

LICHTSTÄRKE

Wenn eine Kerze Licht ausstrahlt, dann verteilt sich dieses in einem Konus (Kegel). Der *Lichtstrom* (gemessen in Lumen) bezogen auf den *Kegelwinkel* (Steradiant) wird als Lichtstärke definiert und in der Einheit Candela (was lateinisch eigentlich Kerze bedeutet!)

gemessen. Bei einem Winkel von 12,57 Steradiant haben der *Lichtstrom* (Lumen) und die *Lichtstärke* (Candela) den gleichen Zahlenwert – 100 Lumen würden also 100 Candela entsprechen.

BELEUCHUNGSSTÄRKE

Allgemein ist uns allerdings die Beleuchtungsstärke (englisch: Illuminance) geläufig. Diese Beleuchtungsstärke ist nichts anderes als der Lichtstrom (die 4 Milliarden Photonen pro Millionstel Sekunde), bezogen auf die beleuchtete Fläche in Quadratmeter oder Quadratmillimeter. Die Beleuchtungsstärke wird in Lux (lx) gemessen.

Eine gewöhnliche Kerze, die in einem Meter Entfernung von einer Fläche steht, emittiert ein Lux. Ein Laserpointer mit einer Leistung von 5 tausendstel Watt strahlt 427.000 Lux aus, wobei das Licht punktförmig auf einer sehr kleinen Fläche konzentriert ist. Dafür ist also die Definition der Lichtstärke mit Bezug auf einem Lichtkonus gut: so können keine falschen Interpretationen entstehen. An einem Sommertag mit blauem Himmel und strahlender Sonne freuen wir uns über 130.000 Lux, im Winter, bei einem bewölkten Himmel bleiben uns nur 20.000 Lux. Und bei einem sternenklaren Nachthimmel? In dem Fall wird die Erleuchtung viel interessanter, denn die Beleuchtung bleibt bei nur 0,001 Lux.

These 31: Die Basis jeder Bewertung eines ausgestrahlten Lichtes bleibt in jedem Fall der Lichtstrom (Lumen), als Energiestrom der Strahlung (genormte Leistung, die auf einer genormten Wellenlänge emittiert wird) – also die 4 Milliarden Sternchen, die unsere Augen pro Millionstel Sekunde bombardieren.

Der Zusammenhang dieser wesentlichen Lichtstrahlungs-Bemessungsgrößen kann kurz und bündig wie folgt erfasst werden: Der Lichtstrom (Lumen) bezogen auf den *Kegelwinkel* ergibt die Lichtstärke. Für den Übergang von Lichtstärke (Candela), auf die Beleuchtungsstärke (Lux) muss nur der beleuchtete *Kegelwinkel* auf die beleuchtete *Fläche* bezogen werden.

Auf den Glühbirnen, LED-Lampen und sonstigen Leuchtmittel die wir gelegentlich im Baumarkt oder bei Amazon kaufen ist immer der Lichtstrom (Lumen) und die erforderliche elektrische Leistung für die jeweilige Lampe (Watt) angegeben. Die Leuchtmittel für den Hausgebrauch haben gewöhnlich 400 – 470 Lumen, nur die Leistung für die gleiche Lumen-Anzahl ist unterschiedlich, von 100 Watt bei den alten Glühlampen auf 5 Watt bei den modernen LED-Lampen.

Warum sind dennoch so viele, auf dem ersten Blick umständliche Definitionen, erforderlich? Weil manche Lichtquellen punkförmig emittieren, andere in einem Kegel (Bild 7.1). Die neusten Lichtquellen im Automobil emittieren aber in einer großen Vielfalt von Punkten und Kegeln, mit unterschiedlichen Intensitäten und Wellenlängen, je nach Bedarf, fokussiert auf bestimmte Flächen und Distanzen, oder so breit wie möglich.

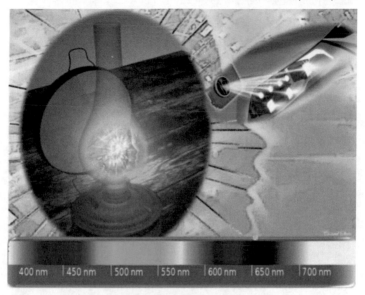

Bild 7.1 Vom Beleuchten zum Erleuchten

7.3 Nach Halogen und Xenon, Laserstrahlen gegen Lumineszenzdioden

Die Entwicklung im Bereich der Lichtstrahlung von Automobilen ist absolut sehenswert.

Ab dem Jahr 1904, nach der Zeit der <u>Wachskerzen</u> in den Lampen (Bild 7.2), wurden die Automobile serienmäßig mit <u>Karbidlampen</u> (Bild 7.3) ausgerüstet.

Bild 7.2   Automobillampe mit Wachskerze

*Bild 7.3 Automobil mit Karbidlampen: Auf Calciumcarbid tropft
Wasser, das entstehende Acetylen brennt mit Flamme,
diese wird in einem Spiegel fokussiert und sendet Licht-
strahlen*

Im unteren Behälter einer Karbidlampe befindet sich
Calciumcarbid. Aus einem oberen Behälter tropft darauf Wasser. Durch die chemische Reaktion der beiden
Komponenten entsteht Ethin (Acetylen) und Calcium-
hydroxid (gelöschter Kalk). Das Acetylen strömt als
Gas über eine Düse aus dem unteren Behälter und wird
vor einem Spiegel entzündet. Die Flamme wird in dem
Spiegel fokussiert und so aus der Lampe als Lichtstrahl
gesendet.

Die Karbidlampen spendeten mehr Licht auf die Auto-
spuren als die Öllampen, ihr Einsatz war dennoch kurz.
Ab 1906 wurden die <u>elektrischen Glühbirnen</u> eingeführt (Bild 7.4), in denen üblicherweise ein Wolfram-
Faden bis zu 3000°C zum Glühen gebracht wird.
Dadurch entsteht eine Strahlung im sichtbaren Wellenlängenbereich, bei 10 bis 20 Lumen für jedes Watt der
jeweiligen Glühbirnenleistung.

*Bild 7.4   Automobil mit Glühbirnen in den Lampen: Ein Wolf-
ramfaden glüht bei 3000°C, wodurch er leuchtet (nach
einer Vorlage von Ford)*

Bis zur nächsten technischen Neuerung auf diesem Gebiet hat es dann relativ lange gedauert. Und das war
auch noch eher eine Evolution als eine Revolution: Im
Jahre 1964 erschienen die Halogen-Scheinwerfer, die
sich von den klassischen Glühbirnen nur dadurch unterscheiden, dass um den Wolframfaden herum Jod aus
der Halogengruppe des Periodensystems, anstatt Stickstoff gefüllt wird. Die Halogene gewähren eine zusätzliche Temperaturerhöhung des Wolframfadens,
wodurch das Spektrum der Strahlung von gelb in Richtung weiß (Intensität höher und Wellenlänge kürzer)
geändert wird.

Im Jahre 1991 wurden die Xenon-Lampen eingeführt,
in denen die sichtbare Strahlung nicht mehr von einem
glühenden Faden, sondern von der Entladung eines

Lichtbogens zwischen zwei Wolfram-Elektroden in einem Gas (Xenon) erfolgt. Im Vergleich mit den Lampen mit glühendem Faden wird dadurch der Lichtstrom regelrecht verdoppelt!

Und dann kam doch der Sprung der Beleuchtungstechnik von der Evolution zur Revolution. Aber das geschieht wie bei der französischen Revolution, die im Jahre 1789 startete. Es bildeten sich relativ schnell zwei Parteien: Auf der einen Seite LASER (Light Amplification by Stimulated Emission of Radiation – Licht-Verstärkung durch stimulierte Emission von Strahlung); auf der anderen Seite LED (Light-Emitting Diodes – lichtemittierende Dioden).

Nach ihrem Ausbruch kocht jede Revolution in polarisierten Evolutionszentren!

Die Laserstrahlen sind elektromagnetische Wellen, im Grunde genommen der gleichen Art wie jene die von dem Wolframfaden einer Glühbirne emittiert werden. Die wesentlichen Unterschiede sind die viel höhere Intensität der Laserstrahlen und ihr sehr enger, selektiver Wellenlängenbereich. Die Arbeitsmedien, die mit Energie geladen werden können um in einem solchem Spektrum Strahlen zu emittieren, sind entweder gasförmig (Kohlendioxid), flüssig (Farben) oder fest (Rubine, Halbleiter).

Die Lumineszenzdioden arbeiten auf Basis elektrischer Ströme in Halbleitern mit kristalliner Struktur. Je nach verwendetem Material hat die jeweilige emittierte Lichtstrahlung eine Wellenlänge zwischen 0,23 und 0,76 tausendstel Millimeter. Die genaue Wellenlänge in diesem Bereich äußert sich in der Farbe, die das menschliche Auge von der lichtstrahlenden Diode empfindet. „Blaue" Dioden emittieren, zum Beispiel, auf einer Wellenlänge von 0,45 tausendstel Millimeter, genau wie die Laser. Die Lichtstrahlung der Lumineszenzdioden ist 5- bis 10-mal intensiver als jene der Glühbirnen oder Halogenlampen. Andererseits verbraucht eine solche Diode nur ein Zehntel der Energie einer Glühbirne, bei gleichem Lichtstrom.

Die Erklärung dafür ist, dass die Lichtstrahlung einer Lumineszenzdiode auf einer einzigen Wellenlänge erfolgt. Bei der Glühbirne dagegen erfolgt die Strahlungsemission in einem ganzen Spektrum, ein Teil davon als sichtbares Licht, ein großer Teil aber auch als Wärme, in Wellenlängenbereichen, die für das menschliche Auge nicht sichtbar sind. Die Glühbirne wird, wie wir alle wissen, heiß, aber damit geht ein Teil der Energie fürs vorgenommene Beleuchten verloren.

Die Lichtstrahlung eines Lasers erfolgt, analog jener von Lumineszenzdioden, ebenfalls auf einer ausgewählten Wellenlänge.

Die ersten LED-Scheinwerfer wurden im Jahre 2006 von Audi in dem Modell R8 eingeführt. Die gleiche Technik wurde bei Toyota und Cadillac eingesetzt.

Die LASER-Scheinwerfer wurden im Jahre 2013 von BMW in dem Modell i8 eingeführt, wobei die erreichte Lichtstärke auf etwa gleiche Wellenlänge wie die LED-Scheinwerfer dreimal größer wurde. Diese Lichtstärke äußerte sich in der Länge des Beleuchtungsstrahls, die 500 bis 600 Meter betrug. Der Nachteil der LASER- gegenüber der LED-Technik, bestand aber in den zehn Mal höheren Kosten. So schnell viele andere Hersteller das Laserscheinwerfer- Konzept einführten, so abrupt verließen sie, aufgrund der Kosten, dieses

Feld. Ein Vorteil bleibt aber bestehen: für das Fernlicht ist die Laser-Technik absolut unschlagbar. Für andere Anwendungen macht sie, abgesehen von den Kosten, nicht richtig Sinn.

Die LED-Technik erlebt derzeit, durch die Entwicklung der Multibeam-Systeme, einen absoluten Höhepunkt. Ein solches System besteht aus einer Matrix mit mehreren Lumineszenzdioden, die gleichzeitig oder separat, in verschiedenen Farben (entsprechend ihrer emittierten Wellenlängen) aktiviert werden können.

Die klassischen Funktionen wie Fernlicht, Abblendlicht und Tagfahrlicht sind in ihren bisherigen Formen nicht mehr erforderlich. Die Beleuchtung steigert sich zur Erleuchtung, je nach Situation, Geländebedingungen, Wetter und Verkehrsfluss. In den serienmäßigen LED-Leuchtsystemen der nahen Zukunft werden Strahlen mit zahlreichen Farben separat angesteuert und kombiniert, um eine Kommunikation zwischen Fahrzeugen, oder zwischen dem einen Fahrzeug und einem Fußgänger beziehungsweise Radfahrer zu ermöglichen.

Fahrzeug-Sensoren und Aufspür-Systeme wie Lidar (*light detection and ranging* – Licht Erkennung und Ortung mit Laserimpulsen, Ultraschall und Infrarotsignalen) können einen Radfahrer ohne Licht, neben dem rechten Kotflügel, oder ein über die Straße rennendes Kind aufspüren. Nach der Erfassung des Radfahrers und des Kindes kann das Lichtsystem des Autos jedem „personalisierte" Lichtsignale, mit spezifischen Farben und Lichtstärken senden, um sie auf das Auto aufmerksam zu machen. Es können sogar verschiedene Infor-

mationen, farbig, in Bild und Schrift, für andere Ver-
kehrsteilnehmer auf die Fahrbahn projiziert werden:
ein bunter Blumenstrauß auf dem Asphalt, wenn die
schöne Nachbarin mit ihrem Polo entgegen kommt, ein
Gruß für den vorbei rasenden Motorradfahrer „pass
'auf, du Ochse", ein platzendes Frühlingsgefühl „O
happy day", mit leuchtend roten Buchstaben. Das
könnte allerdings zum störenden Großkino werden,
weil über manche Kreuzungen in Großstädten 30.000
bis 40.000 Fahrzeuge pro Stunde fahren. Glücklich
wären bei so einem System nur die Rentner auf den
Balkonen der benachbarten Häuser. Sie würden Las
Vegas auf der Horizontale, auf dem Asphalt, erleben.
Dreidimensionale Projektionen und Augmented Reality wären technisch auch gar kein Problem.

Das neue Intelligent-Light-System in einem Multi-
beam-LED-Modul aktiviert einhundert Mal pro Sekunde über 4 Steuergeräte nicht weniger als 84 Lumineszenzdioden. Im Fernlicht Modus werden zum
Beispiel bei Gegenverkehr einige LEDs ausgeschaltet,
eine Lichtaussparung in U-Form verhindert das Blen-
den des Gegenverkehrs, bei der Gewährung einer Teil-
fernlichtfunktion.

Dieses Intelligent-Light-System erlaubt Funktionen,
die für den Fahrer besonders wertvoll sein können:

-   Landstraßenlicht: helleres und weiträumigeres
    Ausleuchten des Straßenrandes

-   Autobahnmodus: Vergrößerung der Beleuch-
    tungsreichweite durch Erhöhung der elektri-
    schen Leistung

- Abbiegelicht: Ausleuchtung der Fahrbahn durch zusätzliches Licht auf der Abbiegeseite. In engen Kurven wird ein harmonischer Dimmvorgang aktiviert

- Aktives Kurvenlicht: die Scheinwerfer schwenken in die Kurve und leuchten sie bereits vor dem Einschlagen des Lenkrads aus

- Nebellicht: die äußere Fahrbahnhälfte wird heller ausgeleuchtet, der Fahrer wird durch das reflektierende Licht trotzdem weniger geblendet.

Bei dem zukünftigen autonomen Fahren werden die Passagiere allerdings weitgehend passiv in Bezug auf die Mobilität des Fahrzeugs sein. Die Beleuchtung und die Erleuchtung für den Fahrer können in autonom fahrenden Autos auf das Notwendige reduziert werden. Die Wahrnehmung der Umgebung wird dann nur für das Auto selbst mit Sensoren und Kameras im Infrarotbereich, Ultraschallsonden und Lidar- und Radar-Systemen realisiert. Durch Kombination all dieser Informationen werden dreidimensionale Karten aufgestellt. Das bereits aktive Online Geodatendienst HERE wird dafür von einem Navigationsprogramm unterstützt.

Sowohl bei den Lasern als auch bei den Lumineszenzdioden wird jeder Lichtstrahl über Miniatur-Spiegel geleitet, etwa 400.000 pro Leuchte, damit werden bis zu 5.000 Bewegungen pro Sekunde realisiert.

Es klingt wie in einem Science-Fiction-Szenario, aber das ist lange nicht das Ende der Entwicklung in diesem Bereich:

Nach LED kommt OLED (Organic Light Emitting Diodes) – die organischen Leuchtdioden.

Es handelt sich dabei um leuchtende Dünnschichtelemente aus organischen, halbleitenden Materialien. Diese unterscheiden sich von anorganischen Leuchtdioden (LED) dadurch, dass ihre elektrische Stromdichte – und damit die Leuchtdichte – geringer ist. Sowohl ihre Herstellungskosten als auch ihre Lebensdauer sind geringer als jene der LED. Die OLED-Technik wird derzeit für Bildschirme in Smartphones, Tablets und Fernsehern eingesetzt. Die Möglichkeit, die OLED als Dünnschichten mit vertretbaren Kosten aufzutragen, wird zunehmend auch in der Karosserie-Farbgebung benutzt (Bild 7.5).

Bild 7.5   Automobil mit OLED Dünnschichten auf der Karosserie-Oberfläche

Warum der Nachbarin auf dem Asphalt mit den Scheinwerfern einen Blumenstrauß aufmalen, warum dem Motorradfahrer schriftlich zum Ochsen deklarieren? Es geht auch effizienter: Das ganze Auto als Blumenstrauß oder Ochsen virtuell umwandeln, das überzeugt mehr. Der Phantasie intelligenter Menschen sind keine Grenzen gesetzt. Die Straße wird aber zum Psy-chiater-Pflaster.

Die bewegte Welt wird in der nächsten Zeit heller und bunter.

„Mein Großvater war ein Visionär: Er wusste, was vom Beleuchten zum Erleuchten führt. Und ich fühlte mich so sicher in seiner Hand, das war die schönste Form von autonomer Mobilität."

Das Automobil als Treff elektromagnetischer Wellen mit Schallwellen

8.1 Wie entstehen und wie schnell strömen Schallwellen

Auf dem Weg von Sorrent nach Positano, an der Amalfi Küste, kreuzen sich direkt in dem roten Cabrio, obwohl dieses sich bewegt, alle Arten von Wellen, die des Fahrers Sinne spüren können und sein Verstand zu ahnen vermag: Die goldenen Sonnenstrahlen durchfluten seine Augen als elektromagnetische Wellen, die mit 500 Millionen Megahertz hineinschwingen. Das GPS sucht auf 1500 Megahertz, ebenfalls elektromagnetisch, Neapel, wo der Cabriofahrer gestern war. Sein Smartphone meldet sich über 5 G auf 3600 Megahertz, aber das interessiert ihn genauso wenig wie heute der Weg nach Neapel. Faszinierend sind aber auf der rechten Seite andere Wellen: die des blauen Tyrrhenischen Meeres, die von der Insel Capri zu kommen scheinen, aber auf einer ganz anderen, auf einer so sanften und blauen Frequenz. Wieviel Hertz haben diese Wellen, die ihm ans Herz schwimmen? Sind sie auch noch elektromagnetisch? Und als wäre alles nicht genug, aus den Lautsprechern der Dolby Surround Anlage in dem roten Cabrio strömt auf seelenberührenden Wellen „O sole mio". Luciano Pavarotti scheint es direkt vor dem Cabrio zu singen, ein ganzes Symphonieorchester begleitet ihn rund herum: ein Dutzend Geigen von rechts, zwei Dutzend Mandolinen von links, alle umrandet von einem ganzen Bläserensemble. Die Töne kreuzen sich auf vielen Frequenzen vor seinen Ohren. Sind diese Wellen auch noch elektromagnetisch? Denn sie kommen schließlich aus dem Radio an Bord, auf UKW, mit 107 Megahertz.

Die menschlichen Augen und die Haut nehmen elektromagnetische Wellen auf einer hohen Frequenz auf, die Geräte nehmen ebenfalls elektromagnetische Wellen, aber auf einer niedrigeren Frequenz auf. Das Radio ist auch ein Gerät, strahlt also auch elektromagnetische Wellen. Was ist aber mit den Ohren des Fahrers? Schwingt sein Trommelfell auch auf einer solchen Frequenz wie die Augen? Was ist Musik?

These 32: Die elektromagnetischen Wellen, die aus einem Rundfunkgerät ausgestrahlt werden, transportieren Musik und Sprache in Form von Schallwellen mit Modulationen in einem Frequenzbereich zwischen 0,000016 und 0,02 Megahertz, also weit unter den 107 Megahertz die das Rundfunkgerät selbst ausstrahlt. Das sind Frequenzen, die für die Menschenohren wahrnehmbar sind.

Wie im Bild 8.1 dargestellt, ist der Hörbereich von Menschen jedoch nicht nur von der Frequenz der Schallwellen, sondern auch vom Schalldruck auf dem Ohr, beziehungsweise vom Schallpegel abhängig.

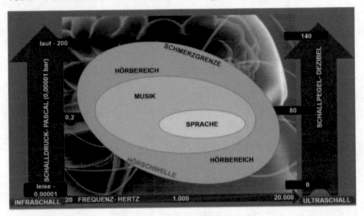

Bild 8.1   *Hörbereich von Menschen in Abhängigkeit vom Schall-*
druck auf dem Ohr, beziehungsweise vom Schallpegel
und von der Frequenz der Schallwellen

„Als Kind, an einem Ufer meines Schwarzen Meeres,
warf ich immer wieder Steinchen in die ruhige, von den
Strahlen des Sonnenuntergangs vergoldete Wasser-
oberfläche. Das erste Steinchen flog nach einer hohen
Bogenbahn fast senkrecht in die bis dahin unberührte
Oberfläche, die von ihm durchlocht wurde. Den Im-
pakt zwischen Steinchen und Oberfläche nahm das
Wasser als Schock auf, indem es kurz an der Stelle zu-
sammenzuckte (ja, Wasser ist kompressibel, wie an-
dere Flüssigkeiten auch, selbst wenn die Volumenver-
kleinerung extrem gering ist) [2]. *Das Zucken*
verursachte eine schwache, aber schlagartige Erhö-
hung der Wasserdichte um das Steinchen herum, wo-
rauf der Wasserdruck in dem kleinen Kreis um das
Steinchen abrupt anstieg.

Das Wasser in dem Kreis gab den Schock samt Druck
als kleine, konzentrische, wandernde Bergkette seiner
unmittelbaren äußeren flüssigen Umgebung weiter.
Diese nahm die Störung ohne sichtbaren Widerstand

an. Dem Wasser in dem ersten kleinen Kreis war aber die Ausdehnung bis zum ursprünglichen Zustand nicht genug, es dehnte sich träge weiter, bis hinter der fortschreitenden Bergkette eine konzentrische Mulde entstand, was auf eine Drucksenkung deutete.

Und so bildete das Wasser um den ersten Treffpunkt mit dem Steinchen herum mehrere konzentrische Folgen von Bergketten und Mulden. Dabei war jede Mulde genauso tief, wie der Berg hoch.

Von dem Impaktpunkt aus lief die „Information" über die Druckerhöhung als eine Serie von kreisförmigen Wellen weiter ins Meer hinaus. Das Meer war aber größer und reagierte entsprechend. Es bildete eine Druckwellenreihe, die zurück zur Ursache lief bis zu dem Loch, welches das sinkende Steinchen verursacht hatte [2]. Das Zusammenzucken des Wassers um das Loch beim Ankommen der ersten rücklaufenden Welle verwandelte dann das Loch in eine Wassersäule, aus der Tropfen nach oben zischten.

Das Spiel war faszinierend. Ich warf einen zweiten, größeren Stein, in einem größeren Bogen. Das Treffen mit der Wasseroberfläche war heftiger, die konzentrischen Bergketten wurden höher und die jeder Bergkette folgende Mulde tiefer. Das Bemerkenswerte war aber, dass die Distanz zwischen den konzentrischen Bergketten nicht nur konstant, sondern exakt die gleiche, wie nach dem ersten, kleineren Steinchen blieb. Die Reaktion der vom Meer rücklaufenden Wellen war dann auch entsprechend heftiger, das Wasser zischte höher aus dem Ursprungsloch (Bild 8.2)."

*Bild 8.2   Wellen die ein eindringender Stein in ruhigen Gewäs-
          sern hervorruft*

Was hat das alles mit Autos zu tun? In einem Auto erwarten unsere Jungs doch Megaschallwellen, die aus
dem Subwoofer durch die Luft, nicht durch das Wasser
prallen. Sie brauchen dazu auch noch Gigaschallwel-
len aus dem donnernden Auspuff: das vom Motor dahin strömende Abgas soll in dem Auspufftopf gewaltig
schwingen, alle Auspuffbleche sollen beben und
dadurch große Wellen in der Umgebungsluft verursachen (Bild 8.3). Wenn dadurch die Fensterscheiben der
Gaffer im zweiten Stock zum Platzen kommen, um so
toller für solche Jungs.

Bild 8.3   Schallwellen in der Luft, die von einem Auspufftopf angeregt werden

Betrachten wir aber die Sache genauer. Ein alter Opi hielt einmal, wie gewöhnlich, sein Hörrohr am Ohr. Das äußere Ende des Rohrs war mit einer Paukenmembrane bespannt, ob wegen Tondämpfung oder gegen Fliegen, wer weiß es? Der kleine Enkel Max meinte aber eines Tages, das sei wirklich eine Pauke und haute kräftig darauf mit Opas Stock. Die bis dahin in dem Rohr ruhende Luft zuckte hinter der Paukenmembrane zusammen.

Diese Luftkompression führte an jener Stelle zu einer plötzlichen und steilen Druckerhöhung. Die Luft hinter der Paukenmembrane gab diese „Information" über seine Druckerhöhung ohne Verzögerung weiter, dem nächsten Luftabschnitt, und so wanderte die Druckerhöhung nach und nach durch alle Luftsegmente, bis hin zu Opas Trommelfell. Das war so, als würde ein Lastwagen auf der Autobahn auf ein Stauende (wie der Stock auf der Paukenmembrane) auffahren. Der verformt zunächst mit Druck das vor ihm stehende Fahrzeug, dieses gibt mit einem kurzen, Elastizität-bedingten Zeitverzug den Impuls weiter nach vorn – und so pflanzt sich die Verformungs- und Druckwelle vor dem Verursacher bis zum ersten stehenden Lastwagen (wie auf Opas Trommelfell) fort.

Und nun zurück zum „Horror im Hörrohr", mit einer guten Frage: Wie viel Zeit verging zwischen dem Schlag auf der Paukenmembrane und der mächtigen Dehnung im Opas Trommelfell? Die Antwort laut [1] (s in [1] Kap. 3, S. 200 -204), ist:

Wenn das Hörrohr vierzig Zentimeter lang war und die beinhaltete Luft eine Temperatur von 20°C hatte, so eilte die Information über die Druckwelle in der Luft mit 1236 km/h (343,3 Meter pro Sekunde) durchs Rohr von der Paukenmembrane zum Trommelfell in 1,1 tausendstel Sekunde. Das scheint wenig zu sein, bei einem vier Meter langem Rohr wäre es aber die zehnfache Dauer, also 11 tausendstel Sekunde, und so weiter.

Und wenn die Luft kälter gewesen wäre? Dann wäre die Welle langsamer gewesen und die Übertragungsdauer länger.

Und wenn wiederum das Hörrohr mit Wasser anstatt mit Luft gefüllt wäre (natürlich, mit einer dünnen Dichtheitsmembran auch auf der Trommelfellseite)? Dann wäre die Druckwelle viermal schneller und die Dauer von der Paukenmembrane zum Trommelfell vier Mal kürzer.

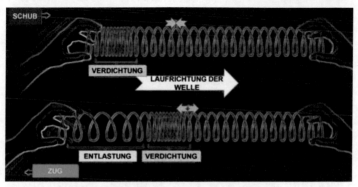

Bild 8.4   Druckwellenfortpflanzung durch ein elastisches Medium in einer Laufrichtung bei einem Schub- und bei einem Zug-Impuls

Die Übertragungsgeschwindigkeit einer lokalen Druckerhöhung *(wie durch den Paukenschlag)* als Folge einer lokalen Zunahme der Dichte des jeweiligen elastischen Mediums (Bild 8.4) *(wie auch die Luft unmittelbar hinter der Paukenmembrane)* wurde von den Gelehrten als Schallgeschwindigkeit bezeichnet (umgangssprachlich bezeichnet Schall solche Geräusche, Klänge oder Töne, die von Menschen und Tieren mit dem Ohr-Gehirn-System wahrgenommen werden können).

Die Schallgeschwindigkeit hängt von der Elastizität und von der Dichte des Übertragungsmediums ab (Luft, Wasser oder andere Gase und Flüssigkeiten) und kann genau berechnet werden. Für Gase und Gasgemische, wie die Luft, erfolgt die Berechnung, abgeleitet von Elastizität und Dichte, in Abhängigkeit von ihrer Wärmekapazität, der Gaskonstante und der momentanen Temperatur [1] (s in [1] Kap. 3, S. 200 -204).

Einige Beispiele von Schallgeschwindigkeiten:

- Luft (+20°C):   343 m/s oder 1236 km/h

- Luft (-20°C):   319 m/s oder 1148 km/h

- Süßwasser (+20°C):   1484 m/s oder 5342 km/h

- Süßwasser (-20°C):   1407 m/s oder 5065 km/h

- Meereswasser (*20°C):   1500 m/s oder 5400 km/h

- Stahl (+20°C):   5900 m/s oder 21240 km/h

- Aluminium (+20°C):   6300 m/s oder 22680 km/h

- Plaste (PVC hart):   2250 m/s oder 8100 km/h

- Gummi (+20°C):   1500 m/s oder 5400 km/h

Und wieder zurück zum „Hörrohr-Horror": Nachdem die Schalldruckwelle Opas Trommelfell erreicht hat, nimmt dieses wie eine elastische Membran die Welle auf, in dem es sich dehnt. Die somit entstandene, geringfügige Volumenvergrößerung in dem Hörrohr, auf der Trommelfellseite, führt zur Entlastung der Druckwelle. Dieser neue Zustand pflanzt sich im Hörrohr fort, gegen die ursprüngliche Richtung, also zurück zur Paukenmembrane, mit der gleichen Schallgeschwindigkeit, mit der er kam [2]. Der Vorgang ist ähnlich dem in einer Spiralfeder, die man durch einen Schub oder einen Zug an einem Ende anregt.

Alle Wellen haben, in einem solchen Fall, exakt die gleiche Dauer (Periode) und, als Kehrwert, die gleiche Frequenz. Die Schallwellenperiode wäre beispielsweise in Opas Hörrohr, als zweimal Hörrohrlänge durch die Schallgeschwindigkeit in der Luft bei 20°C: 2 x 0,4 Meter: 343 Meter pro Sekunde = 0,002 Sekunden. Die Frequenz wäre dann rund 429 Hertz, also voll im hörbaren Bereich 0,000016 und 0,02 Megahertz (bzw. 16 bis 20.000 Hertz) laut These 32.

Solche Vorgänge finden auch in Ansaug- und in Auspuffröhren der Kolbenmotoren von Automobilen statt. In einem Ansaugrohr stößt periodisch die oft mit etwa 30 km/h einströmende Luft auf geschlossene Einlassventile auf. Die Luft wird an der Aufprallstelle komprimiert, die positive Druckwelle läuft gegen die Ursache, also gegen die noch einströmende Luft, mit Schallgeschwindigkeit. Sie entlastet sich am Rohreingang gegen den geringeren Druck im Filter und eilt dann wieder mit Schallgeschwindigkeit als Unterdruckwelle zurück gen Ventil. Wenn dieses Ventil inzwischen geöffnet wurde, weil der Motor einatmen will, dann strömt durch den Unterdruck weniger Luft in den Zylinder. Das wäre so, als würde man den Motor würgen. Das passiert allgemein nicht, weil die Motorenbauer echte Resonanz-Experten, wie Stradivari mit seinen Geigen, geworden sind.

Und wieder zurück zum Hörrohr: Die vor- und rücklaufenden Druckwellen in der beinhalteten Luft zwischen Paukenmembranc und Opas Trommelfell üben ihren Druck auch radial auf die Wände des Hörrohrs aus. In der Holz- oder Messingwand verursacht der Druckimpuls auch Längsdruckwellen, sie sind aber schneller als in der Luft, weil die Schallgeschwindigkeit im Holz oder im Messing viel größer als in der Luft ist. Der Opa hat also bereits 10 Druckwellen aus dem Holz empfangen, bevor ihn die erste Luftdruckwelle erreicht hat. Ihre Intensitäten, und damit die Lautstärken sind aber unterschiedlich. Die Farbe und die Harmonie der Töne entstehen aus der richtigen Kombination der Wellenlängen und Intensitäten in

Luft und Holz, was die Kunst des Musikinstrumenten-baus ausmacht.

Töne mit Farbe und Charakter können auch in Aus-puffanlagen von Automobilen mit Verbrennungsmoto-ren entstehen. Dafür werden gezielt Schallwellen in der Abgasströmung mit Schallwellen von dort inte-grierten Lautsprechern vermischt, um dann in die Um-gebung mit Schallgeschwindigkeit gestreut zu werden.

Eine Wellensymphonie der Lüfte kann aber auch das Fahrzeug selbst um sich produzieren, auch ohne Mo-tor- und Abgasgeräusche. Stellen wir uns folgende Si-tuation vor: Ein großer Lastwagen rollt mit 100 km/h auf einer geraden, neu asphaltierten Straße. Lassen wir ihn einmal kurz segeln: Gang raus, Motor aus, Musik aus. Die frische Luft der Umgebung stand still bis die-ser Zwanzig-Tonnen-Hammer auf sie prallte. Der Auf-prall mit 100 km/h verursacht in der Luft eine Druck-welle, die sich mit 1236 km/h, wie vorhin erläutert, in allen Richtungen ausbreitet, – also auch in Bewe-gungsrichtung des Wagens. Wenn die Rollgeräusche der Reifen auf dem Asphalt nicht betrachtet werden, so können die Verdrängungsdruckwellen gut gehört wer-den, wie bei den Flugzeugen in der Luft oder bei den Booten im Wasser.

Und dennoch, die wahre Automobilmusik ist eine an-dere:

Manchmal fliegen Flugzeuge mit Überschallge-schwindigkeit. Das ist der Fall, wenn eine Maschine schneller fliegt, als die davor verdrängte Luft mit ihrer Schallgeschwindigkeit sich entfernen kann. An der Stelle entsteht eine gewaltige Druckfront, die mit

Schallgeschwindigkeit zu in unseren Ohren eilt und dort die Trommelfelle verbiegt.

Durch die Auslassventile von Verbrennungsmotoren strömen heiße Abgase durch ringförmige, mit der Ventilbewegung veränderliche Flächen. Eine kräftige Abgasströmung durch eine sehr enge Ringfläche generiert eine Überschallwelle wie bei einem Überschallflugzeug, die im Auspuff und darüber hinaus gut zu hören ist.

These 33: Gibt es eine schönere Musik, als die eines Acht-Zylinder-Motors mit sechzehn großen Auslassventilen, wenn er seine Last imperativ zeigen will?

8.2   Dezibel und Sound

Jede elektromagnetische Strahlung in einem der Wellenlängenbereiche von Licht, Wärme, Röntgen oder Infrarot kann eine höhere oder eine niedrigere Intensität haben. Das Produkt von Intensität (in Watt pro Kubikmeter) und Wellenlänge (Meter) ergibt die Wärmestromdichte (in Watt pro Quadratmeter). Bei Betrachtung der Fläche (in Meter), die angestrahlt wird, kann daraus der Wärmestrom (in Watt) abgeleitet werden. Lassen wir einen Wärmestrom eine Zeit lang (in Sekunden) auf der betrachteten Fläche, zum Beispiel auf der Haut am Strand wirken, es tut so gut! Das Produkt von Wärmestrom und Zeit ergibt die Energie (in Joule oder in Kilowattstunde), die wir in Form von Wärme von der Sonne auf der Haut in der gegebenen Zeit empfangen haben (Bild 8.5).

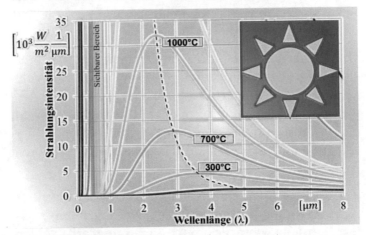

Bild 8.5   Sonnenstrahlung einschließlich dem sichtbaren Bereich: Strahlungsintensität in Abhängigkeit von der Wellenlänge bei verschiedenen Temperaturen

Kann man in der gleichen Zeit auch Gänsehaut bekommen? Ja, man kann, aber weniger von Röntgen-Wellen, sondern vielmehr von Luciano-Pavarotti-Wellen, durch die Luft an der Amalfi Küste als Schallwellen wandernd.

Die Stimme von Luciano Pavarotti konnte mit jedem hohen C die Luft vor seinem Munde gewaltig zusammendrücken. Das ergab eine lokale Druckwelle (in Newton je Quadratmeter) die mit Schallgeschwindigkeit (in Meter pro Sekunde) zum Trommelfell oder gar zur ganzen Hautfläche (Quadratmeter) der bezauberten Zuhörer gelangte und die besagte Gänsehaut anregte. Und wenn dazu noch die Sonnenstrahlen mit ihrer Intensität und Wellenlänge am Strand von Sorrent schienen, so war das der Himmel auf Erden! Und dann ab, in die blauen Meereswellen (das sind auch Schallwellen)!

Haben aber die Lichtwellen mit den Schallwellen etwas zu tun? Für den Menschen als Genießer am Strand schon, für die Gelehrten der Akustik ist jedoch die Welt vom theoretischen Aufbau her manchmal anders konstruiert, als für die Physiker der kosmischen Strahlungen. Versuchen wir kurzerhand die zwei Welten zusammenzubringen.

Die Akustiker betrachten das Produkt von Druckerhöhung infolge einer Druckwelle (Bild 8.6) (in Newton pro Quadratmeter) und der Schallgeschwindigkeit, mit der diese Welle wandert (in Meter pro Sekunde) als Schallintensität (in Watt pro Quadratmeter). Diese Größe ist nicht nur von der Messeinheit, sondern auch vom Prozess her ähnlich der Wärmestromdichte einer Lichtstrahlung.

Sowohl mit den Lichtwellen als auch mit den Schallwellen kann eine Fläche angestrahlt werden, zum Beispiel die Hautfläche des Genießers, oder nur sein Trommelfell. Die Akustikgelehrten sprechen bei der Multiplikation von Schallintensität mit der angestrahlten Fläche von Schallleistung (in Watt) Bei der Sonnenstrahlung ergibt die Wärmestromdichte auf einer Fläche, wie erwähnt, einen Wärmestrom (in Watt), was analog der Schalleistung in der Akustik eben eine „Wärmeleistung" ist. Sowohl die Wirkung einer Schallleistung als auch jene einer Wärmeleistung über eine definierte Zeit (in Sekunden) ergibt die entsprechende, einem Menschen übertragene Energie (in Joule oder Kilowattstunde).

Bild 8.6 Schallwellen: Schalldruck/Schallintensität in Abhängigkeit von der Wellenlänge

Der Schall wird aber gewöhnlich in Dezibel angepriesen, genauso wie der Lichtstrom der Glühbirnen in Lumen, als würde jemand verstehen, was das eine oder das andere ist. Die Lumen haben wir im Kap. 7.2, These 31, etwas erleuchtet, versuchen wir es auch mit den Dezibels. Ein tropfender Wasserhahn sendet 20 Dezibel (dB) in die Luft, ein Presslufthammer 100 dB, eine Schwiegermutter ist mit 60 – 70 dB eher in der Presslufthammerregion.

Wie kamen die Akustiker auf eine solche Größe? Die Ableitung ist wirklich seltsam, deswegen wird sie an dieser Stelle zusammengefasst und ohne Gleichungen, als mathematisch-physikalische „Delikatesse" präsentiert:

- *Die vorhin so logisch erscheinende Schallleistung (in Watt), die man tatsächlich messen kann, wurde von Akustikern des vergangenen Jahrtausends auf eine genormte Bezugsleistung gesetzt (zehn hoch minus zwölf Watt – warum auch immer). Soweit, so gut.*

- *Aus der Messung eines Geräusches und dem Bezug darauf resultiert eine dimensionslose Zahl, zum Beispiel 5.*

- *Das war aber für die Akustik-Gelehrten um 1900 nicht genug: In einer Zeit ohne Computer war das Multiplizieren und Dividieren von Werten umständlich, die Bearbeitung durch Logarithmieren aber einfacher. Logarithmen von Werten kann man addieren, anstatt die Werte selbst zu multiplizieren, Subtrahieren ersetzt Dividieren.*

- *Das Verhältnis der gemessenen Schallleistung zu der Bezugsleistung wurde demzufolge logarithmisch dargestellt. Diesem Verhältnis, welches physikalisch keinen Sinn hat, wurde dann einfach die Einheit „Bell" verpasst, dem Namen des nach Amerika emigrierten Schotten Graham Bell zu Ehren, der die Erfindung des Telefons auf eine etwas dubiose Weise für sich beansprucht hatte.*

- *Der steinige Weg der Akustikwert-Darstellung hatte aber auch hier kein Ende. Die Zahlenwerte, die aus der logarithmischen Darstellung herauskamen, waren dann den Akustikern doch zu klein. Und sie gingen wie manche Wirte in den Brauhäusern vor: 10 Deziliter Bier klingt doch imposanter als ein Liter. So wurde aus dem armen Bell ein Dezibel, sein Wert stieg jedoch um das Zehnfache!*

Das sind diese Dezibel, worüber sich die Menschen ständig beschweren, die Dezibel der Flugzeuge über dem Dach, die Dezibel der Motorräder vor dem Fenster, die Dezibel mancher Golffahrer mit Megalautsprechern (Bild 8.7).

Stellen dabei 14 Dezibel die doppelte Schallleistung als 7 Dezibel dar? Weit verfehlt! Wenn man die Logarithmen zurücksetzt, stellt man eine fünffache Schallleistung auf dem Trommelfell fest!

Zwischen 30 Dezibel (tickender Wecker) und 70 Dezibel (Schwiegermutter) steigt die Schallleistung genau auf das Zehntausendfache! Die Schwiegermutter kann also jemandem kräftig auf den Wecker gehen!

Ein Fahrzeug hat drei Hauptschallquellen:

- die Reifen auf der Fahrbahn,

- die Luftströmung über und unter der Karosserie bei hoher Fahrgeschwindigkeit

- den Verbrennungsmotor.

Zum Inneren des Fahrzeugs hin können diese Emissionen durch geräuschdämmende Materialen gesenkt werden.

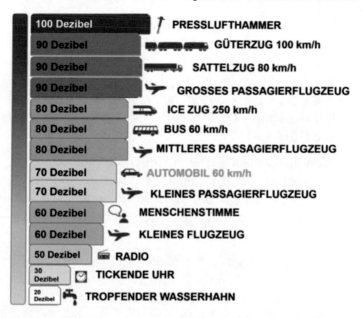

*Bild 8.7   Die Schallleistung (in Dezibel) verschiedener Schall-
quellen*

In Automobilunternehmen arbeiten, neben den Fahr-
zeug- und Motorenentwicklern, auch wahre Sound-
Künstler: Sie können einen Dieselmotor wie den Ra-
detzky-Marsch statt wie einen Traktor klingen lassen.
Ein Außenspiegel kann die umströmende Luft bei
250 km/h wie ein Maschinengewehr klingen lassen,
gäbe es nicht die Mannschaft Aerodynamiker-Kon-
strukteur-Akustiker, die daraus ein Meeresrauschen
gestalten.

Ein Sound-Design dieser Art wird zunächst im Akustiklabor gestaltet. Das ist oft eine große Halle, deren
Wände durch absorbierende Materialien alle Geräusche aufsaugen. Ein sprechender Mensch kann sich in
einer solchen Halle kaum selbst hören. Die Halle ist

auch gegen äußere Schwingungen gedämmt, indem sie nicht auf einem Fundament steht, sondern auf Dämpfern gelagert wird. Das zu optimierende Auto steht auf Rollen und ist mit Gurten geankert. Auf dem Fahrersitz befindet sich ein Kopf-Dummy. Solche Köpfe sind auch in der Halle platziert, dort, wo es Passanten geben könnte (Bild 8.8).

Die von den verschiedenen Quellen im Auto emittierten Geräusche werden genau lokalisiert und kommen an den Messgeräten roh, ohne Reflexionen, an. Alle Tonaufnahmen gelangen auf Kapitel in Tonbibliotheken.

Die Sound-Design-Spezialisten analysieren jedes Solo, ob das der Auspuff-Trompeten, das der Knalltür-Trommel, oder das der Kathedralenorgel des beschleunigten Acht-Zylinder-Motors.

Die Abstimmung dieser Instrumente auf unterschiedlichen Tönen und ihre Harmonisierung erfolgen mittels unterschiedlicher Methoden:

- Die Konstruktion der Teile selbst, mit Abmessungen und Volumina, welche ihre Resonanz beeinflussen.

- Die Platzierung von Resonanzkästen mit gut definierten Abmessungen und Volumina im Ansaug- sowie im Auspuffsystem des Verbrennungsmotors. Die Schallgeschwindigkeit in Gasen ist, wie bereits im Kapitel 8.1 erwähnt, temperaturabhängig. Das Abgas im Auspuffsystem kann starke Temperaturdifferenzen aufweisen. Zwischen 20 und 700°C wird beispielsweise die Schallgeschwindigkeit im Abgas verdoppelt, was Resonanz und Klang stark beeinflussen kann.

- Auf Teilen der Karosserie werden Dämmstoffe aus verschiedenen Materialien, mit vielfältigen Formen angebracht.

Die Designer komponieren in ihren Keyboards, auf Basis der Aufnahmen in der Tonbibliothek und ihren künstlerischen Erfahrungen spezifische Sounds für einen Porsche Motor oder für eine Mercedes Karosserie, von Retro bis Modern. Über die harmonische, objektive Basis eines solchen Geräuschbündels und des Geschmacks des Sound Designers selbst, entscheidet letzten Endes der subjektive Eindruck des Klienten, der das Auto kauft. Es kann sein, dass ihm zwar das Auto gefällt, aber die Geräusche nicht.

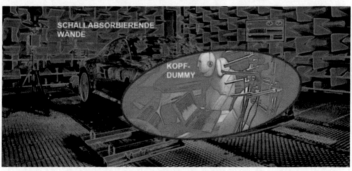

Bild 8.8   Akustiklabor in einem Automobilunternehmen: große Halle, Wände mit absorbierenden Materialien, Auto auf Rollen, Kopf-Dummy auf Fahrersitz und in der Halle!

Es gibt jedoch noch eine Methode, das Auto zum Meistersänger zu machen, auch wenn die Puristen des Sound Designs davon nichts wissen wollen. Das ist so, als würde man Zucker in den Wein, oder Apfelsaft ins

Bier gießen. Man platziert dementsprechend eine Reihe von Lautsprechern in einen Resonanzkasten, in der Strömung der Abgase, oder ganz einfach in den Kofferraum.

Nach der Methode könnte ein Tesla wie ein Ferrari heulen. Oder, noch schlimmer, ein Ferrari so stumm wie ein Tesla werden, um den Eindruck entstehen zu lassen, dass er nun zum Elektroauto geworden ist. Dafür werden die Schallwellen in den Abgasen durch Schallwellen von den Lautsprechen mittels Phasendifferenz annulliert.

Und was die Elektroautos selbst angeht: Auf verschiedenen Veranstaltungen oder in den Medien berichten diverse „Experten" über unzählige Vorteile solcher Fahrzeuge und allen voran über ihre geräuschlose Bewegung. Was machen wir dann mit der guten alten Oma, die mit ihrem Rollator wagt, die Straße zu überqueren? Den Radfahrer kann sie noch vermeiden, den Jogger auf Gummisohlen auch. Einen Porsche hört sie von weitem und kann noch reagieren. Es wäre kein Problem, mit Lautsprechern, wie oben beschrieben, ein Elektroauto auch akustisch wahrnehmbar werden zu lassen.

Nach neueren EU Bestimmungen ist das derzeit sogar Pflicht, um die Sicherheit der Passanten zu gewähren. Seit dem 1. Juli 2019 ist für Elektro-, Hybride und Brennstoffzellen Autos ein akustisches Warnsignal – AVAS (Acoustic Vehicle Alerting System) zum Schutz der Fußgänger vorgeschrieben, in den USA gilt eine ähnliche Bestimmung ab 2020. Bis zu einer Geschwindigkeit von 20 km/h und beim Rückwärtsfahren ist sogar ein Dauersignal Pflicht. Ab 20 km/h sollten die Reifen für Geräusche sorgen.

Die Kunst der äußeren Automobilbeschallung geht aber weiter. Die Sound-Designer laden neuerdings in ihre Labore moderne, berühmte Bands, wie beispielsweise Pink Floyd, um gemeinsam automobilspezifische Kompositionen zu kreieren.

Wagner-Metallica für Porsche, Vivaldi-Garrett für Tesla, Pavarotti für Cinquecento: es kommen spannende und klangvolle Zeiten auf uns zu!

9

Ein Auto für alle Sinne

9.1 Audio im Auto: Musik und Sprache

Viel Sound oder wenig Dezibel von einem Auto in die Umgebung senden, das ist eine komplexe Entwicklungsaufgabe, die meistens interdisziplinäre Teams von Ingenieuren, Physikern und Musikern meistern, wie im Kapitel 8.2 gezeigt.

Die innere Beschallung, aber auch die innere Geräuschdämpfung, sind jedoch mindestens genauso wichtig für den Kunden. Manche Auto-Musikanlagen kosten nicht weniger als ein kompakter Neuwagen!

Die Musik entwickelt sich als Tonfolge zwischen <u>Rhythmus</u> und <u>Klangfarbe</u>.

Ein *Rhythmus* wird von Schallimpulsen mit kurzzeitig erhöhter Intensität generiert, die in regelmäßigen Zeitabständen über jene Frequenzen überlagert werden, welche die *Grund-Tonhöhe* ergeben, beziehungsweise über Sekundär-Frequenzen, welche die *Klangfarbe* bestimmen [8].

© Der/die Autor(en), exklusiv lizenziert durch
Springer-Verlag GmbH, DE, ein Teil von Springer Nature 2021
C. Stan, *Automobile der Zukunft*,

These 34: Die Musik ist, wie die Mathematik und die Physik, eine internationale Sprache, ein Esperanto, welches von jedem Volk der Welt verstanden wird, genauso wie der Hunger, der Durst, das Weinen, das Lachen und die Liebe.

Der Rhythmus der Musik ist der Puls des Geistes, aber auch jener des Herzens.

Der gewöhnliche, angenehme Rhythmus der Musik beträgt 60 Impulse pro Minute, das ist eine Frequenz von 1 Hertz (Hz). Das ist auch der normale Herzrhythmus (der Puls) eines gesunden Menschen.

Wie ist es aber bei einem Rockkonzert oder in einer Diskothek? Der DJ erhöht immer wieder den Rhythmus, so weit, bis die Fans trampeln und wackeln, als würden sie direkt unter Strom stehen. Ein DJ darf normalerweise den Rhythmus eines Songs nur bis 140 Hertz erhöhen, weil ein menschlicher Körper über diese Grenze hinaus einen ekstatischen Zustand erreicht. In zahlreichen Konzerten und Discos ist eine solche Ekstase aber auch gerade gewollt, ungeachtet jeglicher ärztlichen Empfehlung.

Und solche „*over 140 Hertz*" Rhythmen hört man immer wieder aus vorbeiflitzenden Autos mit schwarz getönten Scheiben, sie donnern über alle Blechhüllen hinweg. Man hört aber nur den Rhythmus, die Melodie selbst, die Grundtöne und die Klangfarbe haben keine Chance nach außen durchzudringen. Um die Fahrtüchtigkeit des Fahrers sollte man sich in einem solchen Fall wirklich Sorgen machen.

Außer dem Rhythmus hat die Musik für Mensch und Tier auch einen <u>natürlichen Grundton</u> [9]: Dieser ist durch seine Frequenz von 432 Hertz, oder 25.920

Schallwellenmaxima pro Minute, gekennzeichnet. Das ist die Resonanzfrequenz der Zellen in den Körpern von Lebewesen. Diese Erkenntnis kann man auch auf Pflanzen erweitern, darüber könnten erfahrene Gärtner manche Geschichten erzählen.

Diese Tonfrequenz, die allgemein die Seelen von Menschen berührt, liegt beispielsweise den Glocken von Tibet, den Symphonien von Mozart, den Ouvertüren von Verdi und den Songs von Enya oder John Lennon zu Grunde.

Auf einer internationalen Fachkonferenz über die Frequenz des Grundtons in der Musik im Jahre 1939, wurde der bis dahin übliche Ton von 432 Hertz auf 440 Hertz erhöht und fortan als universell geltende Norm festgelegt. Das passte besser für Sieger-Märsche, was für jene Zeit und ihre Gesetzes-Geber sehr wichtig war. Ansonsten kann dieser erhöhte Grundton eher reizen. Luciano Pavarotti selbst, aber auch zahlreiche andere Musiker und Dirigenten, haben vehement aber vergebens verlangt, die alte Norm wieder einzuführen. Verwendet wird trotz alledem der Grundton auf 432 Hz immer noch, von guten Musikern und berühmten Orchestern. Allein das entsprechende Angebot auf YouTube spricht für sich.

Der Grundton von 432 Hertz schafft ein Gleichgewicht zwischen den zwei Gehirnhälften eines Menschen, wie wissenschaftliche Studien berichten [10]. Es gibt zahlreiche Musikwerke, die auf beiden Grundtonhöhen, 432 Hertz und 440 Hertz, gespielt werden. Ein Experiment wäre für jeden Leser dieses Kapitels empfehlenswert, beispielsweise „Air" (Suite Nr. 3) von Johann Sebastian Bach.

Die Musik ist, wie die Mathematik und die Physik, eine internationale Sprache, ein Esperanto, welches von jedem Volk der Welt verstanden wird (Bild 9.1).

Bild 9.1   Die Musik ist, wie die Mathematik und die Physik, eine internationale Sprache, ein Esperanto, welches von jedem Volk der Welt verstanden wird

Bild 9.2   Rhythmus von 60 auf 140 Hertz, Grundton von 432 auf 440 Hertz: von Harmonie zur Ekstase

In einem Gehirn werden über Nervenbahnen elektrische Ströme in Form von Wellen gesendet. Während der Konzentrationsphasen des Gehirns, so zum Beispiel beim Lernen, beträgt die Frequenz dieser Ströme zwischen 30 und 100 Hertz. In einer langdauernden Entlastungsphase, welche allgemein die Intuition und die Kreativität unterstützt, geht die Frequenz in die Tiefe, auf 8 bis 13 Hertz. Musik stimuliert sowohl die Konzentrationsperioden als auch die kreativen Phasen (Bild 9.2).

Das Temperament, die Musikbildung und die momentane Stimmung des Hörers bestimmen seine Wahl: Heavy Metall, Hard Rock, Jazz, Reggae, Soul, Country oder Oper.

Eine repräsentative Studie [11] ergab einige zum Teil unerwartete Schlussfolgerungen: Nur 11% der befragten Menschen hören Musik im Schafzimmer, nur 14% im Wohnzimmer, dafür aber 38% im Auto! Radio, CD und USB sind überholt. Gefragt sind dagegen Streaming by Smartphone, gekoppelt über Bluetooth an die Hightech Musikanlage vom Auto. Die Anbieter der Streaming Musik-Programme sind derzeit insbesondere Amazon Prime und Apple iTunes.

Zu den oben dargestellten Grundelementen der Musik:

- <u>Der Rhythmus</u> – Schallimpulse, generiert mit kurzzeitig erhöhter Schallintensität, in regelmäßigen Zeitabständen, über die laufende Musikfrequenz,

- <u>Die Tonhöhe</u> – Schallfrequenz, bezogen auf der Grundtonhöhe von 440 [Hz], früher 432 [Hz],

- <u>Die Klangfarbe</u> – eine oder mehrere Sekundär-Frequenzen in Resonanz mit der Grundfrequenz,

kommt meistens noch eins hinzu – der Text.

Der Text eines Liedes gibt der Musik Akzente, welche Gefühle erwecken sollen, obwohl die nackten Texte an sich, ohne Musik, oft bedeutungslos, naiv oder gar sinnlos sind.

("Umbrella" von Rihanna: "You can stand under my umbrella - Ella ella eh eh eh Under my umbrella - Ella ella eh eh eh Under my umbrella - Ella ella eh eh eh Under my umbrella - Ella ella eh eh eh eh eh." /
"Your Song" von Elton John: "If I was a sculptor, but then again no.". Übersetzung: *"Wenn ich ein Bildhauer wäre, oder nein, doch nicht.")*

Der Text ist im Grunde eine Rhythmusfolge, die durch eine bestimmte Impulsfolge dem Hauptrhythmus überlagert wird.

Konsonanten und Vokalen können nur auf höheren Frequenzen, über 1000Hertz differenziert werden – das ist mehr als das Doppelte in Bezug auf den Grundton von 440 Hertz oder 432 Hertz. Die Lieder von Charles Aznavour sind so wunderschön, auch wenn man kein Französisch versteht, das im vergangenen Kapitel zitierte „O Sole Mio" von Pavarotti ist eine himmlische Musik auch ohne Italienischkenntnisse. Nur mit „Osa-osa-osa" und „Du-du-du" hätten sie nicht den gleichen Charme.

Warum diese ganze Musik-Theorie? Weil, wie erwähnt, Musik meistens im Auto gehört wird und sich einer aktuellen Laune des Fahrers oder der Insassen anpassen kann. Wenn die Seele über Lüfte und Meere schwebt, wäre „All You Need is Love" von den Beatles ein guter Begleiter, während nostalgischer Erinnerungen „Dance Me to the End of Love" von Leonard

Cohen besser, für eine Volllast-Stimmung der erste Satz aus Beethovens fünfter Symphonie das Beste!

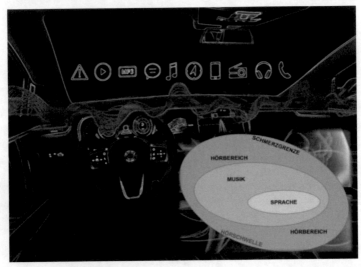

Bild 9.3   Die Musik ist zur unerlässlichen Automobil-Funktion geworden

Fährt jemand zu einer Beratung, in der er oder sie sich durchsetzen will, ist fünf Minuten vor dem Aussteigen Richard Wagners „Ritt der Walküre" sehr zu empfehlen!

Stimmungsangepasste Musik während der Fortbewegung im Automobil stimuliert also, je nach Bedarf, die Entspannung, die Kreativität, die gute Laune, die Volllast-Stimmung oder das Durchsetzungsvermögen.

Rhythmus, Tonhöhe, Klangfarbe, klare Konsonanten und Vokale müssen in dem engen Käfig eines Automobils, welches aus Stahl, Aluminium und Plaste geschweißt, geklebt, gelötet und geschraubt ist, mit jeweiliger genauer Wellenlänge und Intensität generiert werden (Bild 9.3).

Eine Automobil-Musikanlage von hoher Qualität besteht aus etwa 20 Lautsprechern, wiegt über 15 Kilogramm und hat ein Gesamtvolumen von zirka 30 Liter, das sind etwa 7 Weinkartons mit jeweils 6 Flaschen. Es gibt natürlich auch Schallsüchtige, für die das Auto ein Skelett darstellt, in dem Dutzende von Lautsprechen angebracht werden müssen.

Ein Lautsprecher ist grundsätzlich eine Membrane, die durch ihre Schwingung in der Umgebungsluft, Schalldruckwellen mit definierter Intensität und Frequenz erzeugt [12]. Die Membrane wird bei Lautsprechern mit Resonanzgehäusen üblicherweise von einem Magneten in Bewegung gesetzt, durch dessen Spule ein Strom moduliert wird. Für Smartphones und Laptops werden miniaturisierte Lautsprecher eingesetzt, deren Schwingungen von piezoelektrischen Elementen generiert wird.

Schwingungen mit definierter Intensität und Frequenz können jedoch in der Umgebungsluft auch ohne Magneten und piezoelektrischen Elementen generiert werden, sei es durch Stimmen oder durch Musikinstrumente aller Art. Auf einer Geige wird mit dem Bogen eine metallische, elastische Saite zum Schwingen gebracht. Die entstandenen Druckwellen pflanzen sich in die Umgebungsluft fort. Ohne Resonanzkasten werden sie eher dumpf wahrgenommen. Wenn die Geige aber einen Resonanzkasten hat, produzieren die primär entstandenen Druckwellen in diesem Kasten harmonische Druckwellen höherer oder niedrigerer Ordnung, also mit einer vielfach reduzierten oder erhöhten Frequenz (vielfach gestreckte oder gekürzte Wellenlängen), was die Klangfarbe des Instrumentes ergibt. Die Anzahl der

Wellen-Ordnungen hängt vom Material des Resonanz-
kastens (allgemein Art und Alter des Holzes), sowie
von seiner Form und Volumen ab. Beim Klavier ist es
ähnlich, nur dass die Metallsaite nicht durchs Streichen
mit einem Bogen, sondern durch das Schlagen mit einem kleinen Hammer zum Schwingen gebracht wird.
In manchen Fällen (Aliquot Flügel von Blüthner) gibt
es neben einer geschlagenen Hauptsaite eine zusätzliche Saite, die eine Oktave höher gestimmt ist, um die
Töne zu verstärken.

Diese Beispiele haben mit dem hier behandelten
Thema wohl zu tun, sie sind die Basis für eine moderne, unkonventionelle Tontechnik im Fahrzeug.

In Automobilen werden üblicherweise Sound-Systeme
mit 3 Kanälen, in teuren Limousinen 12 Kanal-Sys-
teme eingesetzt. Bei den Letzteren werden für die
Bass-Töne selbst die vorderen Sitze genützt. Möchte
der Beifahrer oder die Beifahrerin ein „Ultra Deep
Bass Music Mix", eine „Anton-Bruckner-Massage", o-
der doch, lieber, „Dance of the Knights" von Proko-
fiev?

Das Blech der Türen vibriert aber auch. Die Motor-
haube, die Kofferraumklappe, die Hutablage bringen
ebenfalls ihren Beitrag. Die gezielte Steuerung und
Bündelung dieser einzelnen Schwingungen kann zu er-
staunlichen Ergebnissen führen: Elektromagneten, so
groß wie Hockey-Pucks hinter vielen metallischen und
nicht-metallischen Oberflächen im Fahrzeug, können
ein ganzes Symphonieorchester an Bord holen.

Neuerdings werden in der Automobilzuliefererindust-
rie ganz unkonventionelle Lautsprecherarten entwickelt [13]. Für die Erzeugung höher Töne dienen die

A- und C- Säulen, als Flöten oder Klarinetten ad-hoc. Für die tieferen Töne werden die Türbleche als große Membranen mit einbezogen, sie haben eine ähnliche Wirkung jener von Cello-Rücken. Für mittlere Frequenzen werden die Türverkleidungen genutzt.

Man schafft auf dieser Weise auch Subwoofer Effekte: je größer eine Fläche, desto tiefer der Ton, das ist wie beim Kontrabass. Dafür ist das Autodach sehr geeignet.

These 35: Im Automobil der Zukunft wird jede Band und jedes Symphonieorchester aus einem Dach-Kontrabass, gestützt auf Flöten in den A-Säulen und Klarinetten in den C-Säulen, umgeben von Türverkleidungs-Geigen und Türblech-Celli bestehen.

Eine solche Lösung hat gewiss ihren Reiz. Sie sollte aber schon auf den Wellblech-Sandwegen im Outback von Australien, oder auf den Landwegen in den Karpaten noch erprobt werden. Die unerwünschten, stoßartigen oder regelmäßigen Schwingungen von außen könnten durchaus das „Menuett" von Boccherini in die Siebte Symphonie von Gustav Mahler verwandeln.

Nichtdestotrotz, die Musikexperten sind von diesem Ansatz sehr begeistert. Das ganze Blechschüttelsystem mit Puck-Magneten wiegt nicht 15, sondern nur 1 Kilogramm! Das Volumen einer konventionellen Lautsprecher-Anlage von 30 Litern wird nicht reduziert, sondern schlicht und einfach eliminiert, weil die Pucks hinter den bereits vorhandenen Vibrationsflächen versteckt werden.

Das Hauptziel der Tonsteuerung im Auto bleibt auf jeden Fall, dem Fahrer und den Mitfahrern das Gefühl zu vermitteln, dass sie sich für eine Weile inmitten der Berliner Philharmoniker oder zwischen den vier Beatles befinden.

Ab diesem Punkt wird das autonome Fahren wirklich erforderlich!

9.2   Geruch und Beduftung im Auto

Pfui, Teufel: Unerwartete Gerüche im Auto sind genauso lästig wie unerwartete Geräusche, ob Quietschen, Knarren oder Pfeifen. Plötzlich stinkt es nach Gummi: ist das die Handbremse oder der Partikelfilter? Wenn es muffig wird kann es von den Sitzbezügen oder von den Gummimatten sein. Süßlich Noten deuten auf fehlende Kühlflüssigkeit. Ein Duft vom verbrannten Toast ist der Vorbote eines Kurzschlusses. Ein Faule-Eier-Gestank meldet den Tod des Katalysators. All das kann man reparieren lassen, genauso wie die Quietschgeräuschverursacher.

Ein klassisches Problem ist jedoch der Neuwagengeruch, welcher Autokäufer kennt das nicht? Die schwarze Traumlimousine mit 250 PS, mit elfenbeinfarbenen Ledersitzen und mit Internet auf Rädern steht bereit im lichtüberflutetem Ausstellungssalon. Der stolze Neubesitzer träumt schon von der ersten Spritztour, der Verkäufer im grauen Anzug mit schwarzem Schlips macht breit grinsend die Fahrertür auf, die Ehefrau steckt zuerst die Nase rein und sagt entschieden: "Nein, den nehmen wir nicht! Hier drin stinkt es wie im Trabbi."

Es kommt sehr oft vor, dass die Innenraumluft in einem neuen Wagen nach einem alten DDR-Chemiekombinat stinkt, und zwar als eine „Duftkombination" aus allen Giftabteilungen.

Die einzigen Elemente welche in einem Auto eigene Gerüche haben dürfen sind das Leder und das Holz. Sie werden in diesem Anwendungsbereich als „Native Düfte" bezeichnet.

Was passiert aber mit den neuen Plasteteilen und mit den Farben auf allen Flächen und auf allen metallischen oder nicht-metallischen Trägern?

Die Autobauer beschäftigen nicht nur große Teams von Sound-Spezialisten, sondern auch große Schnüffler-Brigaden, offiziell als Olfaktorik-Wissenschaftler, oder Riechspezialisten bezeichnet.

In der „Riechwahrnehmungs-Abteilung" jedes großen Automobilherstellers werden im Durchschnitt 500 Teile oder Module jedes neuen Wagenmodells gerochen. Es geht nicht darum, dass ein Teil nicht riechen soll: Im Gegenteil, es muss einen eigenen, einen markanten Geruch haben, wie ein Parfüm von Dior im Gegensatz zu Lacoste, Boss oder Versace. Das nennt man olfaktorisches Design!

Schon wieder Design, wie bei Formen, Farben und Sound.

Für die Gerüche im Automobil sind sehr oft plastische Materialien wie PVC (Polyvinylchlorid) verantwortlich. Sie werden allgemein, wegen besserer Formbarkeit, mit Dimethyl- oder mit Diethyl-Phtalaten getränkt. Je höher die Umgebungstemperatur wird, desto strenger riechen sie. Wenn ein Auto fünf Stunden unter der prallen Sonne in Dubai steht, so dampft jede Plastikkomponente zunehmend Dampf mit eigener Giftnote in den Innenraum.

Vor etwa dreißig Jahren wurden in den meisten Automobilunternehmen einheitliche Prüfverfahren für Teile und Materialien entwickelt. Solche Module werden erwärmt und bei der jeweiligen Temperatur, 65°C bei BMW, 80°C bei Daimler und 23°C bei den Japanern für zwei Stunden gehalten. Danach werden sie von den Profi-Schnüfflern beurteilt: „es riecht nach nichts", „es stinkt". Es genügt aber nicht, wenn ein Teil an sich gut riecht, es soll auch mit den anderen Teilen harmonieren, wie ein Instrument in einem Symphonieorchester. Das macht den Charakter eines bestimmten Wagenmodells aus.

Die Olfaktorik ist zur Wissenschaft geworden.

These 36: Die Farbe eines Duftes ist messbar, ähnlich der Farbe einer elektromagnetischen Strahlung im sichtbaren Bereich, oder der Klangfarbe einer Stimme durch die Ermittlung der primären und der sekundären Wellenlängen.

Bei dem jetzigen Stand der Technik bleibt die Duftfarbe allerdings in subjektiven, empirischen und intuitiven Bereichen.

Die Definitionen und Normen der Profi-Riecher basieren auf Ansätzen, die wissenschaftlich-empirische Wurzeln haben:

Die Riechintensität wird als Konzentration der momentanen „olfaktiven Anregung" im Verhältnis zur „olfaktiven Grundanregung" definiert. Und sie wird, genauso wie in der Akustik, logarithmiert, um sie in

Dezibel ausdrücken zu können. Damit gibt es immerhin eine Analogie der Werte zwischen Hör- und Riechwahrnehmung.

Es wird spannend:

Wieviel Dezibel emittiert eine Knoblauchzehe im Vergleich zu einem Airbus?

Man kann darüber gut lachen, aber in der großen Welt werden mehrere Modelle von Olfaktometern vertrieben. Sie entsprechen der DIN EN 13275 (Bestimmung der Geruchsstoffkonzentration mit dynamischer Olfaktometrie), in der eine Geruchseinheit genau definiert ist [14].

Die Geruchseinheit ist die Menge an Dampf einer Substanz die in einem Kubikmeter Luft in dem Normzustand von Druck und Temperatur (1 bar und 20°C) emittiert wird und in einer Probandengruppe die gleichen physiologischen Reaktionen wie 123 Mikrogramm Butanol, unter gleichen Umgebungsbedingungen, verursacht.

Diese Definition betrifft also eine augenblickliche Menge, die auf eine genormte Menge einer Vergleichssubstanz in der Luft bezogen wird. Die Messbasis, das Butanol (EROM – European Reference Odour Mass – Europäische Referenz-Riechmenge), wird als Vergleichssubstanz betrachtet, weil ihre chemische Struktur klar definiert ist, obwohl ihr Duft subjektiv, dafür aber weltbekannt ist: der Duft der Luft in einem Weinkeller!

Auf der anderen Seite müssen aber auch die physiologischen Reaktionen der Probanden auf den Butanolgeruch und auf dem neuen Geruch untersucht werden.

Eine physiologische Reaktion ist allgemein durch die Produktion von Hormonen bestimmter Arten feststellbar.

Ein Mensch hat etwa 30 Millionen Riechzellen auf einer Fläche von 2 mal 5 Zentimetern Riechschleimhaut, über der oberen Nasenmuschel, ganz nahe am Gehirn. Die 30 Millionen Riechzellen sind gebündelt in 400 unterschiedlichen Arten von Rezeptoren.

Den 30 Millionen Zellen, die derart verteilt sind, genügen 10 bis 100 Millionen Moleküle einer Substanz, um ihren Geruch einordnen zu können. 30 Millionen Empfänger für 10 bis 100 Millionen Sender bedeutet im Durchschnitt, eine Zelle pro Molekül [15].

Der Knoblauch ist ein starkes Beispiel. An ihm riecht eine bestimmte Substanz, Methanthiol (CH_4S). Es kann sein, dass der Schwefel in dieser Kombination mit Wasserstoff und Kohlenstoff zu einem solchen beachtlichen Wahrnehmungsergebnis führt. Stellen wir uns eine Sport- oder Konzertarena mit den Abmessungen 500x100x20 Metern vor, in die 0,000004 Gramm Methanthiol gesprüht werden. Alle Zuschauer würden einen Knoblauchgeruch wittern!

Ein Schäferhund hat jedoch, im Vergleich, eine Riechwahrnehmung, die 1000-mal intensiver als jene eines Menschen ist. Der Grund dafür ist die proportional größere Anzahl der Riechzellen in seiner Nase. Und ein Bär? Der riecht Honig über eine Distanz von 5 Kilometern!

Die Bestimmung der Geruchsart, ob Zitrone oder Pfirsich, hat bislang noch keine klare wissenschaftliche

Basis, und dennoch: Die elektronische Nase wurde bereits erfunden und entwickelt, und sie hat direkte Anwendungen im Automobil [16].

Eine solche elektronische Nase an Bord wacht insbesondere in Tunnels oder in Staus auf der Autobahn und bewirkt das Schließen des Frischlufteinzuges von der Umgebung in die Belüftungs- oder Klimaanlage, wenn die Situation zu stinken beginnt.

Umso gefragter ist die Anwendung elektronischer Nasen In der Lebensmittelindustrie. Mit ihrer Hilfe werden zum Beispiel die Aromenunterschiede zwischen einem frischen und einem älteren Produkt der gleichen Art, ob Wurst, Fleisch oder Frischkäse festgestellt.

Und nun zurück zu dem neuen Auto: Wenn ein lästiger Chemie-Geruch doch noch im Fahrzeug geblieben ist, nachdem dieses das Montageband verlassen hat, so wird, entweder vom Hersteller oder vom Kunden, eine aktive Beduftung vorgenommen.

Die Kunden greifen oft zu einer brutalen Chemiekeule. Das ist der Wunderbaum unter dem Rückspiegel. Seine Ausstrahlung übertüncht gewaltig jeden anderen Plastegestank im Auto, und zwar mit einer Duftmischung vom künstlichen Weihnachtsbaum, von Zuckerwatte und bulgarischem Rosenölparfüm.

Die Franzosen haben vor etwa dreißig Jahren Parfüm-Patronen im Armaturenbrett, so beim Peugeot 308 und im Citroen DS Cabrio, integriert. Es ist wirklich diskutabel, ob das aktive, künstliche Beduften eines Cabrios, welches über Wald und Wiese fährt, Sinn macht. Diese Parfümerien auf Rädern haben nicht viel Erfolg gehabt.

Die neuere Methode, die beispielsweise in der Mercedes S Klasse angewandt wird, besteht in der Integration mehrerer Duft-Patronen im Belüftungssystem des
Fahrzeugs. Die Dosierung und die Kombination der
Düfte aus jeder Patrone werden im Rahmen von com-
putergesteuerten Szenarien vorgenommen.

Ein Launen- und Gegend-abhängiges Duft-Design dieser Art beginnt mit einer Meeresbrise in der Bretagne
und geht bis zu den frisch gemähten hochgelegenen
Wiesen in Südtirol.

Die Reaktionen im Körper und im Kopf eines Auto-
fahrers bei der komplexen, visuellen, phonischen und
olfaktorischen Anregung seiner Sinne mittels dieser
ganzen geballten künstlichen Intelligenz soll die Aus-
schüttung von Glückshormonen, wie Dopamin, Sero-
tonin und Noradrenalin stimulieren.

Das Fenster einfach aufzumachen wäre vielleicht doch
die subtilere Methode, den gewünschten Hormonzu-
stand zu erreichen: Draußen stinkt es nach Mist, eine
Kuh muht, zwei reale Kinder spielen und lachen. Warum soll die „Reality" „augmented" sein, wenn man
das wahre Leben erleben darf?

9.3   Ein Auto lebt von Haptik

Der Mensch muss sein geliebtes Auto streicheln, rund
herum abtasten, seine rauen und seine samtigen Seiten
mit der Hand spüren, seine Wölbungen fühlen. Es geht
wirklich um das Auto, worum sonst?

Man sollte eine solche Haptik-Übung, vor dem Auto-Experiment, mit einem Zweihundert-Euro-Schein anfangen: Zuerst anschauen, oh, wie schön! Dann, langsam abtasten, fühlen, seinen Glanz und seine Form im Sonnenlicht betrachten.

Eine Bierflasche aus dem Kühlschrank am heißen Privatstrand des All-Inclusive-Ressorts genießt man im ersten Moment nur mit weit geöffneten Augen. Dann werden die Augen geschlossen und die Flasche abgetastet, ihre Formen mit der Hand gestreichelt, die langsam schmelzende und so belebende Schicht von vereisten Tropfen auf der Hand gespürt. Das ist Genuss, fünf Sterne plus. Das abschließende Trinken ist die Krönung des Geschehens.

So auch mit dem Ledersitz des neuen, nicht gerade billigen Autos: handgemachter Bezug, mit extra großen, sichtbaren Nähten, die man mit der Hand fühlen kann, nachdem man den Sitz mit den Augen bewundert hat, bevor man sich reinsetzt.

These 37: Automobildesign ist eine harmonische Kombination von Interieur- und Exterieur-Formgebung mit akustischen, olfaktiven und haptischen Elementen.

Max Dessoir (1867-1947), deutscher Philosoph, Mediziner und Psychologe, hat den Begriff Haptik im Jahre 1892, als Erweiterung der Begriffe Akustik und Optik und deren entsprechenden Wahrnehmungen eingeführt. In den 1990 Jahren ist die Haptik in vielen Branchen der Industrie eingeführt geworden, von Hausgeräten und Lebensmitteln bis zu Wohnaccessoires [17]. Den Höhepunkt hat die Haptik aber in der Automobil-

industrie erreicht. Die Haptik schafft eine Differenzie-
rung der Produkte, darüber hinaus wurden aber auch
haptische Marken kreiert.

Warum gibt es so viele Bildhauerei- und Malerei-Aus-
stellungen, aber noch keine Automobil-Lenkräder-
Ausstellung? So eine, auf der man die Augen schließen
und Lenkräder von markanten Automobilen hintereinander abtasten und streicheln könnte, angefangen von
Ford Mustang über Toyota und Skoda bis zum hin zu
Lada Niva. Und, am Ende dieser Haptik-Verkostung,
als Zugabe, das Lenkrad eines Ferrari California. Nach
dieser Zugabe wäre es besser die Augen für eine Weile
geschlossen zu lassen, um weiter träumen zu können.

Was ist aber eigentlich Haptik? Es gibt visuelle, audi-
tive, olfaktive, geschmackliche und taktile Wahrnehmungen. Der taktile Sinn ist aber nicht gleich Haptik.

*Die Haptik ist eine Form der aktiven Erkundung eines
Gegenstandes, durch Tasten und Streicheln. Der tak-
tile Sinn ist dagegen nur ein passiver Eindruck
(Bild 9.4).*

*Bild 9.4   Interieur von Lada Niva und Ferrari California – die
extremen Formen der Haptik (Collage nach Vorlagen
von Lada und Ferrari)*

Die Haptik hat mehrere Formen, wie folgt [17]:

- die <u>Empfindlichkeit</u> im Zusammenhang mit
  den Oberflächen von Körpern, die sich durch
  Druck, Schwingungen und elastische/plasti-
  sche Verformungen von Geweben oder anderweitigen Strukturen übertragen lassen,

- die <u>eigene Wahrnehmung</u>, das heißt, die Emp-
  findung der eigenen Position und der eigenen
  Arme und Beine in einem Raum,

- die <u>Kinästhesie</u>, oder die Bewegungsempfin-
  dung, als Fähigkeit, Bewegungen der eigenen
  Körperteile unbewusst zu kontrollieren und zu
  steuern

- die <u>viszerale Wahrnehmung</u>, als Fähigkeit, die
  Informationen über die Aktivität der eigenen
  Organe im Körper zu verstehen,

- die <u>Wahrnehmung von Schmerzen</u>,

- die Wahrnehmung variabler Temperaturen.

Die haptische Wahrnehmung erfolgt mittels zahlreicher Rezeptoren in der Haut, in den Muskeln, in Gelenken und Sehnen. Die Rezeptorzellen, auch als Sensor- oder Sinneszellen bezeichnet, nehmen physikalische oder chemische Reize von einem Körper oder von seiner Umgebung auf und überführt sie in neuronalen Formen, die untereinander vergleichbar sind.

Allein in der Haut eines Menschen gibt es zwischen 300 und 600 Millionen Rezeptoren. Auch die etwa 5 Millionen Haare auf dem Körper eines durchschnittlichen Menschen haben jeweils 50 taktile Sensoren pro Haar, die jede Verformung dessen registrieren. Es folgen die freien Nervenenden auf der Hautoberfläche, je eins pro Quadratmillimeter.

Der haptische Sinn unterscheidet sich von dem visuellen, akustischen, olfaktiven, geschmacklichen und taktilen Sinn durch die weitaus größere Menge und Vielfalt von Informationen aus allen Körperbereichen, die mit sehr unterschiedlichen Arten von Rezeptoren aufgenommen werden.

Mit welcher Genauigkeit ein Rezeptor registrieren kann, ist im Falle des taktilen Sinns explizit darstellbar: Beim Streicheln einer spiegelglatten Oberfläche mit der Handinnenoberfläche kann eine kleine, punktförmige Unebenheit mit einer Genauigkeit von einem Tausendstel Millimeter detektiert werden.

So ist erklärbar, welchen Eindruck die Struktur des Leders oder des Materials eines Autositzes beim Kunden hinterlassen kann. Ein solcher Eindruck ist mit denen über die Form, die Farbe und den Geruch des Sitzes kombinierbar. Es folgen, nach gleicher Verfahrensweise, das Lenkrad und die Instrumente auf der Armaturentafel. Jedes davon kann, separat betrachtet, die Wahrnehmung eines Kunden bis zur Phrenesie steigern lassen.

Die haptische Wahrnehmung kann aber sogar die Umgebung des Autos einschließen. Ford hat zusammen mit der italienischen Firma Aedo ein intelligentes Autofenster konzipiert und entwickelt, welches Bilder aus der Umgebung in Schwingungen umsetzten kann [18]. Eine Digitalkamera, die an der Windschutzscheibe montiert ist, nimmt die Bilder auf und setzt sie in schwarz-weiß Pixel um. Diese Pixel werden über LED (light-emitting diodes - Lumineszenzdioden) dem jeweiligen Fenster in Form von Schwingungen mit 255 unterschiedlichen Intensitätsstufen übertragen.

Man kann durch Tasten der Fensterglas-Oberfläche verstehen, wie die Welt draußen aussieht, wie die Berge vorbeirauschen. Das System ist von einem sprechenden Assistenten ergänzt, der mit der künstlichen Intelligenz des Sound-Systems gekoppelt ist. Er erklärt die Position der Bilder in der dreidimensionalen Welt draußen.

Die Kunst des Automobilmachers besteht dahin, all diese ganzen bewundernswerten, einzelnen Elemente in ein harmonisches, funktionelles und logisches Ensemble zu integrieren. Ein solches Ensemble soll, mehr als nur die Summe seiner Elemente, die spezifische Haptik eines Porsche, eines Ferrari oder eines Ford

Mustang ausstrahlen. Der Kunde soll sich darüber hinaus als Besitzer des einen Autos verstehen, er soll sich in seinem Fahrgastraum zu Hause fühlen.

Die Kenntnisse und Erkenntnisse über die Arten, die Strukturen und die Anzahl der Sensoren und Rezeptoren im menschlichen Körper und über ihre Wirkung bis hin zum Gehirn haben die Entwicklung von Robotern mit solchen Sinnmodulen bestimmt. Auf einer solchen Basis können dann spezifische haptische Gruppen im Automobil generiert werden.

Ford hat in seinem Forschungszentrum in Aachen einen solchen Roboter, genauer gesagt, in Anbetracht des Namens, eine Robotin entwickelt: RUTH (Robotized Unit for Tactility and Haptics – Robotereinheit für taktile und haptische Wahrnehmung) [19]. Ruth tastet und streichelt das ganze Interieur eines Automobils ab: Knöpfe, Hebel, Lenkrad, Sitze, Anzeigegeräte, und sucht die optimale Variante in Bezug auf Haptik. Sie passt die Materialien, die Formen und die Rauigkeiten der Oberflächen zueinander. Ruth hat darüber hinaus eine immense Datenbasis, in der auch die Eindrücke und die Meinungen der Kunden und der Fachleute gespeichert sind.

Das Automobil hat alle unsere Wahrnehmungsformen kopiert, es liest unseren Geschmack in jeder Beziehung.

These 38: Das autonome, elektrische, digitale Automobil der Zukunft wird für uns denken, es wird uns mit den Informationen, Bildern und Geräuschen überfluten von denen es glaubt, dass sie für uns vom Interesse sein könnten. Wie lange wird aber ein solches Automobil UNS noch brauchen?

10

Das Auto als Doktor und als Polizist

10.1 Ambulanz und Reha-Zentrum an Bord

Die Automobile der Zukunft werden so konzipiert,
dass der Fahrer, soweit es noch einen geben wird, und
die übrigen Insassen, sich gänzlich ihren Sinnen hin-
geben könnten: Sehen, Hören, Riechen, Schmecken
(nicht das Lenkrad, sondern die Getränke in den Cu-
pholders), Tasten (jetzt auch das Lenkrad). In Erweiterung der Dienste für die klassischen fünf Sinne wird in
einem solchen Hightech Auto auch für den „6. Sinn"
gesorgt: das heißt, etwas im Auto zu bemerken, ohne
es bewusst mit den fünf vorher genannten Sinnesorganen wahrgenommen zu haben. Das kulminiert schließlich in dem elektronisch unterstützten Schmeicheln des
„7.Sinnes", der Intuition. Alle weltbekannten Automobilhersteller legen viel Wert auf die „Intuitive Bedienung" der zahlreichen Funktionen an Bord jedes ihrer
neuen, ultradigitalisierten Fahrzeuge.

In einem Automobil der Zukunft wird der Spieß aber
auch umgedreht: Es will, mit seinem künstlichen Sinn,

alles über den Fahrer erfahren! Natürlich, für sein Bestes! Die Proteste der Datenschützer werden sicherlich auch in Wellen kommen, aber niemand würde sie zwingen, sich solche Autos zuzulegen, ganz einfache wird es auch noch geben.

Wie soll aber das Auto die Sinne und überhaupt den Zustand des Fahrers prüfen?

Die Laune des Fahrers oder der Fahrerin beim Start in den Tag hängt von vielen Faktoren ab, die oft zusammenspielen: es ist ein Montagmorgen, um halb sieben, an einem verregneten, grauen Novembertag. Die Luft stinkt nach Gülle, alle Gelenke schmerzen, die Montagsberatung mit der ganzen Abteilung bei der stets schlecht gelaunten Chefin oder dem schlecht gelaunten Chef erscheint am Horizont als Horrorveranstaltung.

Und nun, trotz alledem: Start in den Tag, in die neue Woche, mein schlaues Auto! Das Lenkrad fühlt seine Hände, misst dabei ihre Wärmestrahlung und den Nervositätsgrad. Der Rückspiegel untersucht sein Gesicht und seinen Schädel mit Strahlen, die er nicht sehen kann – dazu werden die Augenbewegung, der Atmungsverlauf und die augenblicklichen energetischen Strömungen in diversen Zentren des Gehirns aufgenommen. Die Sensoren in seinem Hemd nehmen die Werte für das Elektrokardiogramm und den Blutzuckerwert, die Sensoren in der Hose registrieren die Bewegungen der Knie und der Hüften (Bild 10.1).

Und was tut dann das Auto für den Fahrer, auf Basis der aufgenommenen Daten? Es bietet ihm erstmal eine erweiterte Welt, als Hilfe für all seine Sinne. Dafür wird die reale, aus dem Auto menschlich wahrnehmbare Welt mit einigen virtuellen Elementen ergänzt.

Die Basis dafür bieten die vielen mit Sensoren aufgenommenen und dann mit Prozessoren verarbeiteten Daten. Das heißt *AR (Augmented Reality - erweiterte Realität)*. Dargestellt werden nur reale Gegenstände, Lebewesen und Prozesse, die der Mensch mit seinen Sinnesorganen direkt nicht wahrnehmen kann. Diese AR-Welt wurde durch die *WT (Wearable Technology – tragbare Technik)* möglich. Dazu gehören Mikrocomputer und Mikrosonden, die in Kleidung, Lenkrad, Spiegel, Uhrenarmband, Hosengürtel, Schuhsohlen platziert sind. Diese Mikrospione haben untereinander ein perfekt organisiertes Informationsnetz.

Mehr als das: durch *Clouds (Rechnerwolken, Datenwolken)* aktiviert das *WLAN (Wireless Local Area Network - drahtloses lokales Netzwerk)* auch die Informationen über die Gesundheit des Fahrers, die er zu Hause auf seinem Computer hat, oder jene, die seine Ärzte über ihn in ihren Computern haben. Diese Daten werden mit jenen verglichen, die direkt im Auto vom Fahrer aufgenommen werden. Es folgen die statistische Datenverarbeitung und die phänomenologische Analyse des Subjektzustandes und der sehr wahrscheinlichen Zustandsänderungen in seinem Gehirn und in seinem Körper (Bild 10.2).

Mittels AR, auf WT Basis und mit Cloud-Zwischenstation über WLAN kommt man zu UC *(Ubiquitous Computing – universelle Computerisierung),* was der Traum jedes IT Menschen ist. Ob das die anderen Menschen, oder der betrachtete Fahrer auch wollen?

Und was tut das Auto noch für den Fahrer, auf Basis der aufgenommenen Daten, außer der künstlichen

Welterweiterung? Es startet auch konkrete, wohltu-
ende Aktionen: es massiert, es lässt kalte, aber auch
warme Luftströme durch Mikrokanäle in den Sitz. Die
Interieur-Lichtstäbe und Spots an verschiedenen Stellen des Fahrgastraums ändern ihre Farben und Farben-
intensitäten, von kalt-blau-metallic zu orange-saftig.
Die Musik geht von Rock zu Mozart über. Die Düfte
aus zahleichen Mikrodüsen übertrumpfen den Plaste-
geruch des Armaturenbrettes mit der salzigen Feuchte
mit Bananengeschmack vom Pazifik, am Ufer von Ho-
nolulu.

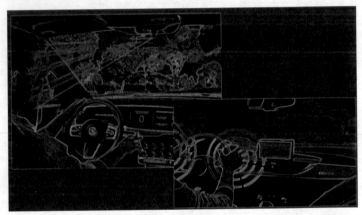

*Bild 10.1 Das Lenkrad fühlt die Hände und misst ihre Wärme-
strahlung, der Rückspiegel scannt den Kopf des Fahrers*

Bild 10.2 Das Auto misst die Aktivität des Gehirns, macht ein EKG und ermittelt den Blutzuckerwert des Fahrers

Das ist keine Phantasie, sondern ein neues Konzept namens AT *(Automotive Health – Gesundheit im Automobil),* welches im Jahre 2016 auf einer breiten Ebene gestartet wurde [20]. In einer neueren Variante von Mercedes S-Klasse wurde ein solches Paket als *Energizing Comfort (Energie spendender Komfort)* eingeführt. Der Firmenchef sagt: *"Unsere Vision ist, dass sich ein Mercedes-Fahrer besser bei der Ankunft als bei der Abfahrt fühlt".*

These 39: Das Automobil der Zukunft bekommt eine neue, gesellschaftsrelevante Funktion, die Präventivmedizin. Tomographie und Radiographie an Bord sowie eine entsprechend gut gefüllte Apotheke werden bald auch selbstverständlich sein.

Außer Daimler arbeiten auch Audi, BMW, Ford, Kia, Nissan, Toyota und Volkswagen mit hoher Intensität in gleicher Richtung.

Wie viele Menschen werden sich ein solches Auto leisten? Und wenn, haben sie wirklich mit den weiter reichenden Konsequenzen gerechnet? Die Mutter eines solchen stolzen Automobilbesitzers wird mit dieser Poliklinik auf Rädern auch unbedingt fahren wollen, mindestens zwei Mal die Woche, zusätzlich wenn es regnet, wenn sie mit Migräne aufsteht, oder wenn sie sich mit ihrer Schwester am Telefon gestritten hat. Hinter der Mama reihen sich selbstverständlich auch die Oma, die Tante, der Nachbar und Freunde die der Besitzer gar nicht mehr als aktive in Erinnerung hatte. Die Proben könnten natürlich auch vor dem Haus, in der Garage oder auf irgendeinem Parkplatz stattfinden. Das ist jedoch nur Theorie, weil man die Oma nicht in der Garage, mit dem Gesicht zur Wand ins Auto verladen kann. Das soll gefälligst auf dem Kudamm in Berlin, oder entlang des Rheins, mit Loreleyblick, passieren.

Viele medizinische Organisationen, Ärzte, Juristen, Datenbeauftragte und Sicherheitsexperten zeigen keine Begeisterung für derartige mobile Gesundheitszentren. Das befürchtete Entwenden von Daten oder ihre Nutzung für illegale Zwecke ergäben nur ein Problemgebiet. Hacker und Übeltäter aller Art können aber in diesem Zusammenhang auch recht gefährlich werden. Sie können Heavy Metall statt Mozart aus allen Lautsprechern donnern lassen, oder irgendeine Substanz aus der Bordapotheke durch die Mikrodüsen im Sitz statt Lavendelduft sprühen lassen. Sie können darüber hinaus eine große Dosis von Röntgenstrahlung verursachen.

10.2 Alkoholkontrolle an Bord

Komplementär zum Programm Energizing Comfort wird auf der internationalen Ebene auch ein Programm DADSS *(Driver Alcohol Detection System for Safety – Fahrer-Alkoholisierungs-Detektier-System zur Sicherheit)* entwickelt [21]. Das Programm vereinigt Spezialisten und Forscher aus Automobilunternehmen, Universitäten und Verkehrssicherheitsbehörden. Die innerhalb dieses Programms entwickelten Module werden in die Systeme für aktive und passive Sicherheit an Bord des Automobils integriert. Solche Maßnahmen sind bei dem aktuellen Stand der Automobiltechnik und in Anbetracht der durch Alkohol im Straßenverkehr verursachten Unfälle unbedingt erforderlich. Es kann nicht in jedem Fall ein Wunder geschehen, wie in den folgenden Beispielen, die aus mehreren internationalen Pressemeldungen bekannt wurden:

- Eine schwedische Fahrerin ist mit 4,6 Promille durch ein geschlossenes Garagentor gefahren.

- Ein 37-jähriger Franzose ist mit 10 (!) Promille mit seinem Fahrzeug in einem Straßengraben gelandet.

- Ein Lastwagenfahrer aus Litauen wurde auf einer Autobahn mit 7,27 Promille erwischt.

- Ein Müllwagenfahrer in der Fußgängerzone einer deutschen Stadt, in der Kinder, Mütter mit Kinderwagen und ältere Personen mit Rollator unterwegs waren, hatte 4,77 Promille intus.

Verfahren und Module für die Messung des Alkohol-pegels im Körper des Fahrers werden in den USA in Schulbussen, Lastwagen und in den Wagenflotten von Unternehmen eingebaut. Der Fahrer könnte gewiss solche Messungen durch Blockieren oder Demontage des Geräts umgehen. Eine Studie, die im State Michigan im Jahre 2015 durchgeführt wurde zeigt jedoch, dass nur 0,5% solcher Geräte demontiert und 1,2% manipuliert wurden. In den USA will doch kaum jemand mit einem Sheriff oder mit einem Richter für ein solches Delikt zu tun haben!

Die Europäische Kommission arbeitet derzeit an einem Gesetz, nach dem in allen neu hergestellten Fahrzeugen für Waren- und Personentransporte in Europa Geräte zur Messung des Alkoholgehaltes im Körper des Fahrers eingebaut werden müssen. Über die reinen Privatautos ist dabei noch nicht die Rede, aber wie lange noch?

Für die Feststellung des Alkoholgehaltes im Körper eines Fahrzeugführers werden grundsätzlich zwei Verfahren verwendet:

Zur ersten Kategorie gehören Infrarot- und Berührungsmessungen:

- Sendung von <u>Infrarotstrahlen zum Mund des Fahrers</u> und Aufnahme der reflektierten Strahlen mittels einer Kamera. Die Anteile der gasförmigen Komponenten die der Fahrer ausatmet - Kohlendioxid, Stickstoff, Sauerstoff und eben Alkohol (Ethanol) –, absorbieren Strahlen immer auf einer jeden davon spezifischen Wellenlänge. Der Anteil der absorbierten Strahlen auf einer solchen Wellenlänge hängt von der

Konzentration der jeweiligen Komponente in der ausgeatmeten Luft ab.

- Handberührung eines auf dem Lenkrad, Zündschlüssel oder Schalthebel angebrachten Sensors. Die Messung selbst basiert auf Spektroskopie und wird wie die Infrarotstrahlung im vorher dargestellten Fall ausgewertet.

Zur zweiten Kategorie gehört die regelmäßige Datenaufnahme von den Fahrerhänden über einen winzigen Sensor auf dem Lenkrad (Beispiel: System Sober Steering). Das zentrale Steuerungssystem des Fahrzeugs verlangt, sowohl vor dem Motorstart, als auch in regelmäßigen Intervallen während der Fahrt, dass der Fahrer den Sensor berührt. Wenn bereits vor dem beabsichtigten Motorstart ein Alkoholgehalt über die zulässige Grenze festgestellt wird, so wird der Start nicht ausgeführt. Wenn ein unzulässiger Wert während der Fahrt, bei einer der regelmäßigen Proben gemessen wird, kann aus Fahrsicherheitsgründen der Motor zwar nicht gestoppt werden, es werden aber per SMS und/oder mittels akustischer Signale der Leiter des Fuhrparks, die Ehefrau und die Polizei benachrichtigt. Während der Alarmdauer wird das Fahrzeug ständig per GPS verfolgt.

Die Universität von San Diego in Kalifornien, USA, hat in der gleichen Richtung ein „Pflaster" entwickelt, welches auf eine Oberfläche an Bord, beispielsweise auf dem Armaturenbrett, auf dem Lenkrad oder Schalthebel angeklebt wird. Das Pflaster gibt kurze elektrische Signale, welche die innere Oberfläche der Hand zum Schwitzen anregt. In dem Pflaster befindet sich ein Enzym, welches auf den Alkoholanteil auf dieser

Fläche mit einer elektrischen Ladung reagiert. Das ergibt wiederum ein Signal in einer elektrischen Schaltung. Das Verfahren kann auch für die Messung anderer Substanzen, die durch Schwitzen aus der Handoberfläche herauskommen, insbesondere Drogen unterschiedlicher Art angewendet werden.

Die neueren Lastwagen von Volvo und Scania sind serienmäßig mit Geräten des Typs Alcoguard ausgerüstet. Diese Geräte sind ähnlich denen die auch von der Polizei genutzt werden. Sie arbeiten nach dem Brennstoffzellen-Verfahren. Die vom Fahrer ausgeatmete Luft mit einem Ethanol-Anteil strömt in einen Kanal. In einem parallel verlaufenden Kanal strömt Umgebungsluft. Die beiden Kanäle sind von einer protonleitenden Membrane getrennt. Durch den Protonenaustausch von Ethanol zum Sauerstoff in der Luftströmung entsteht eine elektrische Polarisierung, die in einem Schaltkreis wirkt. Die Strommessung liefert sehr genaue Ergebnisse.

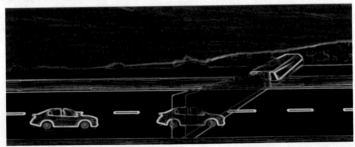

Bild 10.3 Messung des Alkoholgehalts in der Atemluft von Fahrzeuginsassen durch Laserstrahlen vom Straßenrand

Das Neuste ist aber, dass der Alkoholgehalt im Körper des Fahrers auch von <u>außerhalb des Fahrzeugs</u> gemessen werden kann! Neben dem Geschwindigkeitsradar gibt es nun auch einen Alkohol-Radar (Bild 10.3)!

Ein solches Gerät kann auch am Straßenrand, auf einem Mast, wie ein üblicher Geschwindigkeitsblitzer stehen. Es schickt einen Laserstrahl durch das Auto durch. Ein Teil der Strahlenergie, auf der Absorptionswellenlänge des Ethanols, bleibt im Auto, was von dem Aufnahmegerät auf der anderen Straßenseite von einem zweiten „Alkoholblitzer", als Empfänger, genau registriert wird. Je größer die Alkoholkonzentration in der Kabine ist, desto mehr Energie wird aufgesaugt. Die Genauigkeit der Messung liegt unter 0,1 Promille. Und wenn nicht der Fahrer, sondern die Insassen Alkohol getrunken haben? Das kann von der Polizeistreife festgestellt werden, die ein paar hundert Meter weiter steht und von dem Alkohol-Radar gewarnt wurde!

11

Die Karosserie als Integrator aller Elemente – schön, leicht, geräumig, resilient

11.1 Die Karosserie ist viel mehr als nur die Außenhaut eines Automobils

Ein Automobil ist zuallererst Design.

These 40: Automobil ist *Stillleben* in allen Farben und Formen am Straßenrand, wie in einem offenen Museum für klassische und moderne Kunst. Automobil ist *Dynamisches Design auf Rädern,* ob rauschend oder im königlichen Tempo.

Was wären all die Häuserfassaden, ob von berühmten Architekten oder von Plattenbauplanern geschaffen, ohne diese fahrfähigen Skulpturen im Vordergrund? Das Automobildesign, bunt in Farben, Formen und Bewegungsart gibt der von Beton geprägten Umgebung eine lebendige Dimension, die jeder von uns mit einer anderen Wahrnehmung verarbeitet, obwohl das Blech und die Plaste einer Karosserie unverändert für alle Augen sind. Der eine fühlt sich bei einem solchen Anblick in eine karibische Gefühlszeit transportiert, der

© Der/die Autor(en), exklusiv lizenziert durch
Springer-Verlag GmbH, DE, ein Teil von Springer Nature 2021
C. Stan, *Automobile der Zukunft*,
https://doi.org/10.1007/978-3-662-64116-3_11

andere hat gleich einen Bordeauxduft in der Atemluft, dem dritten rauscht plötzlich „Born in the USA" in den Ohren.

Das Design der „Automobile der Zukunft", präsentiert in Zeitungen und Werbematerialien, überhaupt in Medien aller Art, will uns die Zukunft selbst suggerieren. Die Zukunft als Zeit in der alles schweben wird, eine Zeit in der man an einen Sommerurlaub auf dem Mars denken sollte und in der die Energie auf die Erde sanft aus dem Himmel fallen wird, ohne Kohlendioxid oder Staub. Dementsprechend sehen auch die vermeintlichen „Automobile der Zukunft" aus: große Seifenblasen in Aquarellfarben, aus denen zwei oder vier Insassen Glück und Freude nach außen strahlen. Sie füllen den ganzen durchsichtigen Raum. Von Antrieb, Batterie, Klimaanlage, zahlreichen Elektronikmodulen und Displays ist gar nichts zu sehen.

Ohne diese Organe kann ein Automobil jedoch nicht als solches existieren. Und ab diesem Punkt beginnen die komplexen Herausforderungen einer Karosserie. Als futuristische Seifenblase, oder etwa so wie am Beginn der Automobilgeschichte als „Außenhaut zum Schutz der Insassen und der transportierten Güter" wird sie gewiss keine Perspektive haben.

Die erste Herausforderung erscheint im Zusammenhang mit dem Antrieb. Ein Motor hat als erstes Gewicht. Der Elektroantrieb von Tesla S wiegt samt Inverter soviel wie ein Vierzylinder Benzinmotor, also rund 160 Kilogramm. Ein Verbrennungsmotor kann vorne wie in einem BMW, hinten wie in einem Porsche oder in der Mitte des Fahrzeugs wie in einem Ferrari platziert werden, wie im Kapitel 5.1 beschrieben. Die

Elektromotoren können noch anders kombiniert werden: einer vorne oder einer hinten, oder je einer vorne und hinten, oder zwei vorne, alternativ zwei hinten, oder zwei vorne und zwei hinten. Bei den Hybriden, bestehend aus Verbrennungsmotor und einem oder zwei Elektromotoren, kann eine Elektroachse hinten eingebaut werden dazu ein Verbrenner vorne, oder auch umgekehrt. Zu jeder dieser Kombinationen gibt es zahlreiche konkrete Beispiele von Serienfahrzeugen (Bild 11.1, Bild 11.2).

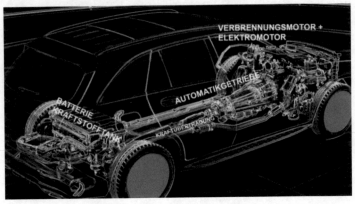

Bild 11.1 Verbrenner vorn, Elektromotor vorn, Batterie hinten, Kraftstofftank hinten (Hintergrund nach einer Vorlage von Daimler)

Bild 11.2 Elektroauto mit Batterie in dem Boden und Elektromotor an der Hinterachse (Copyright: Volkswagen AG)

Es folgen, als Beispiel, die Batterien. Der Tesla S, mit dem vorhin erwähnten 160-Kg-Antriebselektromotor verfügt über Batterien mit verschiedenen Kapazitäten, die zwischen 600 und 800 Kg wiegen. Das macht mindestens 30% des gesamten Fahrzeuggewichtes aus. Dazu ist der Rahmen zu addieren, das sind nochmal rund 20% Gewicht, der nur als Batteriefixierung und -schutz dient. Tesla strebt Batterien mit einer doppelten Kapazität, um 200 Kilowattstunde an, das Gewicht läge dann etwa bei 1,3 Tonnen pro Stück, wie ein ganzer moderner Kompaktwagen! Als Vergleich: Ein voller Benzintank mit einer Kapazität von 60 Litern, der ein Auto mit Benzinmotor auf die gleiche Reichweite wie der elektrische Tesla bringen würde, wiegt nur rund 50 Kg.

Was bringt alles noch Gewicht in einem modernen Elektroauto wie Tesla S? Einige Beispiele sind nennenswert: Die Räder samt Reifen wiegen rund 115 kg, die Elektrik einschließlich Beleuchtung mehr als 50 Kg, das Heiz- und Klimasystem 22 kg, die Sitze 90 kg, alle Scheiben zusammen 86 kg, die Türen inklusive Heckklappe 90 kg. Und das Schwerste, was die Karosserie selbst zu tragen hat, kommt am Ende: ganze 180 kg für Verkleidung, Airbags, Sicherheitsmodule mit den entsprechenden Elektronikeinheiten. Die Karosserie selbst bringt aber auch Eigengewicht, das sind 17% der 2,1 Tonnen im Falle des Tesla S.

Jetzt kann man sich die Anforderungen an eine Karosserie, als Außenhaut oder als Seifenblase, gut vorstellen: oben, unten, seitlich, rundherum hängen Teile, die unterschiedliche Massen und Volumina haben. Ausdehnen, Zusammenzucken und Vibrieren beim Beschleunigen, Bremsen, in Kurven oder über Kopfsteinpflaster, so eine Animation wäre absolut sehenswert! Von wegen! Die Karosserie muss immer und überall standhalten: bei Schnee und Regen, wie bei Hitze und Sturm. Sie darf unter keinen dieser Umstände knattern oder knarren, sie darf kein Wasser rein lassen, sie darf keine lauten Geräusche von außen durchdringen lassen, sie darf sich keineswegs verformen, wenn sie über Löcher und Wellen gezogen oder geschoben wird. Vor allem muss sie jedoch die Insassen in jeder Lage schützen. Nicht nur der Impakt selbst, und die dadurch verursachte Karosserieverformung sind wichtig. Eine lebenswichtige Rolle spielt dabei auch die Fixierung aller an sie angebrachten Modulen, deren Gewicht beim Ausreißen gefährlich für die Insassen werden kann.

11.2 Karosseriebauarten: auf Rahmen, selbsttragend, als Skelett

RAHMENBAUWEISE

Wenn in einem Automobil so viele schwere und große, neben kleinen und leichten, Funktionsmodule eingebaut und gut fixiert sein müssen, ist der erste Entwicklungsschritt eindeutig: weg von der dünnen und ganz durchsichtigen Außenhaut! So viele Elemente wie möglich sollen auf ein Fahrgestell oder Chassis aufgebaut werden. Dieses Grundgerüst wird zu einem richtigen Rahmen für Antriebseinheit, Insassen, Lasten und für die Karosserie selbst. Die Letztere wird auf den Rahmen aufgesetzt und an diesem meistens verschraubt [22].

Am Beginn des Automobilbaus hat man diese Art von *„nicht selbsttragender Karosserie"* deswegen verwendet, weil sie einfach offen war, nach dem Beispiel der bis dahin fahrenden Kutschen mit Pferdebespannung. Kutsche kommt vom italienischen „Carrozza", übertragen ins Französische als „Carrosse" und davon ins Deutsche als „Karosserie". Um das Jahr 1925 wurden in den USA zunehmend Wagen mit geschlossenen Karosserien produziert [23]. Eine solche Karosserie, die man auf einen Rahmen aufsetzen und verschrauben kann, wurde in vielen Fällen von externen „Systemlieferanten" entwickelt und produziert. Es gab größere und kleinere Modellreihen, aber auch individuelle Anfertigungen von Karosserien, je nach Wunsch, Geschmack und Geldbeutel des Kunden. Der Phantasie waren kaum Grenzen gesetzt. Das waren die goldenen Zeiten des amerikanischen Automobildesigns. Diese

Autos, von Buick und Cadillac bis Studebacker kamen
nach Europa und brachten Mut und Farbe in die lang-
weilige Fahrzeugtechnik-Welt des alten Kontinents.

Die Rahmenbauweise hat gewiss ihre Vorteile, nicht
nur in der Freiheit der Karosseriegestaltung, sondern
auch in der günstigeren Platzierung schwerer und vo-
luminöser Funktionsmodule. Auf Grund der Modula-
rität und der großen Steifigkeit wird sie nach wie vor
im Lastwagenbau verwendet. Aber auch im Motor-
sport und neuerdings im Elektrofahrzeugbau, aufgrund
der großen und schweren Batterien, ist das Rahmen-
konzept fast unverzichtbar. Die großen Nachteile dieser Lösung sind der Preis der Konstruktion selbst und
der Montageaufwand.

SCHALENBAUWEISE

In den Automobilgroßserien der 1950-er Jahre wurden
aus Effizienz- und Kostengründen zunehmend das
Fahrgestell und die Karosserie als Einheit zusammengefasst. Die Festigkeitsfunktion des Rahmens über-
nahm zum großen Teil die Karosserie. So entstand die
selbsttragende Karosserie, bezeichnet auch als Monocoque (Einzelschale). Dabei werden alle dazugehören-
den Module, von Profilen und Verstärkungs- und Auf-
nahmeteilen bis zu den Verkleidungen und
Außenhüllen, miteinander fest verbunden (Bild 11.3).

Bild 11.3 Monocoque Karosserie (nach einer Vorlage von Porsche)

Das Festbinden besteht in Schweißen, Löten und Kleben, je nach Materialarten in der Verbindung, ob Stahl, Plaste, Aluminium oder Magnesium [22]. Ein so zusammengeklebtes, materialbuntes Ei muss dann alle Belastungen als Einheit auf sich nehmen: Schwingungen, Biegungen, Schocks, Torsion. Ein Problem besteht dabei in den großen Temperaturunterschieden deren eine Automobilkarosserie ausgesetzt ist: von minus 50°C bis plus 50°C, die als Belastungsgrenzen angesetzt werden können, sind es immerhin 100°C. Aluminium dehnt sich bei gleicher Temperaturänderung anders als Stahl oder Plaste. Und wenn die Ausdehnung, verständlicherweise durch die feste Verbindung verhindert wird, so nimmt der Kleber oder die Schweißnaht eine ganze mechanische Spannung auf. Auf der einen Seite ist eine hohe Steifigkeit geboten, um elastisch Verformungen zu vermeiden, andererseits sind Resonanzen (Dröhnen) unerwünscht. Die Konstrukteure wissen sich durch hohle Blechquerschnitte oder durch Verstärkungen im Unterboden (also doch ein bisschen Rahmen-Ersatz) und durch Diagonalstreben zu helfen, gerade bei Cabrios und Kombis. In einem solchen festen Ei passen trotzdem nicht immer alle Teile zusammen, deswegen werden oft Hilfsrahmen vorn und hinten dazu versehen.

Alles in allem ist ein Wagen mit selbsttragender Karosserie leichter als einer mit Rahmen. Die große Variantenvielfalt von Karosserien auf Rahmen wird jedoch durch diese Bauweise extrem eingeschränkt. Ein weiteres, erhebliches Problem ist die Rostanfälligkeit in den Hohlräumen. Und wenn ein Karosserieteil Rost bekommt, so ist oft der ganze Wagen in Gefahr, weil ein modularer Ersatz kaum möglich ist.

SKELETTBAUWEISE, SPACE FRAME

Die gegenläufige Abhängigkeit von großer Steifigkeit und geringem Gewicht wurde im Flugzeugbau, während die Autos noch auf Rahmen oder als Monocoque gebaut waren, durch die Skelettbauweise von leichten Materialien, hauptsächlich Aluminium, extrem reduziert. Ende der 1990-er Jahre hielt diese Technik auch in den Automobilbau Einzug [22].

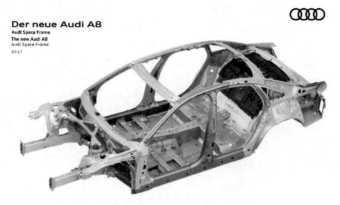

Bild 11.4 Space Frame Karosserie (Quelle: Audi)

Das Auto wird dabei als Skelett aus geschlossenen Hohlprofilen konstruiert (Bild 11.4). Dünne Bauteile mit großen Flächen, wie das Dach oder die Windschutzscheibe, werden für die Erhöhung der Steifigkeit in der Art und Weise montiert, wie die Rückwand eines Schlafzimmerschrankes. Das absolut sensationelle Beispiel dieser Bauweise ist, unglaublich aber wahr, der Trabbi: Bodenplatte, Radhäuser, Säulen und Holme, als Stahlblechskelett zusammengeschweißt, wurden mit Kunststoffpaneelen aus Baumwolle und Harz (Duroplast) beplankt.

11.3 Karosseriematerialien

STAHL

Stahlblech ist mit rund 90% der meist verwendete Werkstoff im Karosseriebau. Um Korrosion zu vermeiden wird das Blech meistens feuerverzinkt oder elektrolytisch verzinkt, mit Schichtdicken unter 0,01 Millimeter. Eine fertig aufgebaute Karosserie durchläuft dann einen aufwendigen und kostenintensiven Prozess: intensive Reinigung, Phosphatierung, kathodische Tauchlackierung [22].

Neuerdings werden für die Skelettbauweise anstatt Aluminium auch hochfeste Stähle verwendet (Bild 11.5). Dadurch wird das Fahrzeuggewicht erheblich reduziert, ohne Beeinträchtigung der Steifigkeit oder der Kosten.

ALUMINIUM

Das Aluminium wird im Karosseriebau, zumindest in Europa, mit einem Anteil von etwa 50 kg, als zweites Material nach dem Stahl verwendet. Aluminium ist teurer als Stahl, aber dafür um zwei Drittel leichter. Wiederum müssen aber für die gleiche Steifigkeit wie jene des Stahls entweder 40% mehr Stärke oder voluminöse Hohlprofile verwendet werden.

MAGNESIUM

Das Magnesium ist um ein Drittel leichter als Aluminium, oder, anders ausgedrückt, es hat nur rund ein Fünftel der Stahldichte. Aufgrund einiger Nachteile wie Korrosionsneigung und schwere Umformbarkeit wird es aber nur für die Herstellung bestimmter Teile verwendet.

KUNSTSTOFF

Aus Kunstharz und aus anderen Faserverbundwerkstoffen können zahlreiche Karosserieteile hergestellt werden. Kunststoff ist, unabhängig von seiner Zusammensetzung, korrosionsfrei, was im Karosseriebau besonders vorteilhaft ist.

Bild 11.5 Materialmix in einer modernen Automobilkarosserie (nach einer Vorlage von Porsche)

In Anlehnung an die Luft- und Raumfahrttechnik werden neuerdings auch im Automobilbau zunehmend Teile aus faserverstärkten Materialien eingesetzt. Solche Materialien sind bei gleicher Belastbarkeit teurer in der Herstellung als Stahl oder Aluminium, dafür aber mehr als viermal leichter als Stahl. Ein repräsentatives Beispiel ist dafür der kohlenstofffaserverstärkte Kunststoff, oder *carbonfaserverstärkter Kunststoff* (CFK). Die Kohlenstofffasern werden dabei in eine Matrix aus Kunstharz eingebettet. Der ausgehärtete Verbund ist durch die Kohlefaser besonders steif und zugfest in der Laufrichtung der Faser, dafür viel weniger in der Querrichtung. Die Kunststoffmatrix sorgt dafür, dass die Fasern, die parallel verlaufen, in ihrer Position fixiert werden.

Als erster Automobilbauer weltweit hat BMW in der serienmäßigen Modellreihe i3, ab dem Jahr 2013, eine komplette CFK Fahrgastzelle realisiert. Die Kombination der hohen Steifigkeit und des sehr geringen Materialgewichts führte zu einem Gesamtgewicht der Fahrgastzelle von nur 138 kg. Trotz dieser extrem leichten Zelle und des Fahrgestells aus Aluminium kommt das Auto auf ein Gewicht von 1,3 Tonnen was hauptsächlich der schweren Batterie für den Elektroantrieb geschuldet wird. CFK ist aber nicht nur sehr teuer, sondern sehr energieaufwendig im Herstellungsprozess. Deswegen sind seine Chancen als Ersatz für Aluminium und Stahl im Karosseriebau ziemlich gering.

Ein relativ ähnliches Material ist der glasfaserverstärkte Kunststoff (GFK), glass-*fibre reinforced plastic*), *GFRP,* oder umgangssprachlich das „Fiberglas". Im Automobilbau wird GFK insbesondere für Motorhauben, Kotflügel, Fahrzeugverkleidungen in Rennautos und für diverse Kleinteile verwendet. Seine wichtigeren Anwendungsgebiete sind gewiss die Badewannen, die Bootrümpfe und die Taktstöcke.

11.4   Automobilbau auf Plattformen und in Modulen

Die Rationalisierung der Konstruktion, der Technologie und der Montage widerspiegelt sich stets in der Senkung der Herstellungskosten eines technischen Produktes. Ein sehr effizientes Rationalisierungskonzept ist im Automobilbau die Plattformbauweise für mehrere Modelle der gleichen Marke. Bodenplatte, Radkästen, Längsträger, Elektrik und Elektronik, Teile des Fahrwerks, Tanks, Auspuffanlage, Klima- und Heizungsanlage sind dabei identisch. Eine solche

Plattform kann bis zu 40% der jeweiligen Automobilfamilie ausmachen [24]. Dagegen sind die Front- und Heckpartie, die Kotflügel und die Seitenteile modelspezifisch.

Es gibt zahlreiche Beispiele für diese Bauweise:

- Volkswagen: Bora, New Beetle, Skoda Octavia, Seat Leon und Toledo, Audi A3 und Audi TT

- BMW und Toyota: BMW Z4 und Toyota GR Supra

- Mercedes-Benz: C-Klasse, GLK, SLK

- Ford: Mondeo, Jaguar, Mazda

- PSA: Peugeot 106 und 206, Citroen Saxo

- Renault: Renault Captur, Twingo, Dacia Logan, Chevrolet City, Nissan Juke, Nissan Leaf, Chevrolet City, Suzuki Baleno.

In den meisten Fällen werden folgende gemeinsame Funktionsgruppen verwendet: Motor, Getriebe, Lenkungssystem, Hinterachse, Heizung und Klimaanlage, Bremsanlage, Abgasanlage, Kraftstofftank, Mittelboden, Längsträger, Sitzgestelle, Verkabelung.

Bei VW wurde als weiterer Schritt nach dem Plattformkonzept ein „Modularer Querbaukasten" (MQB) für Autos mit quer eingebauten Motoren und Getriebe eingeführt [25]. Rund 40 Modelle von Audi, Seat, Skoda und VW werden auf Basis gleicher Vorder- und Hinterwagenmodule gebaut, die unterschiedliche Radstände und Spurweiten zulassen. Im Zusammenhang mit der nahezu kompletten Antriebselektrifizierung im VW Konzern entstand nach dem EQB Prinzip, im Jahre 2015, auch der „Modulare E-Antriebsbaukasten" (MEB). Die VW Verantwortlichen haben dafür auch eine griffige Bezeichnung: das „Skateboard-Konzept". Dabei wird die große, schwere Batterie, ob mit kleinerer oder größerer Kapazität, in einem sehr stabilen Rahmen im Wagenboden, zwischen der Vorder- und der Hinterachse gefasst. Der Elektromotor oder die Elektromotoren, je nach Ausführung, sowie die Leistungselektronik werden an der Vorder- und/oder Hinterachse platziert.

Diese Technik wird nunmehr von VW erstaunlicherweise auch den Mitbewerbern weltweit angeboten, die Elektroautos bauen. Diese Großzügigkeit hat auch einen klaren Grund, und zwar die Schaffung eines internationalen industriellen Standards für die Herstellung von Automobilen mit elektrischem Antrieb und Batterie.

11.5 Revolutionäre Karosserien für neue Antriebsformen?

Der Fahrzeugantrieb mit zentralem Elektromotor oder mit Elektromotoren an/in den Rädern, und mit Elektroenergie aus einer Batterie oder aus einer Brennstoffzelle ändert gewiss die Sichtweise über ein Automobil der Zukunft. Das Auto mit Verbrennungsmotor wird auf allen Kanälen, auch wenn unrecht und kaum objektiv begründet, als Reliquie der technischen Entwicklung verkauft. Wenn der Antrieb eine Reliquie ist:

Wird das Auto, in seiner jetzigen Form, samt Karosserieform und Interieur, auch so wahrgenommen?

These 41: Die Elektrifizierung des Automobils wirft eine existenzielle Frage auf: Soll auf Grund der neuen Antriebsform auch ein komplett neues Auto entstehen? Soll es UFO außen und Raumfahrtkapsel innen werden? Kann der Mensch, ob Fahrer oder Insasse, so viel Zukunft auf seinen Rädern ertragen?

Das ist irgendwie so, als würde ein jüngerer oder älterer Großvater in einem silberglänzenden, sehr dünnen Astronautenanzug, der seinen rund gewordenen Bauch und die dünn gewordenen Beine sehr betont, in die Bierschänke gehen. Zugegeben, der leichte und bequeme Anzug lässt im Winter keine Wärme raus und im Sommer keine Wärme rein, aber es kann doch nicht sein, dass die Teenies mit ihren verfärbten Haaren und den zerrissenen Jeans über ihn lachen.

So ein Astronautenanzug oder eben ein ähnlich erscheinendes Auto kommt einfach aus einer anderen Welt, das beunruhigt zahlreiche Familienväter und Mütter, von den Großeltern ganz zu schweigen (Bild 11.6). Und im Inneren eines solchen Vehikels wird die Unruhe noch größer: viel zu viele Mäusekinos, unendliche Eingabeaufforderungen, die auch immer wechseln, anstatt der Knöpfe, die immer ihren bekannten und bewährten Platz hatten, so viele überraschende Informationen mit welchen durchschnittlich IT-spezialisierte Bürger nichts anfangen können! Braucht man wirklich all das an Bord?

Bild 11.6 Das revolutionsartige Automobil

Ist der Durchschnittsbürger für eine Revolution bereit, die nur sein Automobil betrifft? Oder ist es zu erwarten, dass sich auch seine Bierflasche, der Teller, das Messer, die Gabel, der Tisch, die Stühle, dazu anpassen werden?

Der subjektive Impact einer solchen Automobilrevolution ist tatsächlich beachtlich. Maßgebend sind jedoch die erwarteten Funktionen, die im Kapitel 5.1 aufgelistet wurden: Leistung, Drehmoment, aktive und passive Sicherheit, Konnektivität, Klimatisierung / Heizung, Manövrierbarkeit, Stabilität, Federung und Dämpfung. Solche Funktionen brauchen jeweils materielle Träger, also Module, mit Volumen und Gewicht. Ändern sich in einem revolutionären Automobil auch diese Funktionen? Von wegen! Können die Module wenigstens geändert werden? Ja, sicher, aber in wenigen Fällen revolutionär, allgemein aber evolutionär, schrittweise.

Das Automobil beginnt aber eben bei der Karosserie.

BMW hat beispielsweise mit dem Elektroauto i3 auch ein revolutionierendes Karosserieprojekt verwirklicht. Das Vehikel ist nicht nur elektrisch angetrieben, sondern auch absolut futuristisch. Die Karosserie ist, wie erwähnt, so leicht, oder eben so schwer wie ein athletischer Mann im besten Alter. Das gesamte Auto wiegt aber doch so viel wie ein klassisches Kompaktauto mit Benzinmotor, weil sowohl die Batterie als auch der Rahmen viel Gewicht mitbringen. Das Ergebnis ist also ein dünnwandiges Ei auf einem dickwandigen Rahmen.

Die Erscheinung eines i3 oder eines i8 ist äußert sympathisch, extravagant, mutig, erfreulich. Sie macht aber den Durchschnittsbürger und seine Gattin auch unsicher: schönes Ding, aber selbst so etwas kaufen, das kommt nicht in Frage! Das Material mit Kohlefasern für die Zelle ist teuer, seine Verarbeitung ebenfalls. Und wo sind am Ende die Gewichtsvorteile? Nissan oder Renault bauen elektrisch angetriebene Autos der gleichen Größe, aber mit konventionellen Karosserien. Sie sind nicht schwerer aber wesentlich preiswerter. Und ihr Anblick ist vertraut.

In der nächsten Zeit wird BMW die Elektroantriebe in den meisten seiner Modelle mit konventionellen Karosserien einführen, angefangen von dem Elektro-Mini, der bereits als Vorreiter des i3 galt und diesen nunmehr ablöst.

Das Konzept ist nachvollziehbar: man macht doch lieber beides. Wenn konventionell aussehende Autos mit Elektroantrieb eben mehr Vertrauen bei den Kunden erwecken, so bieten wir ihnen die ganze Palette. „Und wenn auf einmal, infolge unvorhersehbarer Einflüsse auf dem internationalen Markt elektrische Exoten gefragt werden, so sind wir bereits in der ersten Linie!" So einen Doppelbeschluss kann man sich leisten, wenn die finanzielle Basis sehr stabil ist.

Andere Hersteller lassen lieber den Wagen mit seinem Verbrenner so wie er ist, weil der Kunde ihm immer treu war, und pflanzt bei Nachfrage den Elektroantrieb ein. Die modulare Karosseriefertigung erlaubt, das Auto zu strecken, entweder vorn oder hinten, oder gar die Fahrgastzelle. Wenn die Kunden Elektro-Antriebsmotor und Batterie wollen, machen wir das. Wenn aber nicht genug Kunden dafür zu begeistern sind, so stecken wir einen Benzinmotor und einen Tank anstatt der Elektrokomponenten hinein. Oder einen Gasmotor und mehrere Gasflaschen, gefüllt bei 200 bar. Elektrisch und mit Kolbenmotor, also Hybrid, geht es aber auch!

These 42: Die Funktionsmodule der zukünftigen Automobile werden stets Evolutionen, aber kaum Revolutionen erfahren. Die Revolution wird in der Art und Vielfalt der Kombinationen solcher Module bestehen.

Literatur zu Teil II

[1] Stan, C.: Thermodynamik für Maschinen- und Fahrzeugbau, 4. Auflage, Springer Verlag, 2020, ISBN 978-3-662-61789-2

[2] Stan, C.: Ein Beitrag zur Entwicklung von Druckstoßeinspritzanlagen für Zwei- und Viertakt-Dieselmotoren, Technische Hochschule Zwickau, 1984

[3] Schwab, A.; Kürner, W.: Elektromagnetische Verträglichkeit. 6. Auflage, Springer Verlag, Berlin 2011, ISBN 978-3-642-16609-9

[4] van Dülmen, R. (Hrsg.): Der Geheimbund der Illuminaten., Frommann-Holzboog, Stuttgart, 1977, ISBN 978-3772806742

[5] Epstein, K.: The Genesis of German Conservatism, Princeton University Press, Princeton, New Jersey, 1966, ISBN:9780691644387

[6] Wippermann, W.: Agenten des Bösen, Verschwörungstheorien von Luther bis heute, be.bra. Verlag, Berlin 2007, S. 146–149, ISBN 978-3-89809-073-5

[7]   Klima, C.: Das große Handbuch der Geheimge-
       sellschaften: Freimaurer, Illuminaten und
       andere Bünde, Tosa, Wien 2007,
       ISBN 9783850030960

[8]   Petersen, P.: Musik und Rhythmus. Grundlagen,
       Geschichte, Analyse, Schott, Mainz
       2010, ISBN 978-3-7957-0728-6

[9]   Mendel, A.: Pitch in Western Music since 1500
       – A Re-examination, Acta Musicologica,
       Internationale Gesellschaft für Musikwis-
       senschaft, Edenda curavit: Hellmut Fe-
       derhofer u. a., Band 50, Basel 1978,
       doi.org 10.2307/932288

[10]   Haffelder, G.: „Amelioration of psychiatric
       symptoms through exposure to music in-
       dividually adapted to brain rhythm disor-
       ders – a randomised clinical trial on the
       basis of fundamental research", in Cogni-
       tive Neuropsychiatry,
       Volume 19, Issue 5, 1/2014,
       doi: 10.1080/13546805.2013.87905

[11]   Music Consumer Insight, Report 2018,
       https://www.ifpi.org/wp-content/uplo-
       ads/2020/07/091018_Music-Consumer-
       Insight-Report-2018.pdf,
       zuletzt abgerufen am 3. Juni 2021

[12]   Tenbusch, W.-J.: Grundlagen der Lautsprecher.
       1. Auflage, Michael E. Brieden Verlag,
       Oberhausen, 1989, ISBN 3-9801851-0-9

[13] Continental: Klang ohne Lautsprecher: Continental und Sennheiser revolutionieren Audiotechnik, Pressemitteilung vom 06.01.2020, im AutoCES

[14] DIN EN 13725:2003-07 Luftbeschaffenheit; Bestimmung der Geruchsstoffkonzentration mit dynamischer Olfaktometrie; Deutsche Fassung EN 13725:2003.
Beuth Verlag, Berlin

[15] Junqueira, L.C.; Carneiro, J.: Lehrbuch der Cytologie, Histologie und mikroskopischen Anatomie des Menschen., 2. Auflage, Springer Verlag, Berlin 2013,
ISBN 978-3-662-07782-5

[16] Boeker, P.: Elektronische Nasen: Das methodische Konzept und seine Problematik, Teil 1 und 2, in Reinhaltung der Luft, 2010, Band 70, Nr. 7–8, Nr.10
http://www.altrasens.de/media/files/Boeker_GRdL_2010_Elektronische_Nasen,
zuletzt abgerufen am 3. Juni 2021

[17] Grunwald, M.; John, M.: Human Haptic Perception, Birkhäuser Verlag, Basel/Boston/Berlin, 2008, ISBN 978-3764376116

[18]   "Feel The View" - Autofenster von Ford für blinde Beifahrer: Vibrationen vermitteln Landschafts-Ausblick, Ford Media, Mai 2018, https://media.ford.com/content/fordme-dia/feu/de/de/news/2018/05/02/_feel-the-view_-autofenster-von-ford-fuer-blinde-beifahrer--vibr.html, zuletzt abgerufen am 3. Juni 2021

[19]   Stratman, J.: Mit Ford in die Automobile Zukunft! Auto-News, Automotive, Ford, November 2012

[20]   van Berck, J.; Knye, M.; Matusiewicz, D.: Automotive Health: Gesundheit im Auto im (Rück-)Spiegel der Kundenbedürfnisse, Springer Verlag, 2019, ISBN 978-3-658-27284-5

[21]   Willis, M.; Zaouk, A.; Bowers, K.; Chaggaris, C.: Driver Alcohol Detection System for Safety (DADSS) - Pilot Field Operational Tests (PFOT) Vehicle Instrumentation and Integration of DADSS Technology, NHTSA 26th ESV Conference, Eindhoven, Netherlands, 2019

[22]   Braess, H-H.; Seiffert, U.: Handbuch Kraftfahrzeugtechnik, 7. Auflage, Springer Vieweg, 2013, ISBN 978-3-658-01690-6

[23]   Tarantous, H.: Big Improvement in Comfort of 1925 Cars, New York Times Journal, 04.01.1925

[24] Esch, F.: Strategie und Technik des Automobil-marketings, Springer Verlag, 2013,
ISBN 978-3-8349-3391-1

[25] Blumenstock, K.: Modularer Querbaukasten: VWs Auto-Baukasten für die Zukunft. auto motor und sport online,
6. September 2013,
https://www.auto-motor-und-sport.de/news/modularer-querbaukasten-vws-auto-baukasten-fuer-die-zukunft/
zuletzt abgerufen am 3. Juni 2021

Teil III

Alternative Antriebe und Energiequellen für Automobile

12

Modulare und variable Konfiguration des Antriebssystems, von der Energieform bis zur Motorart

12.1 Antriebsmotoren, Energieträger, Energiespeicher und Energiewandler

Alle Wege führen nach Rom und alle Kräfte führen zum Rad (Bild 12.1).

Mit *Kraft* kann das *Rad*, so auch die Antriebsräder eines Automobils, jeden *Weg* nach Rom nehmen, ob über Paris oder über Moskau. Ein Antriebsrad verlangt die Kraft über seinen Radius, sprich Hebelarm, von seiner Achse. Dort muss also ein *Drehmoment* anliegen. Dieses Drehmoment wird in einer *Kraftmaschine* an Bord produziert und dem Rad, mit oder ohne eine Drehzahl-Übersetzung, wie beim Fahrrad, übertragen.

© Der/die Autor(en), exklusiv lizenziert durch
Springer-Verlag GmbH, DE, ein Teil von Springer Nature 2021
C. Stan, *Automobile der Zukunft*,
https://doi.org/10.1007/978-3-662-64116-3_12

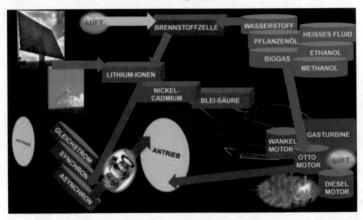

*Bild 12.1 Antriebssysteme, Energiespeicher und Energieum-
wandlungssysteme an Bord
(Hintergrund-Vorlage: Ferrari)*

Die Automobile der Zukunft bieten viel Raum für al-
lerlei Visionen, insbesondere im Zusammenhang mit
den Antriebsformen:

*„Der Diesel ist ausgebrannt, ganz trendy sind heutzu-
tage Lithium-Ionen-Batterien, aber auch diese werden
bald von den Brennstoffzellen abgelöst. Die Zukunft
gehört jedoch ganz bestimmt dem Wasserstoff-An-
trieb!"*

Richtig ist: Der Wasserstoff kann nicht, wie ein Motor,
Räder antreiben. Er kann gewiss bei der Verbrennung
mit Sauerstoff Raketen antreiben, die zum Mond oder
gar zum Mars fliegen, ohne dafür einen Motor mit mechanischen Bauteilen zu benötigen. Die Verbrennung
ergibt Wärme bei hoher Temperatur, die Folge ist ein
hoher Druck des Brennproduktes Wasserdampf, der in
einer offenen Düse Schubkraft hervorruft.

Landfahrzeuge mit Schubkraft würden aber die Radfahrer hinter ihnen wegpusten, die Gläser auf den Tischen von Biergärten wegfegen und die Fenster der Porzellanläden zertrümmern. Eine Brennstoffzelle ist auch kein Automobilantrieb, sie produziert dafür nur den Strom an Bord, für einen oder mehrere Antriebselektromotoren.

These 43: Die funktionelle Verkettung von Antriebsmotoren, Energieträgern, Energiespeichern und Energiewandlern an Bord wird maßgebend für die Effizienz und für die Klimaneutralität zukünftiger Automobile sein.

Gehen wir die Inventarliste dieser Funktionsgruppen durch, angefangen mit der Zielgruppe, also mit dem Antrieb.

ANTRIEBSMOTOREN

Antrieb können nur zwei Gattungen von Kraftmaschinen erzeugen: die Elektromotoren und die Wärmekraftmaschinen.

- Elektromotoren bestehen aus magnetisierbaren Werkstoffen und sind mit Wicklungen versehen, die elektrischen Strom führen. Wenn Strom fließt, entstehen um die Wicklungen herum Magnetfelder in denen Magnetkraftlinien erscheinen. Diese können Teile aus magnetisch leitenden Werkstoffen bewegen. Je nach Konstruktion kann die Bewegung eines solchen Teils entlang einer Geraden (Linearmotoren) oder im Kreis (Drehstrommotoren, Gleichstrommotoren) erfolgen.

- Wärmekraftmaschinen nutzen den Druck in einem Fluid (in der Regel gas- oder dampfförmig), um feste Teile zu bewegen. Die Bewegung kann, wie bei den Elektromotoren, entweder entlang einer Geraden (Kolben in Kolbenmotoren) oder im Kreis (Turbinenschaufel in Turbomotoren) generiert werden. Der Druck in dem Fluid entsteht allgemein durch seine Erwärmung, meist in der Maschine selbst (deswegen auch Wärmekraftmaschinen). In einigen exotischen Ausführungen wird Druckluft oder Heißdampf außerhalb der Maschine erzeugt und dieser nur zur Bewegung entsprechender Teile (Kolben oder Schaufel) zugeführt.

Die geradlinige Bewegung in Linear-Elektromotoren und in Verbrennungs-Kolbenmotoren kann durch einen Kurbeltrieb in Rotation umgesetzt werden, die für die Erzeugung eines Drehmomentes am Rad erforderlich ist.

Um das Ziel, also einen Antrieb, zu erreichen, wird Energie benötigt. Angesichts der zwei grundsätzlichen Antriebsformen handelt sich dabei um elektrische und um thermische Energie.

TRÄGER ELEKTRISCHER UND THERMISCHER ENERGIE FÜR AUTOMOBILE

Die Automobile der Zukunft werden keine Form von Energie auf Basis fossiler Energieträger mehr nutzen.

Die fossilen Energieträger zur Gewinnung von Strom und Kraftstoffen sind *Kohle, Erdöl und Erdgas*.

Derzeit wird eine mehr oder weniger internationale Kampagne zum Verbot der Verbrennungsmotoren, ob mit Benzin, Dieselkraftstoff oder Erdgas betrieben, geführt. Irrtümlicherweise sollen dabei die *Wärmekraftmaschinen* selbst anstatt ihrer *fossilen Brennstoffe* eliminiert werden!

Nach dieser Logik sollten aber auch die derzeit sehr gelobten und staatlich geförderten Autos mit Elektromotoren verboten werden, soweit die Elektroenergie für ihre Batterien in Kohle-, Erdöl- oder Erdgaskraftwerke ganz oder zum Teil produziert wird.

Für die Elektroantriebe gibt es bezüglich der benötigten Energie zwei Rettungswege, die allgemein als große Hoffnungsträger betrachtet werden:

Träger elektrischer Energie für Automobile sollten idealerweise die Windenergie, umgewandelt in Windkraftanlagen, und die Solarenergie, umgewandelt in photovoltaischen Anlagen, sein.

Die Windenergie sichert allerdings (Angabe für das Jahr 2017, laut Statista, 11.08.2020) nur rund 4,4 % des Elektroenergiebedarfs der Welt ab, die Photovoltaik nur um 1,7% [1]! Elektrische Energie wird derzeit in der Welt hauptsächlich aus Kohle und Torf (38,2%), Gas (22,9%), Wasser (16,3%) und Kernkraft (10,2%) produziert. Biomüll, Abfall und Geothermie sind noch unter jeweils 2% daran beteiligt. Ökostrom an sich wird also zu rund 60% aus Wasserkraft hergestellt. Das ist keine gute Basis für die Klimaneutralität der Elektroautos in der Welt. Insellösungen, ob in Norwegen oder Island, bleiben im globalen Maßstab nur Randerscheinungen.

Träger thermischer Energie für Automobile sollten idealerweise Substanzen sein, deren chemische Struktur infolge der Verbrennung mit Sauerstoff aus der Luft Wärme erzeugen, wobei kein unrecyclebares Kohlendioxid in die Atmosphäre emittiert wird. Kraftstoffe aus Erdöl und Erdgas kommen für die Automobile der Zukunft grundsätzlich nicht mehr in Frage.

- Ein zentraler Energieträger wäre in diesem Kontext der *Wasserstoff*, soweit er aus Elektrolyse, mit Strom aus Wind- und Photovoltaikanlagen erzeugt wird. Derzeit wird jedoch Wasserstoff weltweit nur zu 2% durch eine solche saubere Elektrolyse gewonnen, die „restlichen" 98% mittels Verbrennung fossiler Kraftstoffe [1].

- Auf der anderen Seite stehen kohlenstoffhaltige Substanzen - Alkohole wie *Ethanol und Methanol*, *Dimethylether* und Pflanzenöle - soweit sie aus nicht essbaren Energiepflanzen, aus Pflanzen- und Holzresten sowie aus Algen gewonnen werden. Durch ihre Verbrennung mit Luft entsteht gewiss Kohlendioxid, welches aber für die Ernährung der nächsten Pflanzen im Photosynthese-Prozess aufgebraucht und damit recycelt wird.

- *Biogas* ist ein Kohlenwasserstoff welches durch Verbrennung ebenfalls zu einer Kohlendioxidemission führt. Weil es aber organischen Ursprungs ist, aus Flora und Fauna, wird es auch auf natürlichen Wegen, als Nahrung für die nächsten Pflanzen recycelt, die wiederum Nahrung für Tiere und Menschen sind [1].

- *Komprimierte Luft und heißer Dampf* werden oft
  auch als klimaneutrale, umweltfreundliche Energieträger betrachtet. In den Jahren um 1900 und
  dann in den Zeitspannen 1990 und 2009 wurden
  immer wieder Druckluftautos auf internationalen
  Ausstellungen präsentiert, die einzig und allein
  reine Luft emittieren. Der Clou ist dabei, dass die
  Druckluft an Bord nur gespeichert wird, wie der
  Strom in einer elektrischen Batterie. Produziert
  wird die Druckluft jedoch außerhalb des Autos,
  mit einem Kompressor, der meistens Dieselkraftstoff verbraucht. Und das nächste Problem ist,
  dass ein solcher Presslufthammer mit Luftballon-
  Anschluss vergleichsweise wenig Leistung in einem Auto entfaltet.

Und nun zum heißen Dampf. Die Dampfwagen waren
am Beginn des XX Jahrhunderts sehr populär und wurden nach mehr als 100 Jahren (2013) wiederentdeckt
und als emissionsfrei angepriesen. Um Wasserdampf
außerhalb der arbeitenden Kolbenmaschine zu erzeugen, benötigt man aber wiederum Wärme, die meist
durch Verbrennung eines kohlenstoffhaltigen Kraftstoffes produziert wird. Der Wirkungsgrad zwischen
Wärmeerzeugung und Arbeit ist auf diesem Umweg
kaum konkurrenzfähig mit jenem der Kolbenmaschinen mit innerer Verbrennung.

ENERGIESPEICHER AN BORD

Die elektrische Energie an Bord eines Automobils
wird allgemein in <u>Batterien (Akkumulatoren)</u> und in

Super- oder Ultrakondensatoren gespeichert. Der entscheidende Nachteil der Batterien als Energiespeicher gegenüber flüssigen Kraftstoffen ist die geringe Energiedichte, ausgedrückt in Kilowattstunde je Kilogramm Batterie. Moderne Lithium-Ionen-Batterien, die in Fahrzeugen wie Tesla, BMW i3, Citroen c-zero, Ford Focus Electric, Mercedes Vito E-Cell, Nissan Leaf oder Renault Zoe eingesetzt werden, haben mit rund 0,1 bis 0,12 Kilowattstunde je Kilogramm zwar die fünf- bis sechsfache Energiedichte einer gewöhnlichen Blei-Batterie, allerdings auch bei dem rund fünffachem Preis [2]. Der Vergleich mit einem flüssigen Kraftstoff ist andererseits sehr ernüchternd: Dieselkraftstoff hat einen Heizwert, als in der Verbrennung verwertbare Energie, in Form von Wärme, von rund 12 Kilowattstunde je Kilogramm. Das ist das Hundertfache im Vergleich mit dem Energiegehalt einer modernen Lithium-Ionen-Batterie!

Eine Lithium-Ionen-Batterie mit 0,1 Kilowattstunde je Kilogramm, bei einer Fahrt mit einer durchschnittlichen Leistung von 20 $[kW]$ während einer Stunde erfordert ein gesamtes Batteriegewicht von 200 Kilogramm. Für den gleichen Einsatz würde eine Bleibatterie eine Tonne wiegen. Wie weit man mit 20 Kilowatt (27 PS) in einer Stunde kommen kann, sollen die Autofahrer selbst schätzen.

Das Problem der Energiespeicherung an Bord in großen und schweren Batterien betrifft bei der Autogestaltung in erster Linie die Struktur der Karosserie, wie in den Kapitel 11.2 und 11.4 erwähnt. Ein Rahmen wird dabei unverzichtbar, sowohl zum Schutz der großen und schweren Batterie, als auch für die Festigkeit der Fahrzeugstruktur insgesamt.

Super- und Ultrakondensatoren können ebenfalls elektrische Energie an Bord eines Automobils speichern. Sie haben gegenüber Batterien sogar einen beachtlichen Vorteil: sie können viel Energie in sehr kurzer Zeit speichern und auch sehr schnell einem Elektromotor zur Verfügung stellen. Sie können auch Bremsenergie speichern und beim Beschleunigen des Fahrzeugs wieder zur Verfügung stellen. Mit neuen Materialien, die derzeit entwickelt werden, können auf lange Sicht die Batterien an Bord eines Automobils mit solchen Kondensatoren ergänzt oder sogar ersetzt werden.

ENERGIEWANDLER AN BORD

These 44: Der Automobilantrieb mittels Elektromotoren, mit Energie, die an Bord in Batterien und Kondensatoren gespeichert wird, hat derzeit zwar Konjunktur, aber für die Zukunft nur geringe Erfolgschancen im Vergleich zur Stromerzeugung direkt an Bord, in Brennstoffzellen und in Wärmekraftmaschinen mit klimaneutralen Treibstoffen.

Brennstoffzellen

Die Stromerzeugung an Bord mittels Brennstoffzellen ist in der Raumfahrttechnik üblich und wurde dafür dementsprechend systematisch entwickelt, bevor eine Anwendung im Auto in Frage kam. Das ist auch verständlich: schwere Batterien würden jede Rakete ziemlich hängen lassen. Andererseits sind Wasserstoff und Sauerstoff für den Raketenantrieb ohnehin an Bord vorhanden, daraus kann man eben auch Strom herstellen.

Die Brennstoffzelle in einem Automobil kann, als Vorteil gegenüber ihrer Nutzung in einer Rakete, den Sauerstoff aus der Umgebungsluft, als ständige Strömung, beziehen. Dieser Anteil muss also nicht an Bord gespeichert werden. Andererseits wird ein Reaktionspartner zum Sauerstoff gebraucht, der allerdings an Bord gespeichert werden muss. Das kann Wasserstoff sein, wie in der Rakete. Es kann aber auch eine andere Substanz sein, die Wasserstoff enthält.

Der Vorgang in einer Brennstoffzelle entspricht einer „umgekehrten Elektrolyse" [2]. Man stelle sich ein Big-Mac-Sandwich vor: eine Brötchenhälfte links, die andere Hälfte rechts, dazwischen das Hacksteak (Bild 12.2). Jetzt lassen wir zwischen Hacksteak und jede der zwei Brötchenhälften einen Luftspalt. Durch den linken Luftspalt strömt durchgehend Wasserstoff, durch den rechten Sauerstoff, oder eben Luft mit Sauerstoff. Das Hacksteak selbst ist in der Brennstoffzelle ein Elektrolyt. In Brennstoffzellen für Automobile dient als solches eine Polymermembrane. Von dem Wasserstoff links werden Protonen durch die Membrane zum Sauerstoff angezogen. Der Wasserstoff bleibt auf seinen Elektronen sitzen, so entsteht eine Anode. Die Sauerstoffseite ist mit den Wasserstoffprotonen angereichert, so wird sie zur Katode. Zwischen Anode und Katode wird nun ein Elektromotor über elektrische Leitungen angeschlossen: er dreht sich tatsächlich. Die Elektronen vom Wasserstoff auf der linken Seite wandern durch den Elektromotor nach rechts, zum Sauerstoff mit den Wasserstoffprotonen. Das ergibt Wasser, einfach Wasser, welches dann die Brennstoffzelle als Dampfströmung verlässt.

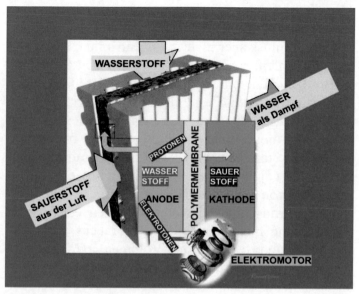

*Bild 12.2 Brennstoffzelle für Automobile: links Wasserstoffströ-
mung, rechts Sauerstoffströmung, dazwischen Polymermembrane*

Wärmekraftmaschinen mit Stromgenerator

Eine Brennstoffzelle arbeitet, wie erwähnt, nicht nur
mit Sauerstoff und Wasserstoff, sondern auch mit Luft,
welche Sauerstoff enthält und einer Substanz die Wasserstoff enthält. Das kann ein Alkohol (Methanol,
Ethanol) oder ein Kohlenwasserstoff (sogar Benzin o-
der Dieselkraftstoff) sein.

Luft und Wasserstoff, das leuchtet ein. Aber Luft und
Benzin oder Dieselkraftstoff in der Brennstoffzelle?
Das sind Reaktionspartner, die sich auch in der Verbrennung in einem Kolbenmotor (Otto- oder Dieselmotor), in einem Wankelmotor (Drehkolbenmotor) o-
der in einem Turbomotor (Gasturbine) treffen können!

Alle diese Kraftmaschinen erzeugen durch die Verbrennung eines Kraftstoffes mit Luft mechanische Arbeit. Diese muss aber nicht zwingend an die Räder geschickt werden: sie kann einfach nur einen Generator an Bord drehen, um Strom zu produzieren. Das geschieht in einem solchen Fall bei konstanter Drehzahl und konstantem Drehmoment, was ein Riesenvorteil für die Wärmekraftmaschine selbst ist: sie muss dann nicht mehr ständig von 800 auf 8000 Umdrehungen pro Minute gejagt werden und auch nicht mehr alle 30 Sekunden von Null auf 200 Newtonmeter Drehmoment. Eine Maschine die in einem solchen festen Punkt arbeitet kann man hinsichtlich Verbrauchs, Emissionen, Leistung pro Masse und Volumen und Preis sehr gut tunen. Damit wird die Einheit Verbrennungsmotor-Stromgenerator sehr konkurrenzfähig gegenüber der Brennstoffzelle.

Ein Vergleich zwischen den chemischen Reaktionen in Batterien, Brennstoffzellen und Brennräumen von Wärmekraftmaschinen wird an dieser Stelle unumgänglich (Bild 12 3).

-   *In Batterien* laufen die Reaktionen zwischen den Partnern an der Anode und an der Kathode durch ruhende Trennmedien. Es gibt keine sichtbaren Bewegungen, keine Strömungen. Das geschieht ähnlich der *Wärmeleitung* durch eine Wand.

-   *In Brennstoffzellen* strömen die Reaktionspartner entlang einer Trennwand (Polymermembrane), und zwar mit sichtbaren Geschwindigkeiten. Das geschieht ähnlich der

Konvektion in einem Wasserkühler: Das Wasser im Kühler wird von einer Pumpe in Bewegung gesetzt, die Luft um und zwischen den Kühlerwänden durch einen Kompressor (Lüfter). Diese konvektionsähnliche Reaktion ist offensichtlich viel effektiver als die wärmeleitungsähnliche Reaktion in einer Batterie.

- *Im Brennraum einer Wärmekraftmaschine* ist der Kontakt zwischen den beiden Reaktionspartnern, Luft und Brennstoff, direkt, ohne jegliche Trennmedien. Darüber hinaus ist ihre Kontaktfläche viel größer als bei Batterien oder Brennstoffzellen, aufgrund der Verwirbelung, ähnlich wie beim Schlagen der Mayonnaise, wobei der Kontakt zwischen Ei und Öl durch Rühren großflächig wird.

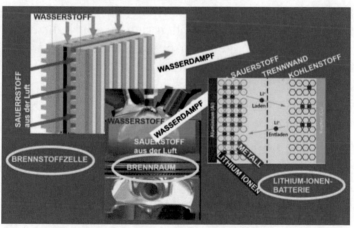

Bild 12 3 Vergleich der Vorgänge in einer Lithium-Ionen-Batterie, einer Brennstoffzelle und dem Brennraum eines Kolbenmotors mit Kraftstoffdirekteinspritzung

Maßgebend für die viel größere Effizienz der Reaktion in einer Verbrennung gegenüber Batterien oder Brennstoffzellen ist jedoch die Reaktionstemperatur. In einer Batterie beträgt diese Temperatur allgemein 20-80°C, in solchen mit warmen Elektrolyten etwa 300°C; in den Brennstoffzellen ist das Temperaturspektrum ähnlich. Dagegen liegt die Prozesstemperatur im Brennraum einer Wärmekraftmaschine allgemein um 2000°C. Die Temperatur eines Mediums repräsentiert nichts anderes als die Bewegungsenergie seiner Teilchen – Moleküle, Atome in den Molekülen, Protonen, Neutronen und Elektronen in den Atomen. Bei 20°C sind die Verbindungen zwischen diesen Teilchen ziemlich steif. Bei 2000°C haben alle Teilchen so viel Bewegungsenergie, dass sie regelrecht aus ihren Verbindungen herausplatzen, wodurch die chemischen Reaktionen zur Bildung neuer Produkte extrem beschleunigt werden. Manche Atome, die aus Molekülen herausgeplatzt sind, verbinden sich auch in sehr unerwünschten Paarungen, beispielsweise Stickoxid oder Stickdioxid. Man kann jedoch einen Prozess der in einem festen Funktionspunkt abläuft so genau kontrollieren, dass solche Giftstoffe gar nicht mehr vorkommen können.

These 45: Eine Wärmekraftmaschine mit Wasserstoff, als Stromgenerator an Bord eines Automobils, emittiert genauso wenig Schadstoffe wie eine Brennstoffzelle, sie ist jedoch effizienter in Bezug auf die Leistungsdichte und kann, je nach Maschinenausführung, viel preiswerter ein.

Andererseits wird die angeblich deutliche Steigerung der Effizienz von Batterien in der nahen Zukunft immer wieder von verschiedenen Interessengruppen ins

Spiel gebracht. Die physikalischen und chemischen Unterschiede zwischen den Reaktionen in Batterien, Brennstoffzelle und Brennräumen bleiben dennoch unverändert, wie vorhin kurz umrissen.

Eine Wärmekraftmaschine kann mit jedem anderen Brennstoff als Wasserstoff funktionieren, sei er flüssig, gasförmig oder gar fest (als Pulver). Benzin, Dieselkraftstoff und Erdgas bieten in der Zukunft keine Alternative mehr dafür. Andererseits, bei der Funktion mit einem flüssigen Alkohol (Methanol, Ethanol) oder mit einem Äther, die aus Pflanzenresten oder aus Algen produziert werden, kann das von der Verbrennung emittierte Kohlendioxid durch Photosynthese in der Natur recycelt werden.

Die Wärmekraftmaschine, die in einem festen Funktionspunkt, als Stromerzeuger zu arbeiten hat, muss aber auch nicht zwingend ein Kolbenmotor sein. Und schon gar nicht einer mit doppelter Turboaufladung, Ladeluftkühlung, mit vier Ventilen pro Zylinder, Hochdruckeinspritzung, Abgasrezirkulation, Abgaskühlung, Katalysatoren, Partikelfilter und AdBlue. Man muss doch nicht mit der Kanone auf Spatzen schießen! Das wäre zu kompliziert, zu groß, zu teuer.

Ein winziger Zweitaktmotor mit Direkteinspritzung des Kraftstoffes in den Brennraum, wie von PSA, Frankreich, in einer Wagenreihe von Citroen Saxo eingesetzt [2] ist dafür viel günstiger.

Ein Wankelmotor mit Wasserstoffeinspritzung ist ebenfalls eine sehr vorteilhafte Lösung, wie Mazda es in Prototypen gezeigt hat.

Sehr effizient erscheint darüber hinaus ein kompakter Turbomotor (Gasturbine). Das ist kein Science-Fiction-Szenario: Jaguar hat die Anwendbarkeit, aber auch die Tragweite einer solchen Lösung in ausgezeichneter Weise demonstriert: nicht eine, sondern zwei Gasturbinen an Bord produzieren Strom für vier Antriebselektromotoren, einen pro Rad. Jeder davon hat mehr Drehmoment als der neuste Ford Mustang. Das Auto kommt von Null auf Hundert in 3,4 Sekunden, die maximale Geschwindigkeit beträgt 330 km/h und der Benzinverbrauch für die zwei Stromgeneratoren liegt kaum über 4 (wirklich, vier!) Liter pro hundert Kilometer. Es ist noch etwas zu teuer, aber der Fortschritt der Technik und der Technologie, und auch die Erhöhung der Stückzahlen können den Preis beachtlich beeinflussen.

12.2 Antriebskonfigurationen durch Kombinationen von Motoren, Energiespeicher und Energiewandler

ELEKTROANTRIEB MIT BATTERIE

Für gut definierte Bereiche und Anwendungen ist die Verkettung *klimaneutrale Elektroenergie – Batterie an Bord – Antriebselektromotor* (Bild 12.4) eine unschlagbare Konfiguration. In Europa wohnen rund 80% der Menschen in Städten und in stadtnahen Orten. Dafür ist ein Auto mit Elektromotorantrieb, ohne jegliche lokale Emission, in Anbetracht der aktuellen Luftverschmutzung alternativlos. Für vorwiegende Stadtfahrten muss die Leistung des Elektromotors nicht zwingend 50 bis 60 Kilowatt überschreiten. Was zählt, ist das Drehmoment zwischen Start und der zulässigen Geschwindigkeit von 50 km/h. Dafür sind 200 Newtonmeter allemal ausreichend, die bei einer Leistung von 50 Kilowatt ein Elektromotor problemlos liefern kann. Im Vergleich dazu erreicht ein Dreizylinder-Turbo-Benzinmotor von Ford Fiesta ein maximales Drehmoment von 200 Nm erst ab 1750 Umdrehungen pro Minute. Wenig Leistung braucht andererseits wenig Batterie für eine vertretbare Reichweite.

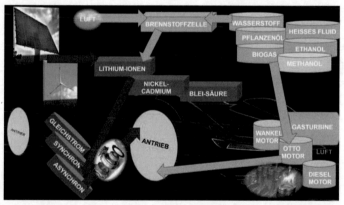

*Bild 12.4 Antrieb mit Elektromotor, Elektroenergie aus Wind-
kraft- und Photovoltaikanlagen, zwischengespeichert in
Batterie (Hintergrund-Vorlage: Ferrari)*

In diesem Zusammenhang ist erwähnenswert, dass 80% der Städtebewohner in Europa mit ihren Autos weniger als 50 Kilometer am Tag fahren. 50% dieser Stadtmenschen fahren sogar weniger als 5 Kilometer am Tag [2]! Ein Deutscher fährt im Durschnitt mit dem eigenen Auto rund 39 km am Tag (2019).

Eine Lithium-Ionen-Batterie mit einer Kapazität von rund 20 Kilowattstunde, also ein Viertel einer Tesla-Batterie ist absolut ausreichend und hat entsprechend nur ein Viertel Gewicht und Volumen. Damit wäre die Reichweite für mindestens eine Woche abgesichert.

Hinzu kommt aber noch ein beachtlicher Vorteil bei einem Einsatz im stadtnahen Bereich, mit täglich kurzen Distanzen. Sehr viele Menschen in Europa wohnen in Einfamilienhäusern. In Deutschland gab es im Jahr 2019 rund 16 Millionen Häuser mit jeweils einer oder zwei Wohnungen. An einem Einfamilienhaus kommt man leichter und unkomplizierter an eine Steckdose als auf der Straße oder vor einem großen Wohnblock und man kann in Ruhe über Nacht laden, was die Ladeleistung verringert und damit die Ladetechnik auf den üblichen Hausanschluss reduziert. Wenn man auch Solarpaneele auf dem Dach und einen „Windpropeller" im Garten hat, ist der Strom dazu noch klimaneutral. Für solche Kunden ist das tatsächlich die Automobilvariante der Zukunft:

ELEKTROANTRIEB MIT BRENNSTOFFZELLE

Die Verkettung *Wasserstoff – Brennstoffzelle - kleinere Batterie - Antriebselektromotor* (Bild 12.5) hat Vorteile, wenn die Reichweite doch größer als nur für Stadt- und stadtnahe Fahrten und die Schadstoffemission null sein soll.

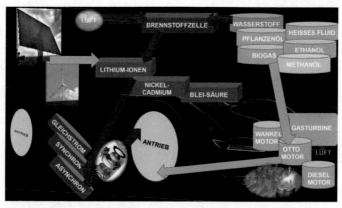

Bild 12.5 Antrieb mit Elektromotor, Elektroenergieproduktion an
Bord in einer Brennstoffzelle, aus Wasserstoff und Luft,
zwischengespeichert in Batterie
(Hintergrund-Vorlage: Ferrari)

Ein Brennstoffzellenauto mit Wasserstoff emittiert nur
Wasserdampf und den unverbrauchten Stickstoff aus
der angesaugten Luft. Die Hauptvoraussetzung einer
solchen Konfiguration ist die Gewinnung des Wasserstoffs durch Elektrolyse mit Ökostrom. Von diesem
Szenario sind wir derzeit aber weit entfernt, nur 2% des
Wasserstoffs werden weltweit elektrolytisch hergestellt, die anderen 98% hauptsächlich aus Erdgas und
Erdöl, mit entsprechender Kohlendioxidemission am
Produktionsort [1]. Die dezentrale Nutzung von Windkraftanlagen und Photovoltaik zur elektrolytischen
Produktion und Speicherung von Wasserstoff ist eine
vorteilhafte Option für die Zukunft. Die Sonne scheint
zwar nur einige Stunden am Tag, der Wind bläst auch
nur gelegentlich, den gewonnenen Strom kann man
aber über die Elektrolyse in Form von Wasserstoff
speichern. Der ist zwar fünfzehn mal leichter als die
Luft und muss dementsprechend bei hohem Druck

(600 bis 900 bar) oder bei sehr niedriger Temperatur (bei minus 253°C, wo er in flüssiger Phase vorliegt) gespeichert werden. Die Energiedichte ist aber deutlich höher als bei der Stromspeicherung in Batterien.

ELEKTROANTRIEB MIT RANGE EXTENDER (SERIELLER HYBRID)

Die Verkettung *Kolbenmotor mit Wasserstoff – Stromgenerator - kleinere Batterie-Antriebselektromotor* (Bild 12.6) ist eine aussichtsreiche Alternative zur Brennstoffzelle mit Wasserstoff an Bord. Die Verbrennung im Motor ist weitaus effizienter als der Protonenaustausch in der Brennstoffzelle, die Produkte sind die gleichen: Wasserstoffdampf und Stickstoff, der an der Verbrennung nicht beteiligt war. Der auf einem Arbeitspunkt getrimmte Motor ist konstruktiv einfacher, leichter und wesentlich preiswerter als eine Brennstoffzelle bei gleicher Leistung. Der Motor kann, übrigens wie die Brennstoffzelle, auch mit einem anderen klimafreundlichen Kraftstoff als dem Wasserstoff betrieben werden: Methanol, Ethanol, Pflanzenöl, Biogas.

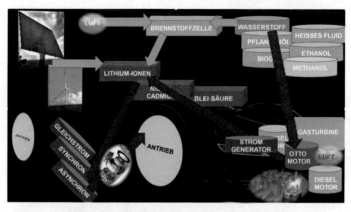

Bild 12.6 Antrieb mit Elektromotor, Elektroenergieproduktion an Bord in einem kompakten Ottomotor, aus Wasserstoff/Alkohol/Biogas und Luft, zwischengespeichert in Batterie (Hintergrund-Vorlage: Ferrari)

Die Verkettung *Turbomotor mit Wasserstoff, Alkohol oder Pflanzenöl – Stromgenerator - kleinere Batterie - Antriebselektromotor* (Bild 12.7) ist funktionsmäßig eine Steigerung gegenüber der vorangegangenen Variante mit Kolbenmotor. Die Gasturbine ist eine Rotationsmaschine, wie der Stromgenerator selbst, beide können auf einer gleichen Drehachse direkt verbunden werden, ohne Kurbelmechanismen. Der größere Vorteil ist aber die Vermeidung der Takte eines Kolbenmotors (Hin- und Her-Bewegung des Kolbens zum Ansaugen, Verdichten, Entlasten, Ausstoßen). Die Strömung der Luft verläuft beim Turbomotor durchgehend durch alle Abteilungen der Maschine, sie wird erstmal komprimiert, dann mit Kraftstoff vermischt und verbrannt. Die resultierenden Gase werden dann in einer Turbine entlastet, bevor sie ausströmen. Der größte Gewinn ist dabei die durchgehende Verbrennung: die Kraftstoffzufuhr und die Länge der Flamme kann man wie in einem Schweißbrenner steuern, dadurch kann der Prozess viel besser gestaltet werden als in einem Motor mit hin und her laufenden Kolben, der alle vier oder zwei Takte einmal einen ziemlich zerquetschten Brennraum bildet, in dem die Verbrennung schlechte Voraussetzungen hat. Ein solcher Turbomotor kann aufgrund der üblicherweise sehr hohen Drehzahl extrem kompakt und preisgünstig gestaltet werden [3].

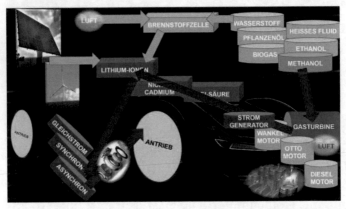

Bild 12.7 Antrieb mit Elektromotor, Elektroenergieproduktion an Bord in einem kompakten Turbomotor (Gasturbine), aus Wasserstoff/Alkohol/Biogas und Luft, zwischengespeichert in Batterie (Hintergrund-Vorlage: Ferrari)

HYBRIDANTRIEB (PARALLELER HYBRID), PLUG-IN-HYBRID

Die Verkettung *Kolbenmotor mit Wasserstoff, Alkohol oder Pflanzenöl – Stromgenerator - Batterie – Antrieb durch Elektro- und Kolbenmotor* (Bild 12.8) ist für Fahrten in einem weiten Bereich, mit teilweise hoher Leistung – Stadt, Land, Autobahn – konzipiert.

In einer solchen Konfiguration werden die Drehmomentcharakteristika eines Elektromotors und eines Kolbenmotors in optimaler Form kombiniert:

- Der Elektromotor ist der ideale Antrieb für die Beschleunigung des Automobils, insbesondere nach dem Start, wofür sein maximales Drehmoment von der ersten Umdrehung bis etwa 2000 Umdrehungen pro Minute sorgt.

- Der Verbrennungsmotor beginnt erst kurz unterhalb von 2000 Umdrehungen pro Minute sein Drehmoment zu entfalten und kann es bis 5000-6000 Umdrehungen pro Minute auf hohem Niveau halten, was eine entsprechend ausreichende Leistung bei hohen Fahrzeuggeschwindigkeiten absichert.

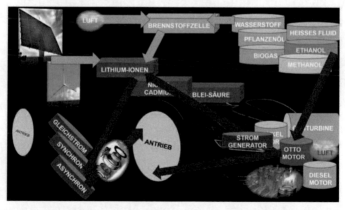

Bild 12.8 Antrieb mit Elektromotor und/oder Verbrennungsmotor, zusätzlich Elektroenergieproduktion an Bord mit dem gleichen Verbrennungsmotor und dem gleichen Kraftstoff-(Wasserstoff/Alkohol/Biogas), zwischengespeichert in einer Batterie, die auch von außen geladen werden kann-(Plug-in) (Hintergrund-Vorlage: Ferrari)

So können beispielsweise Stadtfahrten nur elektrisch, Autobahnfahrten nur mit dem Verbrennungsmotor und Landfahrten in diversen Kombinationsszenarien, teilweise mit doppeltem Antrieb und Batterieladung während der Fahrt, vorgenommen werden. Im realen Fahrbetrieb mit verschiedenen Automobiltypen und bei unterschiedlichen Bedingungen, in mehreren Ländern, erwies sich die Ladung der Batterie während der Fahrt als weitgehend ungenügend. Deswegen wurde bei vielen Fahrzeugmodellen die Batteriekapazität gegenüber jener in ursprünglichen Parallelhybriden (2-3 Kilowattstunde) auf 8 bis 10 Kilowattstunde erhöht und ein Modul (Leitung, Stecker, elektronische Steuerung, elektrische Schaltungen) zur externen Ladung, wie bei den rein elektrischen Fahrzeugen mit Batterie (wobei so eine Batterie eine viel höhere Kapazität von 50 bis 100 Kilowattstunde hat), hinzugefügt. So kam auch die Bezeichnung „Plug-in" (Steckvorrichtung) zustande.

ANTRIEB MIT VERBRENNUNGSMOTOR, STROMVERSORGUNG AN BORD MITTELS BRENNSTOFFZELLE

Die Verkettung *Kolbenmotor mit Wasserstoff, Alkohol oder Pflanzenöl – Stromversorgung für Verbrennungsmotor und Fahrzeugsysteme mittels Brennstoffzelle mit gleichem Kraftstoff* (Bild 12.9) ist eine besondere Art der Aufwertung des Antriebs mittels Kolbenmotor.

Der gleiche Kraftstoff an Bord, ob Wasserstoff, Ethanol, Methanol, oder Pflanzenöl wird sowohl dem Antriebs-Verbrennungsmotor, als auch einer Brennstoffzelle zugeführt. Die Brennstoffzelle kann damit 5 bis 10 Kilowatt Leistung erbringen [4], was viel mehr ist als das, was eine übliche Lichtmaschine an Bord eines

Automobils schafft. Mit so viel Strom kann man nicht
nur die elektrischen Systeme an Bord, sondern auch
den Antriebs-Verbrennungsmotor selbst versorgen:
elektrisch angetriebener Luftkompressor, elektrische
Steuerung der Ein- und Auslassventile, mit vielen Va-
riationsmöglichkeiten, elektrische Steuerung der Einspritzpumpe und der Kühlwasserpumpe. All das führt
zur deutlichen Senkung des Kraftstoffverbrauches, zur
Vermeidung von Schadstoffemissionen und zu einer
günstigen Gestaltung des Drehmomenten-Verlaufs im
gesamten Drehzahlgebiet.

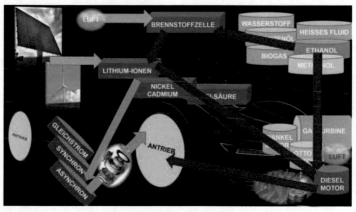

*Bild 12.9 Antrieb mit Verbrennungsmotor, Elektroenergiepro-
duktion an Bord in einer Brennstoffzelle, aus gleichem
Kraftstoff wie für den Verbrennungsmotor, wobei der
Strom auch zur Steuerung von Motorfunktionen eingesetzt wird (Hintergrund-Vorlage: Ferrari)*

Diese Vielfalt der Antriebskonfigurationen von Motoren, Energiespeichern und Energiewandlern geht mit
der erwarteten Vielfalt der Automobilarten einher.

Die Wahl einer optimalen Variante des Antriebsystems
richtet sich, wie die Wahl der Automobilvariante

selbst, nach geographischen und klimatischen Bedingungen, nach Besiedlung und Verkehrsinfrastruktur, nach technischem Aufwand, aber auch nach Gewicht, Abmessungen und Preis.

These 46: Die zukünftigen Antriebssysteme für Automobile werden zu einer modularen, anpassungsfähigen Konfiguration von Energieträgern, Antriebsmaschinen sowie Energiespeichern und -wandlern, prinzipiell ähnlich dem gesamten modularen Automobilbau.

13

Automobile mit Elektroantrieb und Batterien

13.1 Elektromotoren für den Antrieb von Automobilen

Elektromotoren haben als Antriebe für Automobile Vorzüge, die in den vorherigen Kapiteln an verschiedenen Stellen erwähnt wurden. Drei davon sind bemerkenswert:

- Die Drehmomentcharakteristik eines Elektromotors ist ideal für den Fahrzeugantrieb. Das maximale Drehmoment ist bereits beim Einschalten des Motors vorhanden, also ab der ersten Umdrehung. Die Beschleunigung des Fahrzeugs vom Stillstand ist dadurch so steil wie nur mit Otto- und Dieselmotoren mit höherem Leistungslevel erreichbar wäre.

- Getriebe und dadurch auch Kupplung sind bei einem maximalen Drehmoment, das zwischen Null und etwa 2000 Umdrehungen pro Minute konstant bleibt, praktisch nicht erforderlich. In den meisten

© Der/die Autor(en), exklusiv lizenziert durch
Springer-Verlag GmbH, DE, ein Teil von Springer Nature 2021
C. Stan, *Automobile der Zukunft*,
https://doi.org/10.1007/978-3-662-64116-3_13

Anwendungen wird ein einstufiges Untersetzungsgetriebe mit einem Reduktionsverhältnis von 1:10 eingesetzt. Bei Sportwagen für höhere Geschwindigkeiten wird, bei Bedarf, eine zusätzliche Übersetzungsstufe verwendet. Ein aufwendiges Automatikgetriebe mit 9 oder 10 Gängen, wie bei Kolbenmotoren für ein ähnliches Fahrprofil, ist nicht erforderlich.

- Radantriebe mit integriertem Elektromotor oder Elektromotoren auf Vorder- und Hinterachse erlauben eine wahlweise Zu- und Abschaltung nach vielfältigen Kriterien: Vier- oder Zweiradantrieb (Vorderachse oder Hinterachse), Einschaltung paarweise in Abhängigkeit von Lastanforderung, elektronisch steuerbare Stabilisierung der Fahrdynamik, ähnlich einem ESP System in effizienterer Form; Radantriebe lassen darüber hinaus mehr Raum für die Gestaltung der anderen Funktionsmodule in dem Fahrzeug zu.

Die konstruktiven und funktionellen Anforderungen an Elektromotoren als Antriebe entsprechen jener, die auch an Wärmekraftmaschinen gestellt werden: geringes Gewicht und kleines Volumen für eine anvisierte Leistung, geringer Energieverbrauch, einfache Konstruktion, niedrige Herstellungskosten.

Alle Arten von Elektromotoren funktionieren auf Basis elektrisch generierter elektromagnetischer Felder, die infolge einer Induktion magnetische Kräfte hervorrufen. Ein magnetisches Feld kann dabei in der gleichen Lage bleiben (bei Gleichstrommotoren) oder sich drehen (bei Drehstrommotoren). In manchen elektri-

schen Automobilen werden Gleichstrommotoren eingesetzt, die bei Drehzahlen bis 7000 Umdrehungen pro
Minute funktionieren. Die meisten serienmäßigen
Elektroautos verwenden jedoch Drehstrommotoren,
mit einem Drehzahlbereich bis 14.000 Umdrehungen
pro Minute, sowohl nach dem Synchronverfahren
(Mercedes EQC), als auch nach dem Asynchronver-
fahren (Porsche Taycan, Nissan Leaf, Renault Kangoo) [2].

GLEICHSTROMMOTOREN, GLEICHSTROMGENERATOREN

Eine rotierende elektrische Maschine dieses Typs kann
mit Gleichstrom betrieben werden, als Gleichstrommotor oder Gleichstrom erzeugen, als Gleichstromge-
nerator:

- Wenn einem Gleichstrommotor elektrische Energie zugeführt wird, so erzeugt er mechanische Arbeit, die in Form von Drehmoment und Drehzahl
  an der Welle seines Rotors erscheinen.

- Wenn an die Welle des Rotors eines Gleichstrom-
  motors von einer anderen Maschine (Kolbenmotor,
  Turbine) eine Arbeit in Form von Drehmoment und
  Drehzahl übertragen wird, so erzeugt er elektrische
  Energie.

Im Motorbetrieb wird mit Hilfe eines Wechselrichters,
der auch als Kommutator oder Polwender bezeichnet
wird, ein Wechselstrom erzeugt. Im Generatorbetrieb
wandelt er die vom Rotor erzeugte Wechselspannung
in pulsierenden Gleichstrom um. Der Stator besteht aus
einem Hohlzylinder aus massivem Material, an dem
die Hauptpole befestigt sind. Der Rotor (Anker) läuft
meistens im Inneren des Stators.

Die Schaltung des Ankerleiters zur Anpassung der Stromrichtung an die Feldrichtung erfolgt bei Gleichstrommotoren mittels Kollektoren [5]. Die Kollektoren haben einen mechanischen Kontakt mit dem Ankerleiter über Bürsten. Der Verschleiß der Bürsten ist bei dem gegenwärtigen Stand der Technik kein Nachteil mehr, er entspricht der gesamten Lebensdauer des Motors. Dieses Funktionsprinzip der Kollektoren begrenzt allerdings die Drehzahl der Gleichstrommotoren auf rund 7000 Umdrehungen pro Minute. Der Stator eines Gleichstrommotors ist durch das Polsystem, bestehend aus Erreger- und Wendepolen, aufwendig konstruiert und trägt zum relativ großen Volumen und Gewicht des Motors wesentlich bei [5]. Permanent erregte Drehfeldmotoren haben Vielphasenwicklungen im Stator und werden mittels elektronischer Schalter an das speisende Netz geschaltet – daher werden sie auch als elektronische kommutierte bzw. bürstenlose Gleichstrommotoren bezeichnet. Der Vorteil der fehlenden Erregerwicklung wird allerdings von den relativ hohen Kosten des hochpermeablen Dauermagnetwerkstoffs zum Teil relativiert.

DREHSTROMMOTOREN: ASYNCHRON- UND SYNCHRONMASCHINEN

Eine Asynchronmaschine (ASM) nutzt Dreiphasenwechselstrom (Drehstrom), der an Bord des Fahrzeugs erst erzeugt werden muss, weil von der Batterie nur Gleichstrom zur Verfügung gestellt wird. Der Stator des Asynchronmotors wird mit in der Regel mit drei Spulen umwickelt, die kreisförmig in einem Winkel von 120° zueinander platziert sind. Diese Spulen werden von 3 um jeweils 120° phasenverschobenen Strömen durchflossen. Dadurch entsteht ein rotierendes

Magnetfeld. Der Rotor (Läufer), im Inneren des Stators, hat entweder eine Drehstromwicklung oder einen Käfigläufer. Durch das rotierende Magnetfeld im Stator wird im Rotor ebenfalls ein drehendes Magnetfeld erzeugt. Wenn die Drehzahl des Rotors geringer als jene des Magnetfeldes im Stator ist, entstehen zwischen den beiden Magnetfelder Kräfte, die ein Drehmoment um die Achse des Rotors erzeugen. Die Differenz zwischen der Drehzahl des Magnetfeldes im Stator und der Rotordrehzahl, auch als Schlupf bezeichnet, ist allgemein gering (2 bis 5%). Asynchronmotoren sind in der Regel preiswert und robust, haben aber, hauptsätzlich durch den Versatz der Magnetfelder im Stator und Rotor, eine geringere Effizienz als Synchronmotoren. Ein Hersteller wie Tesla setzt dennoch auf diese Ausführungsform.

Synchronmotoren (Bild 13.1) werden in zwei Ausführungsarten ausgeführt – fremderregt (FSM) und permanentmagneterregt (PSM).

- Die FSM Ausführung war allgemein in den Lichtmaschinen zu finden, nunmehr in Antriebsmotoren für Automobile. Der Stator hat die gleichen Wicklungen und die gleiche Funktionsweise wie bei den Asynchronmotoren. Auf dem Rotor ist allerdings ein Elektromagnet angebracht, der über Schleifringe oder kontaktlos induktiv mit Energie gespeist wird. Sobald das Magnetfeld des Stators und die Drehzahl des Rotors synchron werden, entsteht an der Rotorachse ein Drehmoment.

- Die PSM Ausführung (auch als bürstenloser Gleichstrommotor bekannt) hat einen Läufer mit Permanentmagneten, wodurch er sich synchron mit dem Drehfeld im Stator dreht. Permanentmagnete benötigen allerdings seltene Erden, wodurch diese Ausführung teurer als die FSM Variante wird.

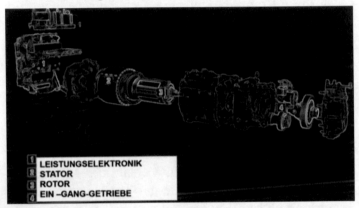

Bild 13.1 Synchron-Antriebsmotor eines modernen Automobils

RELUKTANZMOTOREN

Diese relativ neue Gattung von Elektromotor benötigt keine Permanentmagneten und ist relativ einfach aufgebaut. Der Rotor besteht aus weichmagnetischem Material und ist mit „zahnartigen" Profilen auf seinem Zylinder versehen. Der Ständer hat kreisförmig platzierte Spulen, in denen der Strom in regelmäßigen Abständen zu- und abgeschaltet wird. Durch die gezielte Stromzufuhr in jeweils gegenüberliegenden Spulen in dem Stator werden die korrespondierenden, nahen Zähne im Rotor paarweise angezogen, wie die Anker in üblichen Magneten. Dadurch entsteht Drehmoment. Reluktanzmotoren sind sehr kompakt, haben einen hohem Wirkungsgrad und benötigen keine seltenen Erden. Sie haben gute Perspektiven für den Einsatz als Automobilantriebe.

13.2 Batterien für Automobile mit Elektroantrieb

Die Speicherung von Elektroenergie an Bord eines Automobils mittels Batterien war und bleibt der Grund weswegen das Elektroauto bislang keinen wahren Durchbruch erreicht.

Nach der Betriebstemperatur werden zwei Funktionsarten von Batterien unterschieden [2].

- „kalte" Batterien (Arbeitstemperatur 0 bis 60°C): Blei-Säure, Nickel-Cadmium, Nickel-Metallhydrid, Zink-Brom, Lithium-Ionen.

- „warme" Batterien mit flüssigen Elektrolyten (Arbeitstemperatur 300 bis 350°C): Natrium-Nickel-Chlorid, Natrium-Schwefel, die viel höhere Energiedichten als „kalte" Batterien erreichen, mit Ausnahme der Lithium-Ionen Batterien, mit denen sie gleichziehen. Die Hochtemperaturbatterien finden allerdings aus Sicherheitsgründen bisher keine nennenswerte Anwendung im Automobilbau.

Der entscheidende Nachteil der Batterien als Energiespeicher an Bord gegenüber flüssigen Kraftstoffen ist die viel geringere Energiedichte (gespeicherte elektrische Energie pro Kilogramm Batterie), selbst wenn eine Lithium-Ionen-Batterie die sechsfache Energiedichte einer gewöhnlicher Blei-Säure-Batterie hat. Ein Kilogramm Dieselkraftstoff enthält eine Energie von rund 12 Kilowattstunde, ein Kilogramm Lithium-Ionen-Batterie nur 0,12 Kilowattstunde, also nur ein Hundertstel davon!

Viel Hoffnung erwecken neuere Entwicklungen wie Lithium-Metall-Polymer-Batterien (insbesondere Lithium-Kobaltdioxid) sowie Zink-Sauerstoff bzw. Zink-Luft- und Lithium-Luft-Batterien.

Es werden in der Perspektive Energiedichten um 0,2 Kilowattstunde je Kilogramm erwartet, bei Kosten, die im Falle einer Serienproduktion, vergleichbar mit jenen von Bleibatterien sein könnten. Das Funktionsprinzip einer Zink-Luft-Batterie ist relativ einfach: Die Anode besteht aus Zinkpulver. Die Kathode besteht aus Sauerstoff aus einer zugeführten Luftströmung. Als Elektrolyt wird Kalilauge und als Katalysator Graphit - als Stab, Pulver oder Gitter verwendet. Die Luft wird durch kleine Bohrungen zugeführt, wodurch die Oxydation des Zinks erfolgt.

13.3   Automobile mit elektrischem Antrieb

Derzeit gibt es über 200 Automobiltypen mit elektrischem Antrieb und Energie aus Batterien [2]. Sie können nach folgenden Kriterien eingeteilt werden:

- Masse des Fahrzeugs samt Batterien

- Antriebscharakteristika: Motorart, Leistung, Drehmoment

- Energiespeicherung: Batterieart, Energieinhalt

- Fahrleistungen: Reichweite, maximale Fahrgeschwindigkeit

In der zweiten Phase der Antriebselektrifizierung (1992-2005) waren mehrheitlich Asynchron-Motoren im Einsatz, in der gegenwärtigen, dritten Phase werden fast nur noch Synchron-Motoren verwendet, weil sie einen höheren Wirkungsgrad haben.

Die an Bord speicherbare elektrische Energie ist maßgebend für die Höhe der Leistung und des Drehmomentes, sie bestimmt andererseits aber auch die Fahrzeugmasse.

Einige Beispiele von serienmäßigen Elektroautos sind bezeichnend für ihre vielfältigen Arten und Einsatzgebiete:

KLEINSTKLASSE-ELEKTROAUTOS

Der Renault Twizy Urban hat eine Lithium-Ionen-Batterie mit nur 7 Kilowattstunde gespeicherter Energie. Dafür ist der Synchronmotor entsprechend klein dimensioniert: Er erbringt eine moderate Leistung von 15 Kilowatt und ein Drehmoment von 33 Newtonmetern. Das Fahrzeug hat in dieser Konfiguration einen Energieverbrauch von 7 Kilowattstunde je hundert Kilometer (kWh/100 km) und demzufolge eine Reichweite von rund 100 Kilometern. Man könnte meinen, das sind im Vergleich zu einem Tesla ganz bescheidene Werte. Mag sein, die andere Seite der Medaille ist aber bemerkenswert: dieses Auto ist insgesamt nicht schwerer als 450 Kilogramm! Das schließt sicherlich viele Sicherheits- und Komfortfunktionen aus. Als Stadt-Miniauto ist jedoch ein Elektro-Twizy allemal komfortabler als eine Vespa, von den schädlichen Abgasen des letzteren ganz zu schweigen!

KOMPAKT- UND MITTELKLASSE-ELEKTROAUTOS (Bild 13.2)

Bis 2018 war der zu diesem Fahrzeugsegment gehörende Nissan Leaf, das meist verkaufte Elektroauto der Welt. Er hat gegenwärtig eine Lithium-Ionen-Batterie mit 36 Kilowattstunde und einen Antriebselektromotor mit 110 Kilowatt und 320 Newtonmeter. Der Energieverbrauch beträgt 16,4 kWh/100 Km, die Reichweite 220 km. Die Fahrzeugmasse beträgt mit 1580 kg mehr als dreifach gegenüber jener einem Twizy von Renault.

Leistung:	110	[kW]
Drehmoment:	320	[Nm]
Fahrzeugmasse:	1580	[kg]
Energie in der Batterie:	36	[kWh]
Energieverbrauch:	16,4	[kWh/100km]
Reichweite:	220	[km]

Gegenwärtig ist das meistverkaufte Auto in dieser Klasse und gleichzeitig das meistverkaufte Elektroauto der Welt der Tesla Model 3, mit mehr als 365.000 verkauften Exemplaren im Jahr 2020. Die Batterie hat in der Basisversion eine Kapazität von 46 kWh, der Antriebselektromotor 150 kW und 350 Newtonmeter. Der Energieverbrauch ist mit 14,8 kWh/100 km angegeben, die Fahrzeugmasse liegt mit 1611 kg etwas über jener des Nissan Leaf, was durch die größere Batterie begründet ist. Die Reichweite beträgt 310 Kilometer.

Bild 13.2 Mittelklasse-Elektroauto (nach einer Vorlage von Nissan)

Volkswagen ID 3 hat Lithium-Ionen-Batterien von 58 bis 77 kWh, Elektromotoren von 107 bis 150 kW und 310 bis 400 Newtonmeter. Die Fahrzeugmasse beträgt mit der größeren Batterie rund 1800 kg, der Energieverbrauch ist mit 17,1 kWh/100 km angegeben. Die Reichweite liegt, entsprechend ADAC Fahrtests, bei 335 Kilometer.

BMW i3 hat eine Batterie mit 42,2 kWh und einen Elektromotor mit 125 Kilowatt und 250 Newtonmeter, der Energieverbrauch beträgt 14,7 kWh/100 km, bei einer Fahrzeugmasse von 1220 kg. Die Reichweite beträgt 220 Kilometer.

Ein Vergleich der Leistung und des Drehmoments zwischen Nissan Leaf und BMW i 3 zeigt mehr Leistung für BMW, aber mehr Drehmoment für Nissan. Das deutet auf die anvisierten Fahrprofile hin – für Nissan vorwiegend Stadtfahrten, mit frequenten Start-Vorgängen, für BMW Stadtfahrten mit Autobahnanteilen. Der angegebene Energieverbrauch je hundert Kilometer zeigt deutliche Vorteile für BMW, was in der viel geringeren Fahrzeugmasse – dank der Kohlefaser Karosserie – begründet ist.

In der Kleinwagenklasse genügt, wie bei Mitsubishi i-MiEV, eine deutlich geringere Leistung (35 kW) als in der Kompaktklasse (65 - 125 kW). Das Drehmoment ist allerdings nahezu vergleichbar (180 Neutonmeter gegenüber 220 - 280 Newtonmeter), was den überwiegenden Beschleunigungsvorgängen im Stadtzyklus zu Gute kommt. Die Fahrzeugmasse ist vergleichbar mit jener vom BMW i3 aus der Kompaktklasse.

Man braucht aber in diesem Segment auch preiswerte Elektroautos, die sowohl für Stadt als auch für Land brauchbar sind und genügend Stauvolumen bieten. Das zielt auf junge Familien mit Kindern, die auch umweltbewußt (zumindest lokal) fahren wollen. Dacia bringt mit dem relativ kompakten SUV Spring, ab 2021 eine Elektrovariante mit „nur" 33 kW und 125 Newtonmeter auf den Markt. Die Lithium-Ionen-Batterie ist mit 24,7 Kilowattstunde eher bescheiden im Vergleich mit jenen der vorhin zitierten Modelle, die Reichweite beträgt dennoch 230 Kilometer, was aber für ständige Stadtfahrten, bei 30 bis 50 Kilometer am Tag für eine Ladung pro Woche reicht. Das Auto wiegt nur 900 Kilogramm, der Energieverbrauch beträgt 13,9 kWh/100 km, was die angegebene Reichweite bei einer so kleinen Batterie begründet. Diese minimalistische Elektroauto-Variante hat aber auch einen unschlagbaren Vorteil: den Preis! Er kostet 20.490 Euro, ein VW ID 3 kostet mit 48935 Euro mehr als doppelt soviel und bietet weniger Platz.

Mercedes Vito E-Cell hat als Kleintransporter eine deutlich höhere Masse von 2150 Kilogramm im Vergleich mit BMW i3, Nissan Leaf, Tesla Model 3 oder VW ID3. Sein Drehmoment ist vergleichbar mit jenem der genannten Fahrzeuge, die Leistung ist allerdings mit 60 kW deutlich geringer, was dem Fahrprofil eines Kleintransporters entspricht. Aufgrund der höheren Fahrzeugmasse bei größerem Fahrzeugvolumen wird auch mehr Elektroenergie (25 kWh/100 km) benötigt.

These 47: Kompakte batterieelektrische Automobile sind unerlässlich - trotz der vergleichsweise geringen Speicherfähigkeit und langen Ladedauer der Batterien - für den Verkehr in Ballungsgebieten, in denen zeit- und zonenabhängig radikale Einschränkungen bis auf null Emissionen von Stoffen und Geräuschen unvermeidbar sind.

OBERKLASSE, LUXUSKLASSE

Zugegeben, die Automobilkunst zeigt man erst in Hightech, High-Power und High-Speed-Fahrzeugen. Das kann in der Elektrosparte auch nicht anders sein [2]!

Ein Audi e-tron GT, mit seinen 2200 Kilogramm, entfaltet eine Leistung von 434 Kilowatt und ein maximales Drehmoment von stolzen 900 Newtonmeter! Die Lithium-Ionen-Batterie hat eine Kapazität von 93,4 Kilowattstunden. Der Energieverbrauch beträgt 23,2 kWh/100 km, die Reichweite ist mit 360 Kilometer angegeben.

Ein Porsche Taycan Turbo S wiegt mit 2295 Kilogramm sogar etwas mehr als der Audi e-tron GT, hat aber eine stolze Leistung von 560 Kilowatt und ein maximales Drehmoment von sage und schreibe 1050

Newtonmeter. Die Lithium-Ionen-Batterie hat die gleiche Kapazität wie jene des Audi, die Reichweite ist mit 390 Kilometer und der Verbrauch mit 21,5 kWh/100 km angegeben.

Der Mercedes Benz EQC 400 4MATIC wiegt 2495 Kilogramm und entfaltet bis zu 300 Kilowatt Leistung. Das maximale Drehmoment beträgt 760 Newtonmeter. Die Lithium-Ionen-Batterie hat eine Kapazität von 80 kWh, für eine Reichweite von 360 Kilometer, bei einem Energieverbrauch von 22,2 kWh/100 km.

Der Tesla Modell S wiegt 2241 Kilogramm und hat eine elektrische Antriebsleistung von 415 Kilowatt und ein Drehmoment von 931 Newtonmeter. Die Batteriekapazität beträgt 95 Kilowattstunde, die Reichweite ist mit 480 Kilometer bei einem Verbrauch von 19,8 kWh/100 km angegeben.

Fazit: Um einen 2,2 bis 2,5 Tonnen Koloss in etwa 3 Sekunden von null auf hundert Kilometer pro Stunde zu katapultieren, benötigt man enorm viel Drehmoment und implizit eine imposante Leistung. Um dann nicht auf der Strecke bleiben zu müssen, braucht man viel Saft in der Batterie, weswegen sie sehr groß und vor allem sehr schwer wird. Und wenn man die Batterie halbieren würde? Dann wäre das Auto um 400 bis 500 Kilogramm leichter, das Drehmoment und die Leistung könnten demzufolge fast halbiert werden, um die Beschleunigung in 3 bis 4 Sekunden doch noch zu schaffen! Die Probe aufs Exempel aus eigenen Erfahrungen: Mit einem BMW Z8, 1660 Kilogramm schwer, ausgerüstet mit einem Benzinmotor von 294 Kilowatt reichen die 500 Newtonmeter als maximales Drehmoment, um in 4,7 Sekunden von Null auf Hundert zu kommen. Dabei hat ein Benziner noch die schlechtere Drehmomententfaltung über die Drehzahl im Vergleich mit einem Elektromotor, wie bereits im Kapitel 5.2 dargestellt

13.4 Laden der Batterien elektrisch angetriebener Automobile

LADELEISTUNG

Der internationale Ladestandard für elektrisch angetriebene Fahrzeuge mit Speicherung der Elektroenergie in Batterien sieht eine Kombination von Gleichstrom- und Wechselstrompfaden über ein gleiches, standardisiertes Steckersystem CCS (Combined Charging System) als Combo 1 in Nordamerika und Combo 2 in Europa, beziehungsweise CHAdeMo in Japan vor [2].

- Beim einphasigen Wechselstromladen in Nordamerika – bedingt durch die dortige Stromnetzinfrastruktur – werden Ladeleistungen von 2,3 bis 3 Kilowatt und, mit einer neuen Steckerart, bis 7,2 Kilowatt erreicht.

- Mittels einphasigen Wechselstroms, mit dem europäischen System Combo 2, kann ein CCS-Elektroauto direkt über eine Haushalts-Schukosteckdose bei Ladeleistungen von 2,3 bis 3 Kilowatt gespeist werden. Bei der Nutzung von „blauen" 16-A-CEE-Steckdosen können dauerhaft zwischen 3,6 und 7,2 Kilowatt übertragen werden. Das eigentliche Ladegerät, das den Wechselstrom gleichrichtet und die Ladung steuert befindet sich im Fahrzeug. Je nach Fahrzeug und Ausstattungspaket können einige Modelle nur mit maximal 3,6 Kilowatt laden.

- Beim dreiphasigen Wechselstromladen in Europa, üblicherweise bei einer Spannung von 230 Volt, in manchen Anlagen auch von 400 Volt, gibt es im Wesentlichen zwei Varianten: Ladeleistungen bis 11 Kilowatt mit einer Stromstärke von 16 Ampère (A) und bis 22 Kilowatt mit 32 A.

- Beim Gleichstromladen fließt der Gleichstrom von der Ladestation direkt in die Batterie, derzeit, mit wenigen Ausnahmen, bei einer Spannung von 400 bis 500 Volt. In modernen Ladestationen fließen Ströme von bis zu 125 A was bei der erwähnten Spannung eine Ladeleistung bis zu 50 Kilowatt gewährt. In manchen Ladestationen werden Stromstärken bis zu 200 A erreicht, wodurch Ladeleistungen bis 80 Kilowatt möglich werden. Die neusten Ladestationen für gegenwärtige Elektroautos können Ladeleistungen zwischen 100 und 150 Kilowatt bei Spannungen von 400 bis 500 Volt erreichen.

Tesla benutzt Supercharger Systeme mit einer maximalen Ladeleistung von 250 Kilowatt. Porsche hat durch die Erhöhung der Spannung auf 800 Volt einen Durchbruch erreicht, indem die Ladeleistung für den Taycan ein Maximum von 270 Kilowatt erreichte. Und das scheint nicht das Ende der Fahnenstange zu sein.

Für die ausreichende Kühlung der Batterie, beziehungsweise zum Schutz der Batteriezellen wird die Ladeleistung mit keinem der beschriebenen Systeme auf dem maximalen Wert während der Batterieladung bis zu 100% gehalten. Bei Porsche Taycan bleibt die Ladeleistung auf dem Maximalwert bis etwa 45% der Ladung, wonach sie stätig sinkt. Bei Tesla Model 3 sinkt die maximale Ladeleistung bereits nach 20% Ladung. Bei den übrigen modernen Systemen von Ladestationen / Elektrofahrzeugen kippt die maximale Ladeleistung etwa ab der Hälfte der Batterieladung.

Bei Porsche Taycan ist die Ladekurve so gelegt, dass in 20 Minuten die Elektroenergie für eine Strecke von etwa 200 Kilometer bei üblichem Fahrprofil geladen wird.

Eine Ladeleistung von 250 bis 270 Kilowatt ist gewiss eine elektrotechnische Meisterleistung. Derzeit werden Ladesäulen mit jeweils 6 Abnahmestellen installiert. 250 Kilowatt x 6 ergibt 1,5 Megawatt. Das entspricht der Leistung einer modernen Onshore-Windkraftanlage bei den üblichen 30% Volllaststunden (volle Leistung bei entsprechender Windstärke) pro Jahr [1].

LADEDAUER

Die Rechnung bezüglich der Ladedauer ist gut nachvollziehbar:

Die Batteriekapazität eines Mittelklasse-Elektroauto beträgt im Durchschnitt rund 40 kWh. Eine Batterie sollte man allgemein, zur Schonung, nicht voll, sondern zu 80% laden. Es ist auf der anderen Seite auch damit zu rechnen, dass man allgemein nicht mit einer fast leeren Batterie zur Ladesäule fährt. Es sind also 32 kWh (80% von 40 kWh) zu laden.

- Über die Haushaltsteckdose, bei 2,3 kW Ladeleistung gilt: 32 kWh : 2,3 kW = 13,9 Stunden, man kann also über Nacht laden und noch bis Mittag schlafen. Wenn eine blaue Steckdose vorhanden ist, die 3,6 kW durchlässt, beträgt die Ladedauer 8,88 Stunden, man kann nicht mehr bis Mittag schlafen, sondern nur bis zum Frühstück. Mit der gleichen Steckdose, aber bei 7,2 kW, kann man zwischen Frühstück und Mittag in 4,44 Stunden laden.

- Mit Gleichstrom, bei 50 kW, schafft man die Ladung in 40 Minuten, an den neuen Ladestationen mit 150 kW sind es nur noch 13 Minuten.

- Bei Oberklassewagen, mit Batteriekapazitäten zwischen 90 und 100 kWh sollen etwa 75 kWh geladen werden. Das Laden mit 250 kW, an einer 800 Volt Anlage würde nur 18 Minuten dauern, wenn die Ladeleistung konstant auf diesem Maximalwert bliebe, was aber wegen der Batterieschonung nicht der Fall ist. Die 18 Minuten sind zu schaffen, aber nur für etwas mehr als ein Drittel der Batteriekapazität. Das würde immerhin mit einem solchen schweren Auto eine Reichweite von rund 200 Kilometer absichern.

14

Automobile mit Elektroantrieb und Brennstoffzellen

14.1 Brennstoffzellen mit Wasserstoff, aber auch mit Methanol und Biodiesel

Die Speicherung von Elektroenergie an Bord eines Automobils mittels Batterien hat Grenzen, wie im Kapitel 13.2 gezeigt. Selbst die modernste Lithium-Ionen-Batterie kann, bei gleichem Gewicht, nur ein Hundertstel der Energie eines Kraftstoffes wie Benzin oder Diesel speichern. Demzufolge sind die Batterien für den Elektroantrieb in Automobilen verhältnismäßig schwer, groß und teuer. Hinzu kommen eine lange Ladedauer oder eine aufwendige und teure Ladetechnik. Die naheliegende Alternative wäre, einen Energieträger an Bord zu haben, der viel Energie bei wenig Gewicht und Volumen enthält, und ihn „on-site" zur Stromerzeugung zu verwenden.

Diese Form der Energieumwandlung wurde bereits im Jahre 1839 vom britischen Physiker Sir William Robert Grove als „umgekehrte Elektrolyse" erfolgreich erprobt. Die Elektroden seiner ersten Brennstoffzelle bestanden aus Platinstreifen, die in angesäuertem Wasser lagen, und waren vom Wasserstoff, beziehungsweise vom Sauerstoff umgeben.

In einer weiteren Ausführung wurde von Grove Schwefelsäure als Elektrolyt verwendet, die Wasserstoffversorgung durch die Reaktion der Säure auf Zink realisiert und der Sauerstoff mittels einer Luftströmung zugeführt wird. Diese umgekehrte Elektrolyse blieb als interessantes Experiment in den Annalen der Physik, ohne jegliche weitere Verwendung.

Der Durchbruch der Brennstoffzelle auf Basis reiner Wasserstoff-/Sauerstoffströmungen über leichte Katalysatorelektroden in alkalisch-wässrigen Elektrolyten gelang erst nach mehr als einem Jahrhundert nach ihrer Erfindung, in den 1950er Jahren, im Zusammenhang mit der Stromerzeugung an Bord von Raumfahrtschiffen. Seitdem wurden mehrere Verfahren entwickelt und in vielfältigen Anlagen eingesetzt.

Folgende kurze Übersicht ist dafür aufschlussreich [2]:

-   **Alkaline Brennstoffzellen – AFC (Alkaline Fuel Cells)** nutzen als Elektrolyt Kalilauge und haben den Vorteil des höchsten Wirkungsgrades aller Ausführungsformen. Bedingt durch die Kalilauge ist nur ein Betrieb mit Wasserstoff und reinem Sauerstoff möglich, was ihre bevorzugte Nutzung in der <u>Raumfahrttechnik</u> begründet.

-   **Phosphorsäure Brennstoffzellen – PAFC (Phosphoric Acid Fuel Cell)** arbeiten bei 180 °C bis 220 °C mit einem eher begrenzten Wirkungsgrad und sind teilweise korrosionsbehaftet. Sie finden vor allem in dezentralen Strom-Wärme-Kopplungsanlagen im Leistungsbereich um 200 Kilowatt Anwendung.

- **Brennstoffzellen mit geschmolzenen Karbonaten MCFC (Molten Carbonate Fuel Cell)** arbeiten bei vergleichsweise hohen Temperaturen, um 650 °C und werden trotz der komplexen Prozessführung und der Korrosionsempfindlichkeit intensiv für die dezentrale Energieversorgung – auf Grund ihrer Eignung für die Arbeit mit Kohlengas – weiterentwickelt.

- **Fest-Oxid Brennstoffzellen – SOFC (Solid Oxide Fuel Cells)** arbeiten bei den höchsten Temperaturen unter allen Arten von Brennstoffzellen, bei 850 °C bis 1000 °C auf Basis eines festen Elektrolyten, bestehend aus Zirkonoxid. Der erwartete hohe Wirkungsgrad bei der Gewinnung elektrischer Energie direkt aus Erdgas und insbesondere aus dem regenerativen Biogas, begründet ihre zügige Entwicklung für zentrale und dezentrale Strom-Wärme-Kopplungsanlagen.

- **Hochtemperatur-Protonenleitende Polymembran Brennstoffzellen (HT-PEMFC)** können ohne zusätzliches Wasser in der Brennstoffzelle betrieben werden. Die neuentwickelte Polybenzimidazol-Membran erlaubt den direkten Einsatz von Phosphorsäure als Ladungsträger, welche den Protonenaustausch gewährleistet.

Brennstoffzellen für Automobile arbeiten mit einer Luftströmung auf der Kathodenseite, welche den Sauerstoffanteil für die Reaktion enthält. Der wesentliche

Vorteil gegenüber Batterien ist, dass der Reaktionspartner für die Kathode nicht gespeichert wird, sondern aus der Umgebungsluft ständig bezogen werden kann. Auf der Anodenseite kann entweder Wasserstoff oder Methanol nach folgenden Verfahren verwendet werden:

- **Niedertemperatur Protonenleitende Polymermembran Brennstoffzellen PEM (Proton Exchange Membrane Fuel Cell),** die den Vorteil einer sehr hohen Leistungsdichte bei Arbeitstemperaturen von 20 °C bis 120 °C haben.

- **Direkt-Methanol-Brennstoffzellen (DMFC),** die direkt mit Methanol betrieben werden können. Somit entfällt der aufwendige Zwischenschritt der Wasserstoffgewinnung aus einer mitgeführten Methanolmenge, wie es derzeit in verschiedenen Ausführungen umgesetzt wird. Der Arbeitstemperaturbereich liegtvon 50 °C bis 120 °C.

Während der grundsätzlichen Reaktion zwischen Sauerstoff und Wasserstoff wandern durch die Polymermembrane Protonen vom Wasserstoff zum Sauerstoff. Die Elektronen auf der Wasserstoffseite werden durch den oder die Verbraucher (das ist im Automobil hauptsächlich der Antriebselektromotor) zur Wasserstoffseite geleitet, wodurch Wasserdampf entsteht. Das Ganze ist nicht nur eine elektrische Polarisierung, sondern ein klassischer chemischer Vorgang: Die Reaktion zwischen Wasserstoff und Sauerstoff führt also neben der elektrischen Polarisierung (elektrische Energie) auch zu Wärme (thermische Energie). Die Ähnlichkeit mit einem Verbrennungsvorgang von Wasserstoff mit Sauerstoff aus der Luft ist offensichtlich.

Die elektrische Energie und die Wärme, die aus einem solchen Vorgang entstehen, können genau berechnet werden [6], [2]:

Bei einer Reaktion ohne Wärmeaustausch (kalte Reaktion) kann die gesamte Energie während der Reaktion in elektrische Spannung umgewandelt werden. Bei 25 °C beträgt die Zellspannung 1,23 Volt.

Ähnlich der Verbrennungsprozesse in Wärmekraftmaschinen ist in Brennstoffzellen nicht nur die Reaktion des Wasserstoffs mit Sauerstoff aus der Luft möglich. Statt Wasserstoff ist dafür auch ein Kohlenwasserstoff (Benzin, Dieselkraftstoff) oder ein Alkohol (Methanol, Ethanol) als Träger von Wasserstoff einsetzbar.

Auf den ersten Blick scheint der Vorgang in der Brennstoffzelle effizienter zu sein. Der genauere Vergleich zeigt jedoch große Unterschiede, die sich in der Effizienz der jeweiligen Prozessführung widerspiegelt:

- Die Reaktionstemperatur beträgt in einer Polymermembran-Brennstoffzelle höchstens 120 °C. Andererseits, die Verbrennung in einem Motorbrennraum erfolgt üblicherweise bei 1600 – 2200 °C. Die Energie der Teilchen von Wasserstoff und Sauerstoff während der Reaktion ist also in der Brennstoffzelle viel geringer als in einem Brennraum.

- Der Kontakt der Reaktionspartner Wasserstoff und Sauerstoff vollzieht sich in der Brennstoffzelle nicht direkt, sondern über eine Membran. Andererseits: Während einer Verbrennung von Wasserstoff mit Sauerstoff im Motorbrennraum erfolgt eine direkte, starke, turbulente Vermischung beider Komponenten.

Während der Verbrennung ist die gleichmäßige Verteilung von Luft und Kraftstofftröpfchen und ihre kontrollierte Bewegung im Brennraum maßgebend für den Vorgang. Änderungen von Last und Drehzahl, wie in Verbrennungsmotoren für Direktantrieb des Fahrzeugs, können diese Bedingungen erheblich stören. Einige Kompensationsmaßnahmen, wie variable Ventilsteuerung oder Anpassung der Kraftstoffdirekteinspritzung und der Zündung funktionieren mit mehr oder weniger Erfolg [2].

Der Prozess in einer Brennstoffzelle scheint bessere Voraussetzungen für einen steuerbaren Ablauf des Vorgangs zu haben. Die Reaktionskomponenten Wasserstoff und Luft mit Sauerstoff sind grundsätzlich voneinander getrennt, sie strömen entlang einer Membran. Allerdings muss die Austauschfläche dann vergrößert werden, wenn die Leistungsanforderung des Antriebsmotors steigt. Um die Abmessungen der Brennstoffzelle zu begrenzen, werden Durchflusskanäle samt Membrane labyrinthartig und dazu noch in mehreren Lagen, in Sandwich-Bauweise ausgeführt. Die Analogie zwischen dem Protonenstrom durch die Membran in der Brennstoffzelle und dem Wärmestrom durch die Blechwand in einem Wärmetauscher wird dabei offensichtlich. Die Strömungsumkehrungen führen oft zu Turbulenz, Pulsationen und Blasenbildungen. Eine rasche Beschleunigung oder Verzögerung der Strömungen, entsprechend der vom elektrischen Antrieb momentan geforderten Leistung, stört zusätzlich den Strömungsablauf.

Ein höherer Wirkungsgrad im Brennstoffzellenprozess im Vergleich zum Verbrennungsprozess kann eher im stationären Betrieb und bei relativ geringen Leistungen erwartet werden.

These 48: Eine Brennstoffzelle erweist <u>keinen</u> höheren Wirkungsgrad im Vergleich zu einem Verbrennungsmotor, der in einem festen Punkt, beispielsweise als Stromgenerator, arbeitet. Eine Brennstoffzelle mit Wasserstoff erreich 48%, ein Dieselmotor mit Dieselkraftstoff aber auch.

Der Aufbau einer Brennstoffzelleneinheit (Stack) mit protonenleitender Polymermembran (PEM), die auf Basis zugeführter Wasserstoff- und Luftmassenströme funktioniert und für automobilen Einsatz entwickelt wurde, ist im Bild 14.1 dargestellt.

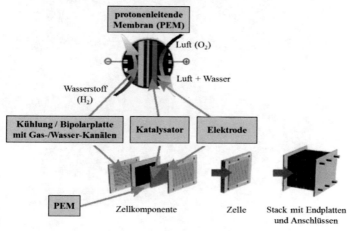

Bild 14.1 Stack einer Brennstoffzelle

Der Betriebsdruck von 2 bis 3 bar wird von einem Kompressor geliefert. Die Leistungsdichte bezogen auf die Masse der Brennstoffzelle ist mit 0,7 Kilowatt je Kilogramm (kW/kg) wesentlich größer als jene in einer modernen Lithium-Ionen-Batterie (0,12 kW/kg).

Die Funktionsgruppen einer Brennstoffzelle werden in einem Automobil in modularer Bauweise auf einer Plattform aufgebaut (Bild 14.2). Das größte Problem ist dabei die Speicherung des Wasserstoffs an Bord: Auf Grund der extrem geringen Wasserstoffdichte, die 15 mal unter der Luftdichte liegt, kann eine zufriedenstellende Menge nur unter hohem Druck (600 bis 900 bar), oder bei einer extrem geringen Temperatur von minus 253°C an Bord gespeichert werden.

Bild 14.2 Automobil mit Elektromotorantrieb auf Basis einer wasserstoffbetriebenen Brennstoffzelle (Quelle: Toyota)

Ein Rollentausch zwischen der Brennstoffzelle und einem kompakten Verbrennungsmotor, der im Festpunkt als Stromgenerator arbeitet, entsprechend der Pfade im

Kap. 12.2 wird in diesem Zusammenhang nahe liegend. Ein Ottomotor mit Wasserstoff kann genauso effizient wie eine Brennstoffzelle mit Wasserstoff funktionieren, er ist allerdings kleiner, leichter und preiswerter.

Sowohl in Brennstoffzellen, als auch in Verbrennungsmotoren als Stromgeneratoren können auch Methanol, Ethanol oder synthetisches Benzin eingesetzt werden (Bild 14.3).

Der Wasserstoff kann in einer Polymermembran-Brennstoffzelle an Bord, beispielsweise aus Methanol gewonnen werden, indem Wasserdampf bei etwa 300 °C der Reaktion in einem der Brennstoffzelle vorgeschaltetem Reaktor zugeführt wird. Methanol kann aber auch ohne vorgeschalteten Reaktor einer Direkt-Methanol-Brennstoffzelle zugeführt werden werden.

Für die Wasserstoffgewinnung an Bord aus Biodiesel wird in eine Reaktionskammer Wasserdampf bei 900°C zugeführt.

Bei Nutzung von Methanol und Biodiesel stößt die Brennstoffzelle außer Wasserdampf auch Kohlendioxid aus. Bei Nutzung solcher Kraftstoffe empfiehlt sich, eine größere Batterie an Bord zu installieren, als beim Wasserstoffeinsatz. In dieser Weise kann der Strom nur außerhalb von emissionsfreien Zonen produziert und in einer größeren Menge an Bord, in der Batterie, für Fahrten in Ballungsgebieten gespeichert werden.

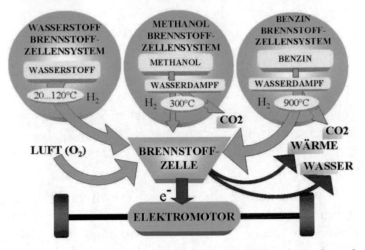

Bild 14.3 Reaktionsprodukte aus Brennstoffzellen beim Betrieb mit Wasserstoff, Methanol und Benzin

14.2   Automobile mit Brennstoffzellen

Mehrere international agierende Automobilkonzerne bildeten bereits vor mehreren Jahren gemeinsame Konsortien zur intensiven Forschung und Entwicklung von Brennstoffzellen auf Wasserstoffbasis (Bild 14.4), aber auch auf Methanolbasis: Dazu zählen Ballard Power Systems (Daimler Chrysler, Ford, Honda, Mazda),General Motors Hydrogenics, United Technologies Fuel Cells (Renault, Nissan, Hyundai),Toyota.

Daimler hat sich als einer der ersten Automobilkonzerne weltweit intensiv mit dem Einsatz von Brennstoffzellen in Automobilen befasst.

-   Das Modell „Necar 1", realisiert im Jahre 1994, hatte eine Wasserstoff-Brennstoffzelle mit 2

Stacks, mit einer Spannung von 230 Volt und erreichte eine Energiedichte von 0,048 KW/kg. Nur
zwei Jahre später wurde mit dem Modell „Necar 2"
eine Energiedichte von 0,17 kW/kg, also bereits
mehr als in einer Lithium-Ionen-Batterie erzielt.

-   Im Jahre 1997 wurde die Automobilausführung
    „Necar 3", mit einer Methanol-Brennstoffzelle öf-
    fentlich präsentiert. Der Antriebsmotor hatte eine
    Leistung von 50 Kilowatt, die Brennstoffzelle be-
    stand aus 2 Stacks, die Spannung lag bei 300 Volt.
    Drei Jahre später kam als Nachfolger der „Necar
    5", ebenfalls mit Methanol-Brennstoffzelle, aber
    nur mit einem Stack und wesentlich kompakter, mit
    einem kräftigeren Antriebsmotor (75 kW).

-   Im Jahre 1997 wurde der Bus „Nebus" mit Wasser-
    stoff-Brennstoffzelle realisiert, in der eine Energie-
    dichte von 0, 178 kW/kg erreicht wurde. Die Bren-
    stoffzelle bestand aus 10 Stacks, die Spannung
    betrug 720 Volt. Die elektrische Antriebsleistung
    war 250 Kilowatt. Sechs Jahre später erschien der
    Bus „Citaro", mit einer moderateren Leistung von
    200 Kilowatt.

-   Im Jahr 2011 fuhren mehrere Mercedes B-Klasse
    Fahrzeuge mit Wasserstoff-Brennstoffzellen um
    die Welt, um die Serientauglichkeit des Konzeptes
    zu demonstrieren. Sie durchquerten Europa, dann
    Nordamerika, sogar noch Australien und erreichten
    schließlich China. Die Tour dauerte 125 Tage. Die
    Autos hatten neben der Brennstoffzelle auch eine
    Lithium-Ionen-Batterie als Elektroenergie-Puffer
    an Bord. Der Antriebselektromotor hatte 100 kW
    und reagierte wie ein Zweiliter-Benzinmotor. Bis

zu 400 Kilometer konnte man pausenlos fahren, weil die Lithium-Ionen-Batterie von der Brennstoffzelle ständig aufgefüllt wurde. Die vier Kilogramm Wasserstoff standen im Tank unter einem Druck von 700 bar. Zum Nachtanken von Wasserstoff muss man nicht 8 Stunden warten, wie mit der Batterie, sondern nur 20 Minuten. Das Problem war ein anderes. Es bestand im Tanklastzug voll Wasserstoff der hinterher fuhr, denn in der Welt gibt es noch ganz selten Wasserstofftankstellen, in China gab es zu der Zeit gar keine.

Ford FCEV (Fuel Cell Electric Vehicle) basiert auf einem ähnlichen Konzept wie Toyota. In einem Wasserstofftank von beachtlichen 178 Liter sind vier Kilogramm Wasserstoff unter einem Druck von 350 bar gespeichert. Eine Ballard-Brennstoffzelle liefert in Kombination mit einer Nickel-Metall-Hydrid–Batterie mit 216 Volt Strom an den Drehstrom-Nebenschlussantriebsmotor, welcher eine Leistung von 68 Kilowatt und ein Drehmoment von 230 Newtonmeter hat. Diese Kombination macht eine Begrenzung der Höchstgeschwindigkeit auf128 km/h erforderlich um die anvisierte Reichweite von 300 km schaffen zu können.

Hyundai baute zwischen 2013 und 2018 den „Hyundai Fuel Cell iX 35 FCEV" mit Wasserstoff-Brennstoffzelle und einem 100 Kilowatt / 300 Newtonmeter Antriebs-Asynchron-Elektromotor. Das Fahrzeug verfügte über zwei Wasserstofftanks mit insgesamt 5,64 Kilogramm Wasserstoff unter einem Druck von 700 bar, bei einem Tanks-Gesamtvolumen von 144 Liter. Ab 2018 wurde der Nachfolger „Hyundai Nexo" mit einem 120 kW/390 Nm Antriebselektromotor mit einem etwas größerem Tank (6,33 kg Wasserstoff /157

Liter) auf die Straße gebracht. Die Reichweite beträgt
im ADAC Test 540 km.

*Bild 14.4 Automobil mit Wasserstoff-Brennstoffzelle und Elektro-
motor-Antrieb
(Collage nach einer Vorlage von Hyundai)*

Toyota *FCHV (Fuel Cell Hybrid Vehicle)* verwendet
beispielsweise eine Brennstoffzelle auf Basis von
Wasserstoff, der unter einem Druck von 345 bar gespeichert wird. Sie liefert in Kombination mit einer Ni-
ckel-Metall-Hydrid-Batterie mit 274 Volt (deswegen
die Bezeichnung Hybrid) Strom an den Drehstroman-
triebsmotor mit einer Leistung von 80 Kilowatt und einem Drehmoment von 260 Newtonmeter.

Das Fahrzeug hat eine gesamte Masse von 1.860 Kilogramm und eine Reichweite von 300 Kilometer.

14.3 Brennstoffzelle als Stromversorgung für die Funktionen des Antriebs-Verbrennungsmotors

Automobile mit Verbrennungsmotoren werden ungeachtet derzeitiger gegenteiliger Prognosen und Ver-
botsplänen auch in der Zukunft einen soliden Bestand

haben. Ihr Wirkungsgrad steht in der Gesamtbetrach-
tung von Energiequelle zum Rad, innerhalb einer rea-
listischen Lebensdauer über jenem der Automobile mit
Elektromotoren und Batterie oder mit Brennstoffzellen. Entscheidend ist aber, dass sie eine größere Reichweite haben, eine viel schnellere Betankung bei einfa-
cherer Technik ermöglichen und eine große
Leistungsentfaltung bei ausreichender Energiereserve
im Tank gewähren. Sie werden allerdings nicht mehr
mit fossilen Kraftstoffen wie Benzin, Diesel und Erdgas, sondern mit Wasserstoff, Methanol, Ethanol, Ölen
und Biogas betrieben werden. Dadurch wird die ver-
brennungsbedingte Kohlendioxidemission (außer bei
Wasserstoffverbrennung) in der Natur, über die Photosynthese in den pflanzlichen Energieträgern rezirku-
liert. Die Emission diverser Schadstoffe ist jetzt bereits
in den vorgeschriebenen Grenzen und wird mit der
weiteren Optimierung der Verbrennungsvorgänge mit
der vorhandenen Messtechnik gar nicht mehr erfassbar
sein. Dafür sind aber in zukünftigen Motoren Anpas-
sungen einiger Vorgänge, je nach Drehzahl und Last,
erforderlich.

Das große Anpassungsproblem besteht derzeit darin,
dass die Lufteinlass- und die Abgasauslassventile, genauso wie die Kühlwasserpumpe, der Ladeluftkom-
pressor und die Kraftstoffeinspritzpumpe über Riemen
und Ketten vom Motor selbst angetrieben werden. Und
wenn der Motor von 800 auf 8000 Umdrehungen pro
Minute rauf und runter gejagt wird, so müssen all diese
Module entsprechend schneller oder langsamer mitro-
tieren. Das bringt dem Motor große Luft- oder Kühl-
wasserströmungen in Situationen, in denen er das nicht

braucht, das kürzt die Luftansaugung und die Abgas-ausströmung bei hohen Drehzahlen. All das ist beson-ders nachteilig für die Leistungsentfaltung, für den Verbrauch und für die Emissionen. Es gibt natürlich eine entscheidende Lösung: Luftkompressor, Ventile und Pumpen sollen in jedem Last-/Drehzahl-Motorbe-triebspunkt genau das erbringen, was der Motor braucht.

Die paradoxe Lösung ist die, dass man diese Module von dem Motor selbst entkoppeln muss! Jedes davon soll einen eigenen, elektrischen Antriebsmotor bekom-men, der über eine elektronische Recheneinheit genau gesteuert werden kann.

Dafür braucht man aber viel Strom an Bord! Bislang ist der Stromerzeuger die Lichtmaschine, und diese wird auch nur von dem Motor selbst angetrieben, mit all den genannten Nachteile, auch wenn diese zum Teil elektrisch/elektronisch geregelt werden.

Die viel effizientere Variante der Stromerzeugung für die erwähnten Funktionsmodule ist die Nutzung einer Brennstoffzelle an Bord, die sich mit dem gleichen Kraftstoff „ernährt" wie der Verbrennungsmotor selbst: Wasserstoff, Methanol, Ethanol, Bioöl, Biogas.

Damit wäre nicht nur die Drehzahlabhängigkeit bei der Stromerzeugung umgangen. Die Module an sich wür-den bei elektrischem Antrieb viel Energie benötigen. Eine stationär arbeitende Brennstoffzelle an Bord hat in dieser Hinsicht viel Potential.

Unabhängig von der Energielieferung an den Antriebs-verbrennungsmotor selbst nimmt der Bedarf an elekt-rische Leistung für die Funktionen an Bord eines mo-dernen Automobils derzeit rapide zu: Fahrerassistenz-

, Klima-, Licht- Telematik-, Multimedia- und Infotainment-Systeme, das elektrohydraulische Fahrwerk- und Lenksystem, Sitze mit 40 Elektromotoren für Komfortfunktionen, leistungsstarke Audiosysteme, Tablets, Telefone, GPS, alles braucht Strom. In der sehr nahen Zukunft werden in einem Automobil der Oberklasse für diese Funktionen, abgesehen von dem Antriebsmotor, ob elektrisch oder thermisch, bis zu 10 Kilowatt erforderlich sein.

Ein solches Energiemanagementkonzept, Verbrennungsmotor für den Antrieb und Brennstoffzelle für Stromversorgung an Bord, mit Wasserstoff aus dem gleichen Tank, wurde bereits vor mehreren Jahren von BMW in Fahrzeugen der 7er Reihe mit Erfolg umgesetzt.

Die Tatsache, dass eine Brennstoffzelle auch mit Kohlenwasserstoffen (derzeit Benzin oder Dieselkraftstoff) oder mit Alkoholen (Methanol, Ethanol) betrieben werden kann, erweitert dieses Szenario auf die Fahrzeuge, deren Antrieb durch besonders effiziente Otto- oder Dieselmotoren erfolgt.

Eine Brennstoffzelle mit Dieselkraftstoff, die von der Arbeitsgruppe des Autors in Zusammenarbeit mit einem Industriepartner für den Einsatz in Fahrzeugen mit Dieselmotoren vor einigen Jahren entwickelt wurde, zeigte die guten Perspektiven einer solchen Lösung in der Zukunft.

These 49: Die Symbiose mit einem Antriebs-Verbrennungsmotor gibt der Brennstoffzelle viel mehr Chancen für ihren zukünftigen Einsatz in Automobilen, als eine Fokussierung auf den elektrischen Antrieb selbst.

15

Automobile mit Elektroantrieb und Stromgenerator an Bord

15.1 Reichweitenverlängerer (Range Extender) als Modul eines „seriellen" Hybriden

Die Vielfalt der Fahrgebiete, der Fahrprofile und der Fahrdistanzen auf der Erde ist so groß wie die Vielfalt der Automobile selbst. Eine Australien-Süd-Nord-Durchquerung, über 3000 Kilometer, von Adelaide über Alice Springs bis Darwin, in einem 490 Kilogramm leichten Renault Twizy, mit seinem 8 Kilowatt Elektromotor und der 6 Kilowattstunden-Batterie, wäre eine Übung für Überlebenskünstler. Der Twizy passt besser ins Zentrum von Rom oder von Paris. Auf der anderen Seite, auf dem Champs Elysées, in Paris, die Fußgänger vom Lenkrad eines 2,7 Tonnen schweren Dodge-Ram-Pickup, mit 8-Zylinder-Benzinermotor, zu grüßen, ist geschmacklos und umweltschädigend zugleich.

Für Europa, wo rund 80% der Menschen in Städten und in Stadtsatelliten arbeiten und wohnen, sind Autos mit Elektromotorantrieb und Batterie, mehr oder weniger kompakt, sehr zu empfehlen, wie im Kap. 12.2 erwähnt. Bei täglichen Strecken, die eher 5 als 50 Kilometer lang sind, stellt auch das Batterieladen keine tägliche Sorge dar. Dazu entspricht die Ladeinfrastruktur bereits dem hohen allgemeinen technischen Stand der meisten europäischen Regionen. Der neuerlichen Tendenz „raus aus der Stadt", zu einem gemütlichen Eigenheim in einem kleinen Ort, an einem 50 bis 80 Kilometer entfernten Stadtgürtel, kann ein Brennstoffzellenauto mit Wasserstoff noch besser Rechnung tragen. Die Reichweite verdoppelt sich in diesem Fall im Vergleich mit jener eines Elektroautos der gleichen Klasse mit Batterie.

In Europa leben rund 746 Millionen Menschen. Wie steht es aber um die Wohn- und Automobilitätsverhältnisse der anderen sieben Milliarden Menschen in der großen Welt? Eine Ähnlichkeit ist auf dem ersten Blick gegeben. Die weltweite demographische Struktur ähnelt jener von Europa: Drei Viertel aller Menschen leben in Ballungsräumen und in Megacities. Und diese Tendenz nimmt rapide zu, besonders in Asien, wo es bereits 10 Megametropolen mit jeweils mehr als 10 Millionen Einwohnern gibt. Andere 20 Städte sind an der Zehn-Million-Grenze, weitere hundert haben bereits über eine Million Bewohner.

Der erste Blick deutet allerdings nur auf die Zahl der Einwohner hin, aber nicht auf die Struktur einer solchen babylonischen Ansiedlung. Dhaka in Bangladesch hat 15 Millionen Einwohner, Kinshasa im Kongo 13 Millionen. Los Angeles zählt aber auch 15 Millionen Stadtbürger, New York 21 Millionen. Der große Unterschied wird erst auf den zweiten Blick deutlich: Die Fläche von Dhaka beträgt rund 460 km², genau wie jene von Kinshasa. Los Angeles breitet sich auf mehr als 6.000 km² aus, New York gar auf 12.000 km². Wenn diese Städte kreisförmig wären, auch wenn sie in Wirklichkeit eher „gestreckt" sind, dann hätten Dhaka und Kinshasa einen Durchmesser von rund 24 Kilometern, Los Angeles von 87 und New York sogar von 123 Kilometern. Der Vergleich der virtuellen Durchmesser zeigt nur besser die gewaltige Differenz der Flächenverhältnisse bei etwa gleicher Einwohnerzahl.

Bei den „Tentakeln" von New York können die Distanzen zwischen Wohnort und Büro noch größer werden: von der Spitze der Long Island bis Manhattan sind es rund 190 Kilometer. Mit einem Mittelklasse-Elektroauto mit Batterie kann man es gerade von zu Hause ins Büro schaffen, wenn die kräftige Beheizung im Winter und die starke Klimatisierung im Sommer mit berechnet wird. Einmal im Büro angekommen, müsste der Autofahrer während der Arbeit Strom in der Tiefgarage laden lassen, falls die meisten der anderen zweitausend Mitarbeiter in dem Wolkenkratzer keine Elektroautos haben. So wäre die Rückfahrt zur Villa in Greenport auf Long Island, am Abend, gesichert. Dann wird das Auto über Nacht mit Hausstrom geladen. Ein solches Ladeprogramm, zusätzlich zu dem täglichen Arbeitsstress und den ewigen Staus auf den Straßen von New York, kann wirklich nervig werden. Ein Auto mit Elektroantrieb und Brennstoffzelle ist für ein solches Fahrprofil die bessere Variante: die Reichweite ist doppelt so groß, die Tankdauer fast so kurz wie beim Benziner, die Wasserstoffinfrastruktur bei dem gegebenen technischen Stand kein Problem. Die 60.000

Dollar für einen Toyota Mirai mit Brennstoffzelle sind für den Bankangestellten von Manhattan auch kein Grund zur Sorge.

In dem großen Rest der Welt ist allerdings die Lage ganz anders:

These 50: In den unzähligen und gigantischen Ballungsgebieten, die in Entwicklungsländern und in der Dritten Welt rasch zunehmen, sind sowohl Elektroautos mit großen Batterien, die allein so viel wie das halbe Auto kosten, als auch Brennstoffzellen-Limousinen mit Wasserstoff zwar wünschenswert, jedoch für die meisten unerschwinglich.

Bei der Brennstoffzellenvariante, die in einer Megacity mehr Freiheit bieten würde, sind die High-Tech-Betankung und die Instandsetzungsmöglichkeiten weitere Probleme. Nicht jede Reparaturstätte in der Welt sieht wie eine Autowerkstatt in Stuttgart aus, auch nicht jede Tankstelle.

Ein kompakter Ottomotor mit Wasserstoff, bei konstanter Last und Drehzahl, gekoppelt an einem winzigen elektrischen Generator, kann genauso viel Strom an Bord erzeugen, wie eine Brennstoffzelle, nur wesentlich preiswerter. Und, für solche Einsatzgebiete muss es auch nicht Wasserstoff sein: zu teuer, zu umständlich. Methanol tut es genauso gut und man kann es aus allen Pflanzenresten in Anlagen am Rande der Stadt oder auch zu Hause destillieren. Recyclebar über die Photosynthese ist es auch.

In der chinesischen Großmetropole Xi´an, mit 12 Millionen Einwohnern, fahren bereits 10.000 Taxis mit hundert Prozent Methanol in ihren Ottomotoren, das macht 80% des Taxibestandes der Stadt aus. Dabei wird das Methanol nicht zuerst für die Stromerzeugung an Bord zwecks Elektroantrieb umgewandelt, der Ottomotor leistet den Antrieb selbst.

Ist eine Umwandlung zuerst in Strom sinnvoll? Erhöht das nicht umsonst den technischen Aufwand, das Gewicht und den Preis des Autos? Die Antwort ist eindeutig:

These 51: Ein Kolbenmotor, der bei konstanter Last und Drehzahl arbeitet, kann hinsichtlich der Luftzufuhr, der Kraftstoffzufuhr und schließlich des Verbrennungsablaufs wesentlich besser optimiert werden als einer, der ständig von Null auf 300 Newtonmeter, beziehungsweise von 800 auf 8000 Umdrehungen pro Minute, gejagt wird. Die Ergebnisse sind ein extrem geringer Kraftstoffverbrauch und kaum noch messbare Schadstoffemissionen.

Zugegeben, beim Betrieb mit Methanol oder mit Ethanol wird noch Kohlendioxid emittiert, was kein Schadstoff, sondern das Produkt einer vollkommenen Verbrennung ist. Das wäre jedoch für die lokale Konzentration in der Luft einer Großstadt unter Umständen vom Nachteil, zum Atmen ist doch mehr Sauerstoff als Kohlendioxid in der Luft vom Nöten. Die ständige Ermittlung der Gasanteile in der Luft ist aber gegenwärtig in jeder Großstadt der Welt üblich. So können Zonen mit erhöhten Kohlendioxidkonzentrationen definiert und als Null-Emission-Bereiche über Navi oder Smartphone angezeigt werden. Dort soll der Verbrenner an Bord still bleiben, der Strom, den er zuvor produziert hat, war zum Teil für den Elektroantrieb und zum Teil für die Batterie, die ihn nunmehr liefern muss. Nach dem Null-Emission-Bereich kann dann der Verbrenner wieder teils für den Elektroantrieb und teils für die Batterie arbeiten. Die Abwärme des Verbrenners über Kühlwasser und Abgas kann ebenfalls in Elektroenergie, über preiswerte Thermoelemente (Thermoelektrische Generatoren) umgewandelt werden, wodurch der Wirkungsgrad des Motors nochmal erhöht wird.

Ab dieser Stelle beginnt die Arbeit des Ingenieurs als Autobauer und Energiemanager zugleich. Das zu entwickelnde Automobil mit Elektroantrieb und mit einem Range Extender an Bord soll im Vergleich zu einem Elektroauto mit Batterie, beziehungsweise mit einer Brennstoffzelle klare Vorteile nach drei Kriterien aufweisen: Kosten, Gewicht und Abmessungen.

Dafür sind folgende Funktionsmodule zu optimieren (Bild 15.1) [2]:

- W – Geplante Reichweite, in Bezug auf Kundenakzeptanz und Kraftstromversorgungsnetz

- Z – Leistung des Antriebselektromotors/Elektromotoren

- Y – Ladeleistung der Einheit Verbrennungsmotor/elektrischer Generator

- X – Batteriekapazität.

Zwei Extrembeispiele sind in dieser Hinsicht aufschlussreich:

- Eine Batterie mit extrem geringer Kapazität X, wird nur als kleiner Energiepuffer vorgesehen: Die Ladeleistung Y muss in diesem Fall gleich der Antriebsleistung Z sein. Der Verbrenner muss ständig arbeiten, auch wenn nur in einem festen Punkt, was Verbrauchs- und Emissionsvorteile bringt. Je größer die Reichweite W geplant, desto größer muss auch der Kraftstofftank sein. Eine Fahrt durch die Null-Emission-Zonen ist in dieser Konfiguration nicht möglich.

- Die Batteriekapazität X ist so groß, dass die Reichweite W bei dem geplanten Fahrprofil und bei der Antriebsmotorleistung Z gedeckt wird. In diesem Fall wird die Ladeeinheit Y überflüssig, man spart zwar Verbrennungsmotor und Kraftstofftank, dafür wird die Batterie größer, schwerer und teurer. Wir sind wieder beim Elektroauto mit Batterie.

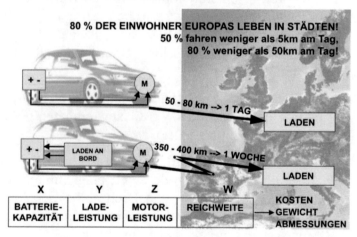

Bild 15.1 Optimierung der Parameter eines seriellen Hybridantriebs für einen kompakten Stadtwagen im Vergleich mit einem reinen Elektroantrieb mit Energiespeicherung in Batterien

Die Leistung des Antriebselektromotors Z hängt von seinem Drehmoment und von seiner Drehzahl ab. Unabhängig von dem weltweit geltenden Vergleichsfahr-zyklus WLTP, wie im Kap. 5.3 dargestellt, wurden Häufigkeitsbereiche von Drehmoment und Drehzahl eines Mittelklassewagens bei Stadtfahrten und auf Landstraßen in verschiedenen Ländern ermittelt [2]. Folgende Ergebnisse sind erwähnenswert:

- Auf Landstraßen wird mit einem Mittelklassewa-gen am häufigsten im Drehmomenten-Bereich um 80 Newtonmeter gefahren, und zwar in einem Drehzahlbereich zwischen 1200 und 2500 Umdre-hungen pro Minute. Das ergibt einen Leistungsbe-reich zwischen 10 und 20 Kilowatt. Eine weitere Häufigkeit erscheint entlang der 1200 Umdrehun-gen-pro-Minute-Linie, zwischen 30 und 80 Newtonmeter (5 bis 10 kW). Das deutet auf häufige Wechselvorgänge zwischen Bremsen und Be-schleunigen hin.

- Bei Stadtfahrten erscheint eine maximale Häufig-keit im Bereich von 15 kW ((80 Newtonmeter/2000 Umdrehungen pro Minute).

- Die Stadtfahrten im zähflüssigen Verkehr, welcher nahezu alle Metropolen der Welt prägt, finden in einem sehr engen Last- und Drehzahlbereich (bis 50 Newtonmeter/1000-1500 Umdrehungen pro Minute) statt, bei Leistungen um 4 kW.

Das Ganze ergibt ein Gleichungssystem mit den Vari-ablen X, Y, Z, W, die nach Kosten, Gewicht und Ab-messungen des Automobils, für die häufigsten Fahr-profile, im Zusammenhang mit sozialen, demographischen und wetterbedingten Gegebenheiten in den Weltregionen zu optimieren sind. Das ist ein interdisziplinäres Thema für Ingenieure und Mathematiker.

15.2 Der Zweitaktmotor mit Kraftstoffdirekteinspritzung als Reichweitenverlängerer

Ein Automobil mit Zweitaktmotor mit Direkteinspritzung als Reichweitenverlängerer wurde auf Basis des Serienfahrzeuges Citroen Saxo Electrique in einer Kooperation der PSA Peugeot-Citroen, Frankreich, mit dem Forschungs- und Transferzentrum Zwickau (FTZ), Deutschland, entwickelt [7]. Ein Zweitaktmotor hat gegenüber einem Viertakter, verfahrensbedingt, ein wesentlich geringeres Gewicht und viel kleinere Abmessungen bei vergleichbarer Leistung. Durch die fehlenden Ein- und Auslassventile und des gesamten Ventiltriebs samt Nockenwellen ist er konstruktiv viel einfacher und daher preiswerter. Der klassische Zweitakternachteil der möglichen Spülverluste zwischen den Ein- und Auslassschlitzen wird durch die sehr späte Einspritzung des Kraftstoffes, direkt in den Brennraum, umgangen. Dadurch bestehen die möglichen Spülverluste nur noch aus frischer Luft, was auch für die bessere Spülung des Zylinders sorgt.

Das Antriebssystem des Fahrzeugs (Z) war mit einem 20 kW Gleichstrommotor für einen Drehzahlbereich von 1.600-5.500 Umdrehungen pro Minute ausgerüstet, welches ein maximales Drehmoment von 127 Newtonmeter bei 1.600 Umdrehungen pro Minute erreichte. Der Batteriesatz (X) bestand aus 20 Nickel-

Cadmium Zellen. Der Zweitaktmotor, als Stromver-
sorgungsmodul an Bord (Y), leistete 10 kW bei 7000
Umdrehungen pro Minute und wog nur 8 Kilogramm
(Bild 15.2).

Er wurde als Zweizylinder–Boxermotor mit einem Ge-
samthubvolumen von 200 Kubikzentimetern, mit sehr
geringen Abmessungen, (30x30x25 Zentimeter) ausgeführt und zusammen mit einem 15 Liter-Benzintank
unter dem Rücksitz platziert.

Das Gewicht, die Abmessungen und die Anbringung
des Verbrennungsmotors samt Nebenaggregaten be-
einträchtigten in keiner Weise die Funktionen des Ba-
sis- Serienfahrzeuges. Bemerkenswert ist jedoch, dass
durch diese Maßnahme die Reichweite (W) auf das
Vier- bis Fünffache gegenüber dem Fahrzeug mit dem
gleichen Antriebs-Elektromotor und mit der gleichen
Batterie zunahm (Bild 15.3).

Dadurch entstand die gewünschte Synergie zwischen
dem Komfort eines Elektrofahrzeuges im Stadtverkehr
bezüglich Beschleunigungsverhalten, Wegfall der
Schaltung, Geräusch- und Schadstoffemission auf der
einen Seite und der längeren Funktion zwischen zwei
Ladungen andererseits

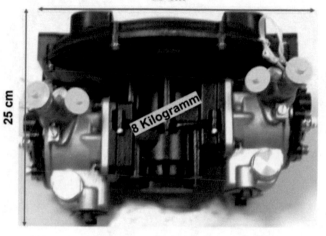

*Bild 15.2 Zweitakt-Zweizylinder Ottomotor mit Benzindirektein-
spritzung, und mit integriertem Drehstromgenerator*

CITROËN *Saxo DYNAVOLT*

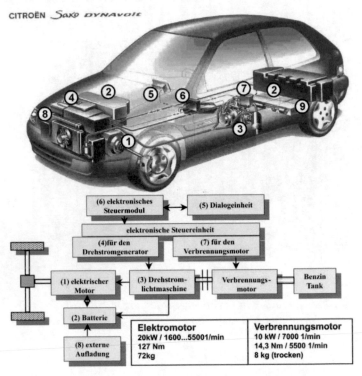

Bild 15.3 Funktionsmodule in dem Automobil Citroen Saxo mit Zweitaktmotor als Range Extender (Quelle: PSA /FTZ Zwickau)

Für die Anpassung an einen einfachen und winzigen Zweitaktmotor, der als Stromgenerator arbeitet, wurde ein sehr kompaktes System zur Einspritzung des Kraftstoffes direkt in den Brennraum, in einer extrem kurzen Zeit von 0,3 bis 0,5 tausendstel Sekunde entwickelt (Bild 15.4) [2]. Das Hochdruckmodul des Einspritzsystems - bestehend aus Einspritzdüse, elektromagnetisch gesteuertem Absperrventil, Beschleunigungsleitung und Schwingungsdämpfer wurde in einer Einheit mit minimalen Abmessungen integriert. Die zum Betreiben des Einspritzsystems erforderliche elektrische Leistung betrug 150 Watt beziehungsweise rund 2 % der Motorleistung. Der Preis des Motors samt Einspritzsystem war derart gering, dass die Umstellung der Serienelektrofahrzeuge auf die Range-Extender-Variante keine spürbare Kostenerhöhung verursachte.

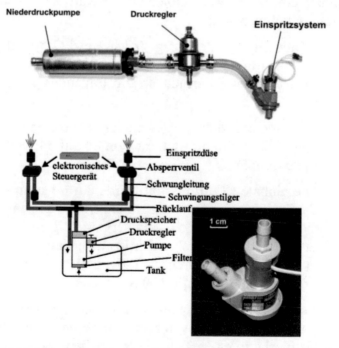

Bild 15.4 Konfiguration des Direkteinspritzsystems mit Hochdruckmodulation für den Zweitaktmotor und Ausführung des Hochdruckmoduls

Ein Citroen Saxo Dynavolt wurde in der erwähnten Konfiguration während einer Testfahrt zwischen Clermond Ferrand und Paris auf einer Strecke von rund eintausend Kilometern in unterschiedlichen Fahrmodi, vom Stadtzyklus und Fernfahrt bis zu Proben auf der Rennstrecke von Magny-Cours, getestet.

Ohne Beeinträchtigung der Fahrsicherheit wurde dabei das Zusatzgewicht, welches durch das Range- Extender-Modul (Zweitaktmotor plus Tank, Auspuff und Stromgenerator) zum serienmäßigen Elektrofahrzeug hinzukam, durch Maßnahmen an der Karosserie vollständig kompensiert.

Die Fahrzeugmasse betrug insgesamt 1.050 Kilogramm, die Maximalgeschwindigkeit 110 km/h. Weitaus bedeutender waren jedoch die folgenden Ergebnisse:

- Die Reichweite wurde gegenüber dem serienmäßigen Elektroauto mit Batterie von 80 auf 340 Kilometer erhöht.

- Die globale CO_2-Emission wurde auf 60 g/km reduziert, was eine Senkung auf ein Drittel der Emission eines Citroen Saxo mit serienmäßigem Viertaktmotor mit Saugrohreinspritzung bedeutete. Das entspricht einem durchschnittlichen Kraftstoffverbrauch von 2,4 Liter je 100 Kilometer.

Umfangreiche Untersuchungen mit der Gemischbildung und Verbrennung von Methanol, Ethanol und ihrer Gemische in einem solchen Motor beweisen seine vollkommene Eignung für regenerative Kraftstoffe [8], [9], [10].

BMW nutzt in seiner i3 Serie, als ähnlichen Range Extender einen größeren Viertakt-Zweizylinder-Reihenmotor mit 647 cm^3, der 28 kW bei 5000 Umdrehungen pro Minute leistet und ein maximales Drehmoment

von 55 Newtonmeter hat und im Übrigen in zwei Ausführungen von BMW Motorrollern eingesetzt wird
[11].

Diese Ergebnisse bestätigen die Ansicht, dass ein serieller Hybridantrieb sehr vorteilhaft für einen Kompaktwagen im städtischen Verkehr erscheint. Umfangreiche Versuche im Großraum Paris zeigten, dass selbst
bei einer Antriebsleistung von nur 20 Kilowatt die Anpassung an einem sehr lebhaften Stadtverkehr als problemlos erscheint.

**These 52: Ein Zweitaktmotor mit elektronisch ge-
steuerter Kraftstoff-Direkteinspritzung als Stromgenerator an Bord eines Automobils mit elektrischem Antrieb hat als Vorteile einen extrem
geringen Preis, wenig Gewicht, sehr kleine Abmessungen, sowie extrem geringe Kohlendioxid- und
Schadstoffemissionen, bei einer deutlichen Reichweitenverlängerung gegenüber einem Elektroauto
mit Batterie.**

Der Stromgenerator mit Zweitaktmotor an Bord bildet
eine besonders konkurrenzfähige Alternative zu Batterien und Brennstoffzellen in cinem Automobil mit
elektrischem Antrieb.

15.3 Der Kreiskolbenmotor (Wankel-Motor) als Reichweitenverlängerer

Die Wankelmotoren hielten vor mehr als einem halben Jahrzehnt einen verheißungsvollen Einzug als Antriebsmotoren für Automobile. Der NSU Mittelklassewagen Ro 80 (1967) war mit einem Zweifach-Kreiskolbenmotor ($2x247cm^3$) mit 84 kW ausgerüstet.

Die Entwicklung von Wankelmotoren als Antriebe für Automobile und Motorräder wurde jedoch nach wenigen Jahren aufgegeben. Derzeit ist der Wankelmotoreinsatz im Automobilbereich auf einen einzigen Hersteller, Mazda, begrenzt, der seine Weiterentwicklung konsequent bis zur neusten RX-Variante verfolgt hat. Das Arbeitsprinzip eines Wankelmotors kann wie folgt zusammengefasst werden:

Ein exzentrisch laufender Rotationskolben schafft durch seine Form, in Kombination mit der Innenkontur des Gehäuses drei getrennte Volumina, die ihre Größe und Lage infolge der Rotation verändern (Bild 15.5). Dadurch können grundsätzlich gleichzeitig mehrere Vorgänge (Einlass der Luft oder des Kraftstoff/Luft-Gemisches), Verdichtung, Verbrennung, Entlastung und Auslass) stattfinden, was eine kompakte Bauweise der Maschine zur Folge hat.

Bild 15.5 Wankel-Motor mit Einlassschlitzen für Luft (links oben)
und Auslassschlitzen für Abgas (links unten)

Neben dem Vorteil der Kompaktheit infolge simultaner Vorgänge, hat die reine Rotation, ohne alle Umsetzungsmechanismen einer Kolbenhubbewegung in Umdrehungen, wie bei Vier- und Zweitaktmotoren, positive Auswirkungen auf Massenausgleich, Lagerungen, Drehzahlbereich und Trägheitsmomente.

Ein wesentlicher konstruktiver Nachteil bestand lange Zeit in der Abdichtung zwischen den Kammern, in den

Ecken des Rotationskolbens. Das hat gewiss die Weiterentwicklung des Wankelmotors mit beeinflusst.

Ein weiterer Nachteil ist die zerquetschte und zerklüftete Form des Brennraums, wodurch die Verbrennung nicht besonders effizient verläuft und unvollständig ist, was die Schadstoffemission negativ beeinflusst. Wie im Fall der Zweitaktmotoren, ist dennoch der Einsatz von Wankelmotoren als Stromgeneratoren im Rahmen eines Hybridantriebs eine Lösung, die vorteilhaft werden kann. Bei stationärem Betrieb haben sowohl der Ladungswechsel als auch die Verbrennung noch Optimierungspotential.

Mazda hat im Jahr 2010 eine solche Konfiguration präsentiert. Diese besteht aus einem Wankelmotor (RX8) im Stationärbetrieb mit Wasserstoff, der in der Kompressionsphase eingespritzt und somit in der nächsten Phase, im Brennraum vollständig verdampft und mit Luft vermischt vorliegt.

Audi hat seinerseits ein Konzeptfahrzeug mit einem Wankel-Range Extender mit 264 cm^3 gebaut. Der Antriebselektromotor hatte 45 kW und 150 Newtonmeter. Das System enthielt dazu eine Lithium-Ionen-Batterie mit einer Kapazität von 12 Kilowattstunde bei einem Gewicht von 150 Kilogramm. Die Reichweite im Range-Extender-Modus betrug 200 Kilometer, im alleinigen Batteriebetrieb 50 Kilometer.

15.4 Der Turbomotor (Gasturbine) als Reichweitenverlängerer

Die Gasturbinen haben, wie die Wankelmotoren, gegenüber den klassischen Kolbenmotoren den konstruktiven Vorteil einer reinen Rotationsbewegung. Bei den Gasturbinen ist jedoch keine Exzentrizität, wie bei dem Rotationskolben des Wankelmotors, vorhanden. Alle notwendigen Vorgänge – Verdichtung, Verbrennung, Entlastung, Ladungswechsel – finden gleichzeitig statt (soweit wie beim Wankelmotor), aber jeder davon hat ein eigenständiges Modul zur Verfügung: Verdichter, Brennraum, Turbine, Ansaugdiffusor und Abgasdüse. Jedes Modul ist für den jeweiligen Vorgang entwickelt und optimiert.

Im Gegensatz dazu wirkt die Kolben-Zylinder-Einheit eines Kolbenmotors einmal als Verdichter, dann als Brennraum, als Entlastungsmodul und als Ladungswechselanlage. Die Kompromisse sind dabei vorprogrammiert.

Im Flugzeugmotorenbau werden derzeit vorwiegend axiale Verdichter-Turbinen-Module eingesetzt, früher waren jedoch Motoren mit radialen Verdichtern und Turbinen auch üblich.

Das Funktionsprinzip beider Ausführungen ist ähnlich (Bild 15.6, Bild 15.7) [6].

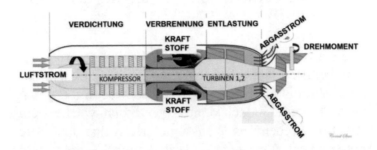

Bild 15.6 Turbomotor (Gasturbine) mit axialer Verdichter- und Turbineneinheit – schematisch

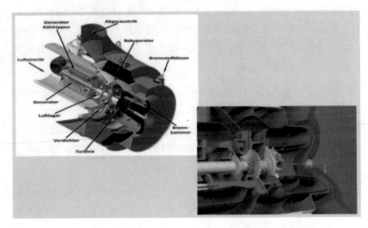

Bild 15.7 Turbomotor (Gasturbine) mit radialer Verdichter- und Turbineneinheit – schematisch [12]

Die Verdichtung erfolgt mittels eines axialen Verdichters üblicherweise über mehrere Verdichterstufen – bestehend aus Rotor und Stator. Die Verbrennung findet infolge des kontinuierlichen Massenstroms von Luft und Kraftstoff unter weitaus besseren Bedingungen als in einem Kolbenmotor statt.

Die Entlastung erfolgt über eine allgemein mehrstufige Turbine. Die erste Turbinenstufe oder –stufen dienen der Erzeugung mechanischer Arbeit zum Antreiben des Verdichters. Diese Arbeit wird dem Verdichter über eine axiale Verbindungswelle übertragen.

Die zweite Turbinenstufe oder –stufen setzen die restliche Energie des verbrannten Gasgemisches in die eigentliche Nutzarbeit um. Diese Arbeit kann mittels eines Getriebes für den Direktantrieb eines Fahrzeuges oder zur Erzeugung elektrischer Energie mittels Generators genutzt werden.

Das Abgas wird in dieser Weise bis zum Umgebungsdruck entlastet, hat allerdings eine höhere Temperatur als jene der Umgebung. Diese Wärme kann aber auch über einen Wärmetauscher aufgefangen und wiederverwendet werden, wie des Weiteren erklärt werden wird.

Eine Variante von Gasturbine mit Wärmerekuperation als Stromgenerator für Hybridantriebe mit geringem technischem Aufwand ist in dem Bild dargestellt (Bild 15.8) [2].

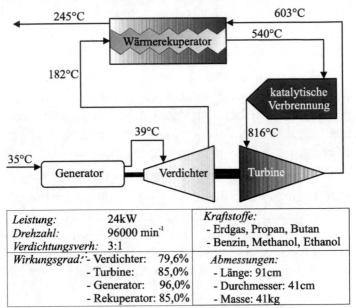

Bild 15.8 Wirkungsweise eines Turbomotors mit Wärmerekuperation

Infolge des Druckverhältnisses nach der Verdichtung
(3:1) steigt die Lufttemperatur von 39 °C auf 182 °C.
Ab diesem Niveau erfolgt bereits ein Teil der Wärmezufuhr von einem Wärmerekuperator bis zu einer Temperatur von 540 °C. Der weitere Anteil der Wärmezufuhr erfolgt durch katalytische Verbrennung in einem
Niedrigtemperatur- Brennraum, bis 816 °C. Bei diesem Temperaturniveau ist zwar der thermische Wirkungsgrad nicht besonders hoch, aber der technische
Aufwand bleibt relativ gering und eine Stickoxidemission kann kaum zustande kommen. Das Abgas wird
dann in der Turbine bis 603 °C entlastet. Die Wärme
bei dieser Temperatur wird über dem Wärmerekupera-

tor abgefangen und für die erste Phase der Wärmezufuhr der frischen Luftströmung vor dem Brennraum
zugeführt. Das Abgas verlässt somit die Maschine mit
einer beachtlich niedrigen Temperatur von 245 °C.
Diese Ausführung von Turbomotor leistet 24 kW bei
96.000 Umdrehungen pro Minute. Sie kann mit vielen
Arten von Kraftstoffen, von Biogas bis Methanol und
Ethanol, aber auch mit Wasserstoff betrieben werden.

**These 53: Eine Einheit von Radialverdichter und
Radialturbine, die gewöhnlich als Turbolader für
Kolbenmotoren eingesetzt wird, kann durch Ergänzung mit einer Brennkammer zu einem kompakten und effizienten Range Extender für Automobile mit Elektromotorenantrieb werden.**

15.5 Der Stirling-Motor als Reichweitenverlängerer

Ein Stirling- Prozess ist durch eine äußere Wärmequelle und nicht durch innere Verbrennung, wie ein
klassischer Kolbenmotor, gekennzeichnet. Dadurch
bleibt das Arbeitsmedium im Innenraum des Motors
selbst chemisch unverändert. Der geschlossene Innenraum wird zwischen zwei beweglichen Kolben und einem jeweiligen Zylinder gebildet und kann durch die
Bewegung der Kolben variabel werden. Somit sind die
Verdichtung und die Entlastung des Arbeitsmediums
möglich. Die Wärme an der äußeren Quelle entsteht
durch stationäre, äußere Verbrennung. Das hat Vorteile bezüglich der optimalen Brennraumgestaltung
und der beliebigen Kraftstoffart.

Zwischen 1960 und 1970 wurden Stirling- Motoren für Direktantrieb von Bussen bei General Motors entwickelt, einige Prototypen mit Stirling-Motor-Antrieb mit 125 kW wurden später von Ford für Automobile entwickelt. Als Arbeitsmedium diente Wasserstoff, die maximale Leistung betrug 127 kW bei 4.000 Umdrehungen pro Minute, bei einer Temperatur von 750 °C auf der warmen Seite und von 64 °C auf der kalten Seite. Der Wirkungsgrad betrug 38 %.

Philips und DAF entwickelten und untersuchten zwischen 1971 – 1976 den Prototyp eines DAF Omnibuses – SB 200 – angetrieben von einem Philips 4-235 Stirlingmotor im Zusammenwirken mit einem automatischen Getriebe. Der gleiche Stirling-Motortyp Philips 4-235 wurde auch für den Antrieb eines MAN-MWM 4-658 Busses angepasst. Die maximale Leistung betrug 147 kW bei 2.400 Umdrehungen pro Minute.

Diese Konzepte mit Stirling-Motor-Direktantrieb wurden nicht weiterverfolgt. Ein prinzipieller Nachteil der äußeren Wärmezufuhr durch Wärmeaustausch gegenüber einer inneren Verbrennung ist die relativ große Fläche für den Wärmeaustausch und die verhältnismäßig lange Dauer dieses Austausches, was hohe Drehzahlen oder häufige und schnelle Drehzahländerungen nicht zulässt. Beim Antrieb mit konstanter Last und Drehzahl, als Stromgenerator (Range Extender), sind solche Nachteile nicht mehr gegeben. Bei General Motors wurde im Jahre 1967 ein Opel Kadett mit einem GM Stirlingmotor GPU3 als Stromgenerator in einem seriellen Hybridsystem ausgerüstet. Als Arbeitsmedium im Stirling-Kreisprozess wurde Helium eingesetzt. Die erreichte Leistung lag bei etwa 7 kW.

16

Automobile mit Antrieb durch Verbrennungsmotor und Elektromotor(en)

16.1 Warum brauchen die Autos überhaupt noch Otto- und Dieselmotoren?

Die Motoren mit innerer Verbrennung, ob nach dem Otto- oder nach dem Dieselverfahren, waren am Anfang ihrer Entwicklung auch als „Explosionsmotoren" bekannt. Wenn ein Gemisch von Kraftstoff mit Luft in dem Brennraum eines solchen Kolbenmotors von einer Zündquelle (Ottoverfahren), oder durch die Temperatur der höher komprimierten Luft (Dieselverfahren) entflammt und verbrennt, so entsteht ein heißes Gasgemisch, welches regelrecht explodieren will. Die Temperatur des Gasgemisches steigt dabei bis etwa 2000°C, was in dem gegebenen Brennraumvolumen zu einer raschen Druckerhöhung führt. Der Druck wirkt auf alle Brennraumwände. Die einzige davon die sich bewegt ist aber der Kolben. Durch die nun mögliche „Gasexplosion" entlastet sich das Gas in dem zunehmenden Volumen. Der Druck wirkt auf der Kolbenfläche als Kraft. Die Kraft entlang des Kolbenweges

© Der/die Autor(en), exklusiv lizenziert durch
Springer-Verlag GmbH, DE, ein Teil von Springer Nature 2021
C. Stan, *Automobile der Zukunft*,
https://doi.org/10.1007/978-3-662-64116-3_16

ergibt Arbeit. So ist aus der Energieform <u>Verbren-nungswärme</u> die Energieform <u>Kolbenarbeit</u> entstanden. Der Kolben überträgt über einen Kurbeltrieb, bestehend aus Pleuel und Kurbelzapfen, diese Arbeit an die Kurbelwelle, die sie in einem <u>Drehmoment über einen Kurbelwinkel</u> umwandelt.

Die Kolbenmaschine mit Kurbeltrieb, ob im Otto- oder im Dieselverfahren, ist einfach, direkt und robust (Bild 16.1). Sie hat die vielen anderen, meist umständlichen und kostspieligen Konstruktionsvarianten überlebt mit denen der Gasdruck auf den Kolben in Drehmoment an einer Achse umgewandelt werden sollte.

Die Verbrennungsmotoren sind allerdings in Ungnade bei zahlreichen Gesetzgebern gefallen. Sie werden von ihnen regelrecht als antiquierte, feuer- und giftspuckende Eisenmonster verteufelt. Dementsprechend werden Automobile mit Otto- und Dieselmotoren in den nächsten 10 bis 15 Jahren in Frankreich, in Großbritannien, in Schweden, in Norwegen, in Dänemark, in den Niederlanden, in Kanada, in Kalifornien, in Indien und in anderen Ländern nicht mehr zugelassen. Deutschland kündigt diplomatisch und weise das „Ende des fossilen Verbrenners" bis 2035 an, das lässt Raum für Verbrennungsmotoren mit regenerativen Kraftstoffen, was absolut richtig ist. Alle Automobilantriebe haben bei den anderen, nach ihren jetzigen Gesetzten, elektrisch zu werden! Es wird aber nirgendwo nur ein Wort darüber gesagt oder geschrieben, was mit den Antrieben der Traktoren, Landwirtschaftsfahrzeuge, Bagger, Schwerlaster, Frachtschiffe, Kreuzfahrtschiffe und Flugzeuge passieren soll. Ein großer Kran wird derzeit von einem Acht-Zylinder-

Dieselmotor mit einer Leistung von 1.000 kW angetrieben. Man könnte gewiss einen solchen Verbrenner durch zwei Elektromotoren ersetzten, und ihre Elektroenergie aus einer 100 kWh-Lithium-Ionen-Batterie beziehen, die rund eine Tonne schwer wäre. Der Antrieb würde theoretisch eine zehntel Stunde funktionieren, also 6 Minuten. Praktisch wären es nur 3 bis 4 Minuten, um die Batterie nicht leer zu fahren. Danach müsste die Batterie mindestens eine Stunde geladen werden, wenn eine aufwendige und teure Hochleistungs-Ladetechnik, wie für Porsche oder für Tesla, auch einem Baukran zur Verfügung stünde.

Bild 16.1 Dem Brennraum eines Kolbenmotors werden Kraftstoff
und Luft zugeführt. Durch Verbrennung dieses Gemi-
sches entsteht Wärme, die zu einem hohen Gasdruck
führt, womit der Kolben bewegt wird. Der Kurbeltrieb
des Motors wandelt die Kolben-Translation in Rotation
um.

Und übrigens, bezüglich der Kohlendioxidemission
von Verbrennungsmotoren gibt es weitaus größere
Verursacher als jene von Automobilen:

—   *eine Boeing 747 verbraucht beim Abheben, bis*
zur Reisehöhe, 2.500 Liter Treibstoff pro hun-
dert Kilometer. Die Kohlenddioxidemission
entspricht in dem Fall jener von 360 Autos mit

Benzinmotoren, die auf der Autobahn neben dem Flughafen fahren würden.

Das Kreuzfahrtschiff „Harmony of the Seas", mit 3 Sechzehn-Zylinder-Dieselmotoren und noch 3 Zwölf-Zylinder-Dieselmotoren dazu, emittiert pro Tag so viel Kohlendioxid wie alle in Hamburg zugelassenen Automobile, wenn jedes davon 8 Kilometer fahren würde [1]!

These 54: Die Verbannung der Verbrennungsmotoren aus leistungsgeprägten Automobilen und aus leistungsfähigen Arbeitsmaschinen wäre kein Beitrag zur Klimaneutralität. Die aus einem regenerativen Kraftstoff gewonnene Wärme kann in einem Verbrennungsmotor in Arbeit, ohne kumulative Kohlendioxidemission in der Umwelt, umgewandelt werden.

Wie im Kap. 12.1 dargestellt, ist eine Verbrennungsreaktion viel effizienter in Bezug auf die Energiedichte als eine chemische Reaktion in Batterien oder in Brennstoffzellen. Die Hauptgründe dafür sind die wesentlich höheren Verbrennungstemperaturen ($1600\ °C - 2000°C$) im Vergleich zu den Vorgängen in Batterien und in Brennstoffzellen ($80\ °C - 100°C$). Das erhöht einfach die Bewegungsenergie der mikroskopischen Teilchen der Partner-Substanzen im Gemisch (beispielsweise Sauerstoff und Wasserstoff), wodurch die Bildung der Endprodukte (in dem Fall wäre es Wasser) beschleunigt wird. Dazu trägt wesentlich auch der direkte Kontakt der Partner und die Gemischturbulenz bei, wodurch die Reaktionen großflächig stattfinden. Das ist in Batterien und in Brennstoffzellen nicht der Fall.

Es gibt aber, leider, eine allgemeine Wahrnehmung des Diesel-Motors als eine altmodische Konstruktion aus der Zeit, in der Rudolph Diesel gelebt hat. Seitdem er das Verfahren beim Kaiserlichen Patentamt, in 1893, angemeldet hat, sind allerdings schon128 Jahre vergangen. Die Entwicklungsingenieure haben inzwischen sowohl das Verfahren als auch die Konstruktion des „Diesels" über mehrere Evolutionsstufen gewaltig geändert.

Dem Kolbenmotor mit Fremdzündung, in Deutschland seit 1936 als „Otto-Motor" bezeichnet, erging es nicht anders. Seine Geburt war von mehreren Vätern beansprucht: Eugenio Barsanti und Felice Mateuzzi (1853), Etienne Lenoir (1860), Alphonse Beau de Rochas (1862) und schließlich Nicolaus August Otto (1877). Das ist auch sehr lange her. Die einzige Ähnlichkeit der modernen Ottomotoren mit diesen ursprünglichen Ausführungen ist nur noch die Geometrie des Kurbeltriebs (Kolben-Pleuel-Kurbel), die sich tatsächlich über die Zeit bewährt hat.

Die heutigen, zukunftsträchtigen Otto- und Dieselmotoren haben viele ähnliche modulare Funktionen, die bald zu der Vereinigung beider Verfahren führen werden (Bild 16.1). Selbst die Verbrennung, im Ottoverfahren noch mit Fremdzündung mittels Zündkerze, im Dieselverfahren mit Selbstzündung durch Lufterhitzung, wird bald einheitlich werden.

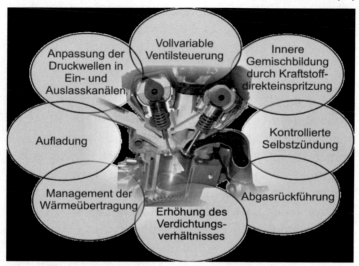

Bild 16.2 Zukunftsträchtige Otto- und Dieselmotoren haben viele ähnliche, modulare Funktionen, die bald zu der Vereinigung beider Verfahren führen werden

Anpassung der Druckwellen in Ein- und Auslasskanälen

In Gasströmungen, ob Frischluft im Einlasskanal oder Abgas im Auslasskanal, bilden sich immer Schallwellen, wie im Kap. 8.1 dargestellt. Sie können entweder die Füllung oder die Entleerung eines Zylinders verhindern. Maßgebend für eine Druckwelle „just in time" ist die Länge des jeweiligen Rohres. Ein Motor für eine einzige Drehzahl würde den glücklichen Entwickler zum Instrumentenbauer befördern. In einem breiten Drehzahlband des Motors muss er aber zum Posaunenbauer werden. Rohrlängen zu- und abschalten wird zur Konstruktionskunst. Und eine solche Posaune ist ganz anders bei Ferrari als bei Audi gestaltet. Beide haben jedoch eine ordentliche Resonanz! Darüber hinaus eröffnet die Kühlung oder die Erwärmung der jeweiligen Gasströmung noch ganz andere Horizonte [2].

Vollvariable Ventilsteuerung

Das Ein- und Ausströmen der Gase in/aus einem Zylinder muss der Frischladungsmasse und der Restgasmasse im Zylinder angepasst werden. Man muss nicht immer eine maximale Frischluftmenge im Zylinder haben, man muss auch nicht immer die Restgase komplett entfernen. Wichtig ist, dass der Verbrennungsablauf bei jeder Last und Drehzahl bei Laune zwischen Frischladung und Restgas gehalten wird. Zwei große Ventile für den Einlass und nochmal zwei fast so große für den Auslass sind gut für maximale Lastanforderungen. Das Problem ist, dass solche Ventile bei allen Kolbenmotorausführungen über Nockenprofile geöffnet und geschlossen werden. Der Öffnungswinkel ist dadurch geometrisch fixiert. Wenn aber der Motor von 800 auf 8000 Umdrehungen pro Minute gejagt wird, bleibt aus der zeitbezogenen Öffnungsdauer nur noch ein Zehntel! Wann soll dann die Gassäule noch rein oder raus? Der Motor erstickt dann an Luftmangel oder an Abgasvergiftung. Dagegen gibt es aber schon wirkungsvolle Maßnahmen: geänderte Nockenprofile zu- und abschalten, hydraulische Steuerungen zwischen einem großen Nocken und einem Stößel zur Ventilbewegung. Oder, als ideale Lösung, ganz ohne Nocken: elektromagnetische Ventile, die aber viel Strom brauchen. Auch dafür wird eine Brennstoffzelle an Bord willkommen sein.

Aufladung

Mehr Luft in einem kleinen Zylinder lässt auch mehr Kraftstoff zu, es entsteht mehr Arbeit und dann mehr Leistung pro Masse und Volumen des Zylinders, das höhere thermische Niveau ist gut für die Effizienz. Es gibt hauptsächlich zwei Lader-Arten mit vielen Varianten [2]:

- Verdichter, die vom Motor selbst angetrieben werden, bekannt auch als Kompressoren. Sie beanspruchen aber einen Teil der Motorleistung und sind, wie die Ein- und Auslassventile, an die Motordrehzahl gebunden, wovon dann ihr Liefergrad abhängt. Sie sind meistens so konstruiert, dass sie von kleinen Drehzahlen aus viel Luft liefern, dadurch wird das Drehmoment des Motors kräftig vom Start weg.

- Verdichter, die von einer Turbine im Abgasstrom angetrieben werden (Turbolader). Sie nutzen also nur bereits abgestoßene Energie, was prinzipiell gut ist. Wenn aber im Brennraum noch nicht viel Arbeit entsteht, weil die Last und/oder die Drehzahl noch gering sind, kann die Turbine auch nicht viel Energie bekommen. Deswegen sind die Turbolader meist träge, wenn man beschleunigen will, was allgemein als „Turboloch" bekannt ist. Inzwischen gibt es Motoren mit zwei bis drei Turboladern verschiedener Größen, oder mit einem Kompressor und einem Turbolader. Die Ingenieure werden in diesem Fall zu Orgelbauern und die Steuerung eines solchen Systems wäre eine Aufgabe für Johann Sebastian Bach, wenn es keine IT-Spezialisten gäbe.

Innere Gemischbildung durch Kraftstoffdirekteinspritzung

Die Nahrung eines Kolbenmotors mit Kraftstoff ähnelt jener eines Babys mit dem Breilöffel: Das Ziel ist eine gute Verdauung. Dem Baby kann man nicht den ganzen Brei aus einem Gläschen mit dem großen Löffel auf einmal in den Mund schieben: das wäre gar nicht verdaulich, das Baby würde sich schütteln, es würde schreien, sein Auslasstrakt würde explodieren. Genauso ist es mit einem Motor, der seine ganze Dieselration mit einem Mal, als flüssigen Klumpen, empfangen würde. Die Luft würde nicht bis zum Kern des Klumpens ankommen, genauso wie beim Baby die Magensäfte nicht bis zum Breikern kommen würden. Das Ergebnis wären für den Motor unverbrannte Tropfen von Kohlenwasserstoffen, die giftig sind, dazu noch Ruß und Partikel. Was beim Baby in so einem Fall rauskommt wissen alle, die Kinder haben.

Die Lösung ist beim Baby und beim Motor ähnlich: alles mit dem ganz kleinen Löffel, mit Verschnaufpausen dazwischen. Das Problem ist, dass bei einem Automobil-Motor, ob Otto oder Diesel, die Zeit für eine Direkteinspritzung in den Brennraum nur eine bis zwei tausendstel Sekunde beträgt. Mit der gegenwärtigen Einspritztechnik gelingt es aber trotzdem, einem Motor sieben oder acht Portionen pro Verbrennungsvorgang zu servieren, mit kurzen Pausen dazwischen und auch mit unterschiedlichen Mengen für jede kleine Portion. Alles richtet sich eben danach, wie es der Verbrennung selbst passt. Dafür müssen aber die entsprechenden Einspritzanlagen genug Druck aufbringen [2]: Eine moderne Dieseleinspritzanlage für solche Anwendungen schafft 2500 bar, eine Benzin-Hochdruck-pumpe bis zu 500 bar. Moderne Direkteinspritzanlagen können Druckverläufe an der Einspritzdüse realisieren, die praktisch unabhängig von der Motordrehzahl sind.

Kontrollierte Selbstzündung

In Kolbenmotoren mit Fremdzündung (Ottomotoren) wird ein weitgehend homogenes Gemisch von Kraftstoff mit Luft von dem Funken einer Zündkerze aus entflammt. Die Flamme breitet sich dann von der Zündquelle wie eine Tsunami-Welle ins ganze Gemisch aus. In Kolbenmotoren mit Selbstzündung (Dieselmotoren) wird die Luft mehr verdichtet als in Ottomotoren, wodurch sie eine viel höhere Temperatur erreicht. Die in den Brennraum eingespritzten Tropfen von Kraftstoff erhitzen sich von dieser Luft und brennen dann von selbst. Deswegen muss auch kein homogenes Gemisch vorhanden sein, wie beim Ottomotor, die Kraftstofftropfen können irgendwo durch die Luft im Brennraum schweben.

In beiden Verfahren kann aber auch etwas anderes einer guten Zündung helfen, und zwar das Abgas selbst! Ein Abgasrest im Zylinder, vom vorausgegangenen Zyklus (es kann zwischen 5% und 70% sein), erhitzt die Kraftstofftropfen besser als die verdichtete Frischluft. Das bereits verbrannte Restgas kann und muss auch nicht selbst an der Verbrennung teilnehmen. Im Vergleich mit dem Funken einer Zündkerze hat es weniger Energie. Es wirkt aber nicht in einer fortschreitenden Tsunamifront, nach und nach, sondern an vielen Stellen in dem Brennraum gleichzeitig [13]. Dadurch wird die Verbrennung insgesamt schneller und der Wirkungsgrad des Vorgangs viel besser. Stickoxide entstehen dabei kaum, weil die Zeit für diese Nachreaktion ganz einfach fehlt!

Das neuste Verfahren dieser Art läuft wie folgt ab: Man komprimiert Luft, wie in einem klassischen Dieselmotor, dann werden einige Tropfen von Biodiesel eingespritzt (Piloteinspritzung), die schnell entzünden und in vielen Punkten des Brennraums brennende Insel bilden. Darauf wird die Haupt-Kraftstoffmenge, bestehend aus Methanol oder Ethanol eingespritzt, die dann rasch entzündet und verbrennt [14]. Dieses Verfahren wird in den modernsten, gigantischen Schiffs-Dieselmotoren von Wärtsila und B&W MAN angewandt [1].

Abgasrückführung

In gegenwärtige Diesel- aber auch Ottomotoren, wird ein Teil der Abgasströmung nach dem Auslassventil gekühlt und zum Ansaugtrakt geführt, wo es mit der zum Motor strömenden Frischluft vermischt wird. Das senkt gewiss den Füllgrad des Zylinders mit Frischladung und wirkt für die Verbrennung wie Sand im Getriebe, was auch bezweckt wird. Das bereits verbrannte und nicht mehr reagier-fähige Abgas hemmt den Verbrennungsvorgang mit dem Zweck, sehr hohe Temperaturen zu vermeiden, bei denen sich mit hoher Wahrscheinlichkeit Stickoxide bilden können. Die Stickoxidherde haben aber immer ein zufallsgeprägtes Verhalten und sind nicht gleichmäßig in dem Brennraum verteilt. Abgas mit der Gießkanne in die Verbrennung streuen ist nicht die eleganteste Methode in Bezug auf die Prozesseffizienz, es führt aber immerhin zur Senkung der globalen Verbrennungstemperatur und somit zur Reduzierung der Stickoxidemission.

Erhöhung des Verdichtungsverhältnisses

Allgemein gilt: Je höher die Verdichtung, desto besser der Wirkungsgrad des Motors und infolge dessen, desto niedriger der Verbrauch. Das Verdichtungsverhältnis wird vom Kolben gebildet, auf seinem Weg zwischen dem maximalen und dem minimalen Volumen im Zylinder. Je kleiner das minimale Volumen wird, desto höher der Druck und die Temperatur der Luft am Ende der Verdichtung.

Bei Ottomotoren war früher der Kraftstoff mit der Luft angesaugt (Verdichter, Saugrohreinspritzung) und wurde durch die Verdichtung angeheizt. Er brannte dann gelegentlich unkontrolliert (Klopfen), was zu starken Vibrationen und zu Kolbenschäden führte. Deswegen war das Verdichtungsverhältnis auf 7 – 8 begrenzt. Durch die Kraftstoffdirekteinspritzung in den Brennraum kommt eine Erhitzung während der Verdichtung nicht mehr zu Stande. Jetzige Ottomotoren können Verdichtungsverhältnisse von 14 bis 15 erreichen, der Kraftstoffverbrauch sinkt dabei deutlich.

Bei Dieselmotoren waren früher Verdichtungsverhältnisse über 22 üblich, jetzt ist man leider bis zu dem Niveau gesunken, an dem die modernen Ottomotoren angekommen sind. Der Grund ist wiederum die Angst um die Stickoxidemission, durch eine zu hohe Temperatur der Verbrennung, die allerdings für den Wirkungsgrad so gut wäre! Die Lösung ist auch in diesem Fall die vorhin dargestellte kontrollierte Selbstzündung durch Piloteinspritzung. Dieses Verfahren lässt eine kräftige Wiederbelebung des Verdichtungsverhältnisses erwarten, mit deutlichen Verbrauchsvorteile [2].

Management der Wärmeübertragung

Durch die Verbrennung eines Kraftstoffes, der einen Heizwert besitzt, mit Sauerstoff aus der Luft, entsteht Wärme, die im Motor in Arbeit umgesetzt wird. Bis zu zwei Drittel dieser Wärme entgehen jedoch dieser Umwandlung, über die Kühlung und über das Abgas.

Die Kühlung des Zylinders, gewöhnlich mit Hilfe eines Wasserkreislaufs, soll die Bauteile vor Verformung, Verschmelzung oder Überdehnung mit Bewegungsblockierung schützen.

Die Wasserumwälzungspumpen sind bislang vom Motor selbst angetrieben. Dabei können zwei Extremsituationen entstehen [2]:

- Das Auto ist vollbeladen und fährt langsam bergauf. Der Motor braucht bei einer solchen Last auch eine kräftige Kühlung, die niedrige Motordrehzahl bringt aber auch eine niedrige Pumpendrehzahl mit sich. Die Kühlung ist ungenügend, der Motor muss schwitzen.

- Das Auto hat keine Ladung, an Bord ist nur der Fahrer, der bergab richtig Gas gibt. Die Motordrehzahl peilt ihr Maximum an, die Pumpendrehzahl auch, der Motor wird sehr stark gekühlt in einer Situation, in der er nicht belastet ist. So geht Wärme richtig verloren.

Der elektrische Antrieb der Wasserpumpen, mit Steuerung des Kühlwasserstroms für jeden Last/Drehzahl-Betriebspunkt des Motors macht das Wärmemanagement besonders effizient. Dafür braucht man aber genügend Strom an Bord. In diesem Fall ist wiederum

eine Brennstoffzelle mit dem gleichen Kraftstoff wie
für den Antriebs-Verbrennungsmotor sehr effizient.

Und was passiert dann mit dem Kühlwasser, welches
die Wärme vom Motor aufgenommen hat? Üblicherweise wird es über einen Kühler der Umgebung geschenkt und geht damit für das Auto selbst verloren.
Dieses heiße Wasser kann jedoch in einem Sekundär-
kreislauf genutzt werden, indem die Wärme in Arbeit
innerhalb eines Dampfprozesses umgewandelt werden
kann [6]. Damit kann man dann auch Strom an Bord
produzieren. Durch den Wärmetauscher eines solchen
Sekundärkreislaufs kann dann auch das heiße Abgas
bei 500-600 °C geschickt und bis auf 200°C der
Wärme entladen werden. Eine weitere sehr effiziente
Nutzungsart dieser zwei Wärmeströme zeigt sich in einer Wärmepumpe an Bord als sehr effizient [1].

16.2 Parallele und gemischte Hybride, Hybridklassen

Die Beteiligung von Verbrennungsmotoren und Elektromotoren am Fahrzeugantrieb ist in zahlreichen Konfigurationen möglich. Üblicherweise werden solche
Hybride nach dem Anteil des Elektromotors an der gesamten Antriebsleistung klassifiziert [2]:

Mikro-Hybrid: Elektromotorleistung unter 6 kW
Der Elektromotor wird nicht für direkten Antrieb verwendet, sondern zum Starten des Antriebsverbren-

nungsmotors bei einer entsprechenden Leistungsanforderung durch den Fahrer sowie beim Ausschalten dieses Motors im Leerlauf, nach einer bestimmten Leerlaufdauer (Start/Stop-Funktion). Solche Elektromotoren kommen allgemein mit einer Spannung von 12 Volt aus. Diese Zusatzausrüstung zu einem Verbrennungsmotor kostet etwa 300 bis 800 Euro und kann zu einer Senkung des Streckenkraftstoffverbrauchs um 3 bis 6 % beitragen.

Mild-Hybrid: Elektromotorleistung zwischen 6 und 20 kW

Der Elektromotor unterstützt über die Start/Stop-Funktion hinaus den Antriebverbrennungsmotor während dessen Beschleunigung. Er wirkt andererseits auch als Generator, um die Bremsenergie in Elektroenergie umzuwandeln, welche dann in der Batterie gespeichert wird. Solche Elektromotoren werden mit einer Spannung von 42 Volt oder 144 Volt betrieben und kosten, je nach Kenngrößen und Konfiguration im System, zwischen 1000-2000 Euro. Der Streckenkraftstoffverbrauch kann in einer derartigen Konfiguration prinzipiell um 10-20 % sinken.

Vollhybrid: Elektromotorleistung über 40 kW

Bei der Nutzung von Elektromotoren in diesem Leistungsbereich werden allgemein zwei Konzepte verfolgt:

- mit einem einzigen Antriebselektromotor, der zusammen mit dem Antriebsverbrennungsmotor das Drehmoment absichert – als klassische Lösung eines Parallelhybrides;

- mit mehr als einem Antriebselektromotor, zusätzlich zum Antriebsverbrennungsmotor, als „Power Split" oder gemischter Hybrid. Ein solcher Elektromotor kann in bestimmten Fahrsituationen den alleinigen Antrieb, bei abgeschaltetem Verbrennungsmotor absichern.

Die Betriebsspannung beträgt in solchen Konfigurationen 250 Volt. Der Mehrpreis gegenüber dem Antrieb mit dem betrachteten Verbrennungsmotor beläuft sich auf 4.000 bis 8.000 Euro, je nach Ausführungsform. Prinzipiell haben solche Lösungen ein Potential zur Senkung des Streckenkraftstoffverbrauchs um 30-40 %.

Das Potential der Mikro-, Mild- und Vollhybridsysteme zur Senkung des Streckenkraftstoffverbrauchs ist allerdings stark von dem jeweiligen Fahrzyklus abhängig.

Mikro- und Mild-Hybride sind vorteilhaft im Stadtverkehr und verlieren ihre Wirkung zum Teil auf Fernstraßen und gänzlich auf der Autobahn. Die Mild-Diesel-Hybride sind die beste Alternative im Stadtverkehr, sie übertreffen sowohl die anderen Hybridgattungen als auch den Dieselmotor als alleinigen Antrieb.

These 55: Ein Benziner-Vollhybrid hat auf Fernstraßen praktisch keinen Vorteil gegenüber einem modernen Dieselmotor, auf Autobahn ist er diesem eindeutig unterlegen.

16.3   Parallel-Vollhybride mit unterschiedlichen Verbindungsarten oder ohne Verbindung zwischen Verbrennungsmotor und Elektromotor

Alle Hybridkonfigurationen, die des Weiteren dargestellt werden, können ebenso gut mit Methanol, Ethanol, Dimethylether oder einem Pflanzenöl anstatt Benzin oder Dieselkraftstoff funktionieren. Die gemeinsamen Ziele all dieser Konfigurationen sind deutliche Verbesserungen im Drehmomentenverlauf, insbesondere beim Beschleunigen, eine deutliche Senkung des Kraftstoffverbrauchs, somit der Kohlendioxidemissionen, und eine drastische Senkung der Schadstoffemissionen durch optimale Funktion des Verbrennungsmotors in „Fenstern" von Drehmoment und Drehzahl.

Einige Lösungen sind repräsentativ für solche Kombinationen:

Bei Toyota Prius ist ein quer eingebauter Benzinmotor über einen Planetenradsatz mit einem Drehstrom-Synchron-Elektromotor und einen Generator verbunden (Bild 16.3). Eine zentrale Rolle spielt dabei das Planetengetriebe zur Leistungsaddition für den Antrieb und zur Leistungszufuhr an den Generator.

Leistungsaddition

4-Zylinder-Verbrennungsmotor

Starter-Generator   Elektromotor

*Bild 16.3 Parallel-Vollhybrid von Toyota Prius: Benzinmotor,
Elektromotor und Generator, verbunden über ein Planetengetriebe (Quelle: Toyota)*

Lexus hat einen Benzinmotor mit einem Elektromotor
über Planetengetriebe, wie bei Toyota, auf der Fahr-
zeugvorderachse, und zusätzlich einen separaten Antriebs-Elektromotor auf der Hinterachse. Zwischen
den Front- und Hinterantriebsmotoren besteht keine
mechanische Verbindung, weder als Kardanwelle
noch als Viskokupplung. Das Antriebsszenario führt
zu einer bemerkenswerten Fahrdynamik. Beim Beschleunigen vom Stand wird zuerst der Hinterachse-
Elektromotor aktiviert, im weiteren Verlauf der Beschleunigung der vordere Elektromotor, dann als letz-
tes Leistungsmodul der Verbrennungsmotor. Bei der
Lastreduzierung erfolgt die Abschaltung der Leis-
tungsmodule in umgekehrter Reihenfolge.

Porsche verbindet in seinen Vollhybriden Panamera S Hybrid und Cayenne S Hybrid den Verbrennungsmotor mit dem Elektromotor entlang einer Leistungsachse, mittels Kupplung (Bild 16.4).

Bild 16.4 Porsche Panamera S Hybrid (Quelle: Porsche)

Der elektrische Antrieb dient hauptsächlich der kräftigen Drehmomentenerhöhung bei niedrigen Drehzahlen. Für die Beschleunigung einer erheblichen Fahrzeugmasse (Cayenne 2240 kg, Panamera 1980 kg), insbesondere im Stadtzyklus, ist diese Charakteristik besonders vorteilhaft, was sich nicht nur im Leistungsschub, sondern auch in dem Kraftstoffverbrauch sehr bemerkbar macht.

Ähnliche Konzepte setzen Audi, Honda und Daimler um.

Ein anderes Konzept wurde für einen hohen Leistungsbereich von Daimler realisiert: Für diesen Antrieb wurde ein Achtzylinder-Dieselmotor mit einer maximalen Leistung von 191 kW und einem maximalen Drehmoment von 560 Nm mit zwei Elektromotoren mit einer gesamten Maximalleistung von 50 kW kombiniert (Bild 16.5).

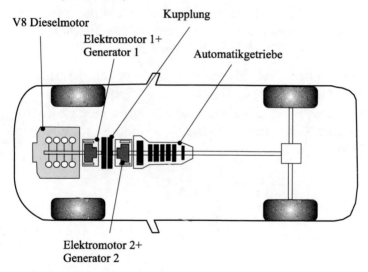

Bild 16.5 Paralleles Hybridantriebssystem (Dieselmotor-zwei Elektromotoren) r für hohe Leistungsdichte (Quelle: DaimlerChrysler)

Zu dem System gehört auch eine Nickel-Metallhydrid-Batterie mit einer Kapazität von 1,9 kWh. Die Beschleunigung wird von dem Elektroantrieb, infolge der günstigen Drehmomentcharakteristik der Elektromotoren, wesentlich unterstützt.: Zum Anfahren wird der

Elektromotor aktiviert, der auf der Getriebeseite ange-koppelt ist. Der Dieselmotor wird mit dem zusätzlichen Elektromotor gestartet und angetrieben, bis er seinen optimalen Betriebsbereich erreicht. Danach wird der Diesel an das Automatikgetriebe über eine Kupplung geschaltet, um kräftig Drehmoment zu liefern. Während der Fahrt wird vom Dieselmotor, je nach Bedarf, auch die Batterie geladen. Eine zusätzliche Ladequelle ist, wie bei anderen Verfahren, die Bremsenergie. Durch diese Form von Energiemanagement, die insbesondere auf die Funktion des Dieselmotors im optimalen Bereich zielt, wird der Kraftstoffverbrauch je nach Fahrzyklus bis zu 25 % gesenkt.

Eine andere Hybridvariante besteht in dem Antrieb einer Fahrzeugachse durch einen Verbrennungsmotor und der zweiten Fahrzeugachse durch einen Elektromotor, ohne mechanische Verbindung miteinander (Bild 16.6).

1	Elektromotor	5	elektronisch-gesteuertes 6-Gang Getriebe
2	Hochspannungs-Batterie	6	Verbrennungsmotor
3	Steuergerät Hybridantrieb	7	Heck-Achsantrieb
4	Start-Stop Boost	8	Front-Achsantrieb

Bild 16.6 Hybridfahrzeug- Peugeot 3008 Hybrid (Quelle: PSA)

16.4   Parallel-Vollhybride im Vergleich

Die Kenngrößen von 80 Automobilen mit repräsenta-
tiven Parallel-Hybridantrieben die zurzeit in der Welt
in Serie gebaut werden, von Audi, BMW, Ferrari und
Ford, bis Mercedes, Porsche, Toyota und VW An-
triebskenngrößen, wurden vom Autor nach vier Kriterien bewertet [2]. Diese sind:

- Die Masse des Fahrzeugs samt Hybridantrieb und
  Batterien,

- Die Antriebscharakteristika: Motorarten (thermisch und elektrisch), die am Antrieb beteiligt sind, Leistung und Drehmoment (einzelne Motoren und kombiniert),

- Die Elektroenergiespeicherung: Batterieart, Energieinhalt,

- Der Kraftstoffverbrauch entsprechend dem FTP-Fahrzyklus (Federal Test Procedure, USA).

Folgende Ergebnisse sind erwähnenswert:

- Die Fahrzeugmasse ist bei diesen Hybrid-Fahrzeugen allgemein um 10-12 % höher als bei den Basismodellen mit Verbrennungsmotor, das sind 100-260 kg mehr. Die Hybridisierung ist zum größten Teil auf Ottomotoren aufgebaut. Ein wesentliches Ziel ist dabei die Senkung des Streckenkraftstoffverbrauchs auf Werte die für Automobile mit Dieselmotoren typisch sind und zwar für Märkte, auf denen die Dieselakzeptanz gering ist (USA, Japan, China).

- Die Antriebs-Elektromotoren sind fast ausnahmslos Synchronmotoren – wie es auch bei den Automobilen mit rein elektrischem Antrieb der Fall ist, aufgrund ihres hohen Wirkungsgrades.

- Die gesamte Antriebsleistung (Verbrennungs- und Elektromotor) beträgt zwischen 73 und 360 kW. Das maximale Drehmoment erstreckt sich von 167 bis zu 780 Nm.

- Die elektrische Leistung ist, bis auf einige Ausnahmen, eher gering im Bereich um 30 kW (bei Automobilen mit rein elektrischem Antrieb waren es

Werte um 90 kW). Dafür ist der Anteil der Leistung der Verbrennungsmotoren in den Hybridkonfigurationen allgemein um sechsmal höher als der elektrische Anteil.

- Die Elektroenergiespeicherung wird aus Preisgründen mehr in Nickel-Metall-Hydrid- als in Lithium-Ionen-Batterien vorgenommen. Sie haben meistens etwa ein Zehntel der Kapazität von Batterien für Automobile mit rein elektrischem Antrieb.

- Bei schweren Automobilen mit Ottomotoren in der oberen Leistungsklasse ist ein zusätzlicher elektrischer Antrieb besonders vorteilhaft. Eine etwas andere Situation ergibt sich in niedrigeren Fahrzeugklassen, in denen der Preis, die Fahrzeugmasse und der Platzbedarf eine entscheidende Rolle spielen und dafür eine ausreichende anstatt einer übermäßigen Leistung der Fahrdynamikanforderungen genügt.

In den USA, in Japan und in China ist die Akzeptanz von Automobilen mit Dieselmotoren sehr gering. Hybridkonfigurationen mit Ottomotor und Elektromotor schaffen Verbrauchswerte und somit Kohlendioxidemissionen wie bei Dieselmotoren, was ein guter Verkaufsargument darstellt.

Diese Bewertung der parallelen und der gemischten Hybridantriebe zeigt, dass die Vielfältigkeit der Einsatzbedingungen auch vielfältige Kombinationen von Verbrennungsmotoren, Elektromotoren und Batterie bedingt.

16.5   Plug-In-Hybrid-Antriebe

Eine Erweiterungsrichtung der Hybrid-Antriebssysteme bildet derzeit das Plug-In Konzept [2].

Im Grunde genommen besteht diese Erweiterung in dem zusätzlichen Freiheitsgrad, die Batterie eines Vollhybrid-Antriebs auch extern laden zu können. Dadurch wird eine Reichweitenverlängerung mit dem elektrischen Antrieb erzielt. Das bedingt eine Zunahme der Batteriekapazität auf Werte zwischen jenen von batteriebetriebenen Fahrzeugen mit Elektroantrieb und jenen von Vollhybridsystemen.

Bei Toyota Prius Plug-In (Bild 16.7) wird beispielsweise eine Reichweite im rein elektrischen Betrieb von 20 km erreicht. Der Antrieb besteht aus einem Ottomotor von 73 kW und einem Elektromotor mit 60 kW. Die maximale Gesamtleistung beträgt 100 kW. Die Kobalt-Lithium-Ionen Batterie hat eine Kapazität von 5,2 kWh.

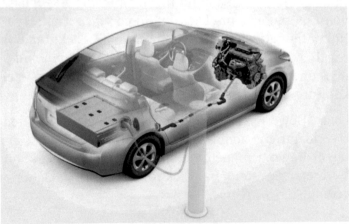

Bild 16.7 Toyota Prius Plug In Hybrid (Quelle: Toyota)

Die Mehrkosten dieser Version gegenüber dem Standard-Prius belaufen sich auf 10.000 Euro.

Bei dem Audi Q7 e-tron 3.0 TDI quattro wird der Antrieb von einem Drei-Liter-Dieselmotor in Kombination mit einem Synchron-Elektromotor realisiert. Die maximale Leistung des Dieselmotors beträgt 190 kW. Die Systemleistung des Hybrid-Antriebs erreicht 275 kW und das System-Drehmoment 700 Nm in einem Drehzahlbereich zwischen 1200 und 3800 Umdrehungen pro Minute. Das System ist für die Speicherung von Elektroenergie mit einer Lithium-Ionen-Batterie mit 14 Zellmodulen mit einer Kapazität von 17,3 kWh vorgesehen.

Die Bewertung eines solchen Plug-In-Gesamtkonzeptes wird in Anbetracht der Mehrkosten und der zusätzlichen Masse in einer Gegenüberstellung mit dem gleichen Fahrzeug, ausgerüstet nur mit dem Dieselmotor, zwingend erforderlich.

An dieser Stelle werden nur zwei Bemerkungen als angebracht erachtet:

-   Die Zunahme des Drehmomentes durch die Hybridisierung beträgt gegenüber dem alleinigen Dieselantrieb genau 100 Nm und zwar von der gleichen Drehzahl an, bei der das maximale Drehmoment auch in Dieselbetrieb erreicht wird. Der Gewinn von 100 Nm wird allerdings von der zusätzlichen Masse durch Hybridisierung − mehr als 400 kg − zum großen Teil wett gemacht. Dadurch ist kein wesentlicher Vorteil in der Beschleunigung zu erwarten.

- Bis zum Erreichen des maximalen Drehmomentes durch den Dieselmotor liefert der Elektromotor sein maximales Drehmoment. In einem Fahrzyklus mit häufiger Änderung der Drehzahl und der Last wird dieser Vorteil umso deutlicher.

Eine andere Art von Plug-In stellt der BMW i8 dar (Bild 16.8). Sein Antrieb besteht aus einem Ottomotor mit 1,5 Liter, mit einer Leistung von 170 kW und einem Drehmoment von 320 Nm und einem Elektromotor mit 96 kW / 250 Nm. In dieser Konfiguration treibt der Ottomotor die Hinterräder und der Elektromotor die Vorderräder an. Die Systemleistung beträgt 266 kW. Die Lithium-Polymer-Batterie hat eine Kapazität von 5,2 kWh.

Bild 16.8 BMW i8 Plug-In Hybrid (Quelle: BMW)

Die Plug-In Varianten zeigen in Bezug auf die Antriebskonfiguration keine nennenswerten Unterschiede zu den Hybridlösungen der gleichen Marken. Wesentlich sind die größere Batteriekapazität und die Möglichkeit, diese extern zu laden. Gegenüber der reinen Hybrid-Konfiguration hat ein Plug-In System, dank der größeren Batteriekapazität, die nur durch externe Ladung auch voll genützt werden kann, zwei beachtliche Vorteile:

- Die größere Reichweite bei rein elektrischem Antrieb gewährt eine emissionsfreie Fahrt in Umweltzonen, beziehungsweise in Ballungsgebieten die mit „Null-Emission" gekennzeichnet sind und als solche von einem Navigationssystem angezeigt werden können. Diese können sich auf von Tag zu Tag ändern.

- Die größere elektrische Kapazität einer Plug-In Batterie erlaubt die Aktivierung des Elektroantriebs bei häufigen Steigungen oder Beschleunigungen, was zu einer deutlichen Kraftstoffeinsparung im Verbrennungsmotor führt; andererseits ist die Speicherkapazität günstig für Rekuperation von Elektroenergie bei Gefälle und beim Bremsen.

17

Klimaneutrale Energie für Elektromotoren und für Verbrennungsmotoren

17.1 Elektroenergie

Die Verkettung <u>klimaneutrale Elektroenergie – Batterie an Bord - Antriebselektromotor</u>, wie im Kap. 12.2 dargestellt, wäre eine unschlagbare Konfiguration für die Automobile der Zukunft. Die Elektromotoren haben als Automobilantriebe vielerlei Vorteile im Vergleich zu den Verbrennungsmotoren, wie im Kap. 13.1 gezeigt. Batterien erbringen zwar erheblich weniger Energie pro Kilogramm im Vergleich zu Brennstoffzellen und insbesondere zu Range Extender mit flüssigen Kraftstoffen, wie in Kap. 14 und 15 erwähnt: Für moderate Antriebsleistung und Reichweite stellen sie jedoch immerhin eine gute Alternative dar. Die Verkettung enthält aber auch das Glied „klimaneutrale Elektroenergie".

© Der/die Autor(en), exklusiv lizenziert durch
Springer-Verlag GmbH, DE, ein Teil von Springer Nature 2021
C. Stan, *Automobile der Zukunft*,
https://doi.org/10.1007/978-3-662-64116-3_17

These 56: Klimaneutrale Elektroautomobile sind ein großes Ziel für die Zukunft, aber noch lange keine Realität. Die gegenwärtig fahrenden Fahrzeuge mit Elektroantrieb und Batterien zeichnen sich lediglich durch eine lokale Nullemission aus.

Das Problem der Kohlendioxidemission wird mit der Speicherung von Elektroenergie an Bord eines Automobils nicht gelöst, sondern nur verschoben – Elektroenergie wird überwiegend in Kohlekraftwerken produziert, in denen infolge der Verbrennung nahezu nur Kohlendioxid entsteht. Die weltweite Bilanz der Elektroenergieproduktion im Jahr 2017 sieht, laut Statista 2020, wie folgt aus:

Kohle und Torf tragen zu 38,2% bei, Gas zu 22,9%, Erdöl zu 3,3%. Die Kernenergie ist mit 10% beteiligt, wobei zwar kein Kohlendioxid entsteht, von „Ökostrom,, kann man deswegen trotzdem nicht sprechen. Die klimaneutralen Anteile werden von Wasserkraftwerken zu 16,3%, von Windkraftanlagen zu 4,4%, von Bioölen zu 3,3% und von Photovoltaikanlagen zu 1,7% geliefert. Die Geothermie ist immerhin auch dabei, mit 0,5%.

Auf der Welt fahren derzeit (Statista, Stand 2020) 10,9 Millionen Elektroautos, das sind 0,8% des gesamten Automobilebestandes von 1,3 Milliarden Autos.

Die meisten Elektroautos der Welt sind in China mit 3,8 Millionen registriert. In den USA fahren 1,4 Millionen, in Norwegen 370 Tausend, in Deutschland 309 Tausend.

In China wird aber die Elektroenergie zu rund 63% aus Kohle produziert, mit der entsprechenden Kohlendioxidemission. Kohlendioxidfrei sind die 18% aus Wasserkraftwerken und die 5% aus den Kernreaktoren. Und, nicht, dass wir es vergessen: 2% des Stroms kommt in China aus photovoltaischen Anlagen.

<u>Photovoltaische Anlagen</u> brauchen erstmal viel Platz: Auf einer Fläche von 2700 Hektar, die mit Solarpaneelen gesät ist (der gesamte Weinbaugebiet Mosel-Saar-Ruwer erstreckt sich auf 8770 Hektar), werden in China 850 Megawatt „geerntet". Die gleiche Leistung erbringt das Öl-Kraftwerk in Ingolstadt, auf 37 Hektar, also auf 1,37% der oben genannten Fläche [1]. Zehn Quadratmeter photovoltaische Paneele können an einem Sommertag mit 8 Stunden voller Sonnenstrahlung so viel Energie liefern (8 kWh) wie 1 Liter Benzin oder wie 1,7 Liter Ethanol aus faulen Äpfeln oder aus Pflanzenresten, das wären vier Liter vierzigprozentiger Schnaps.

Die über den Tag, über die Breitengrade und über die Jahreszeiten schwankende Sonnenstrahlung auf allen photovoltaischen Anlagen der Welt ergibt im Jahresdurchschnitt eine globale Strahlungseffizienz von 13,7% [1].

Die Photovoltaik macht sich aber auch auf dem Meer Platz: Ebenfalls in China entstand eine „schwimmende Photovoltaik-Anlage" mit 40 MW. Die 132.400 Paneele nehmen auf dem Wasser eine Fläche von 93 Hektar ein. Wegen der besseren Kühlung der Zellen hat diese Anlage einen höheren Wirkungsgrad als jene auf dem Erdboden.

In Europa, ob in Italien oder in Deutschland, spricht man neuerdings über die „Agrophotovoltaik". Es gibt bereits Anlagen mit senkrecht stehenden Paneelen auf dem Acker. Die Möhren und die Kartoffeln dürfen dazwischen wachsen. Solche extravagante Vorzeigeprojekte fressen meist nur viel Fördergeld. Sinnvoll erscheint dagegen der Bau großer Photovoltaik-Anlagen in Wüsten und in Gebieten mit besonders kräftiger und langdauernder Sonnenstrahlung, wie in Australien, Kenia, Ägypten, China, Dubai, Indonesien, Nevada oder Kolumbien.

Wasserkraftanlagen gelten gegenwärtig am anderen Pol gegenüber der Photovoltaik, als größte Weltlieferanten von klimaneutralem Strom. Norwegen produziert Strom mit natürlicher Wasserkraft zu 98,5%. Dieses ideale Szenario wird durch die geographischen Bedingungen ermöglicht. In einem solchen Zusammenhang ist dann auch verständlich, warum Norwegen auf ausschließliche Elektromobilität setzt.

Das größte Wasserkraftwerk der Welt, bezeichnet als „Drei-Schluchten", mit einer Stauseelänge von 663 Kilometern, wurde in China gebaut (Fertigstellung 2008) und hat eine Nennleistung von 22.500 Megawatt. Das zweitgrößte Werk, auch in China, geplant für 16.000 Megawatt, wird 2021 fertiggestellt. In China ist gegenwärtig insgesamt ein Viertel der weltweiten Wasserkraftleistung installiert. Brasilien und Paraguay haben gemeinsam auf dem Rio Paraná ein Wasserkraftwerk mit 14.000 Megawatt gebaut, derzeit noch das drittgrößte der Welt. Staubecken sind allerdings ein gewaltiger Eingriff in den Grundwasserhaushalt.

Die Fließgewässer kommen durch solche Stauungen jedoch aus dem Gleichgewicht, Flora und Fauna werden beeinträchtigt. Für den Bau von Staudämmen werden oft ganze Menschenorte umgesiedelt.

Neuerdings werden an Flussstandorte mit geringem Wasserkraftpotential Mikro-Wasserkraftanlagen installiert. Die kleinen Kraftwerke funktionieren ohne Aufstau von Wasser. Notwendig ist für eine solche Anlage nur eine Wasser-Fallhöhe von mindestens 2,5 Metern.

Windkraftanlagen haben gegenüber photovoltaischen Anlagen sowohl eine um 1.5 bis 2-mal höhere flächenbezogene Maximalleistung, als auch eine um 1,5 bis 2-mal höhere zeitliche Effizienz [1].

Onshore (auflandige) Windkraftanlagen erreichen Leistungen zwischen 2 und 5 Megawatt (MW), die Offshore (vor der Küste) Anlagen haben allgemein den besseren Wind, was Luftdichte und Geschwindigkeit anbetrifft, deswegen liegt ihr Leistungsspektrum auch höher, bei 3,6 bis 8 MW.

Wenn es nicht die Kernkraftwerke gäbe, die alle angeblich niemand haben will! Das Kernkraftwerk Isar 2 bei München hat eine Leistung von 1485 Megawatt und arbeitet fast durchgehend (96%) bei dieser Leistung. Das erbrachte im Jahr 2019 eine Energie von 12 Milliarden Kilowatt-Stunden. Als Vergleich: Im Offshore Windpark Walney, Großbritannien, arbeiten 102 Windräder, jedes mit 3,6 Megawatt, während durchschnittlich 2000 Volllaststunden (von 8760 Stunden) pro Jahr, das ergibt 7,2 Millionen Kilowatt-Stunden. 12 Milliarden Kilowattstunden mit einem Kernkraftwerk gegenüber 7,2 Millionen Kilowatt-Stunden mit einem Windpark? Das ist ein ziemlich bedenkenswertes Verhältnis von 1667 zu 1!

Ende 2020 waren weltweit Windkraftanlagen mit einer Nennleistung von 743 GW installiert, davon 35 GW offshore. „Nennleistung" heißt aber, dass der Wind durchgehend, alle 8760 Stunden eines Jahres bei voller Stärke in die Räder blasen müsste. Je nach Standort und Anlagenausführung kommen Windräder aber nur auf 1400 bis 5500 Volllaststunden pro Jahr, daraus resultiert ein Nutzungsgrad von 16% bis 57% der installierten Leistung [1].

Kernkraftwerke: Im Jahre 2020 gab es in der Welt 442 Kernkraftwerke mit einer Gesamtleistung von nahezu 400 GW: 95 davon in den USA, 56 in Frankreich, 48 in China, 38 in Russland, 22 in Indien, 5 in Pakistan [15].

Ein Kilogramm Uran hat so viel Energie wie 12.600 Liter Erdöl oder wie 18.900 Kilogramm Steinkohle. Damit kann man über 40 Megawatt-Stunden Elektroenergie erzeugen [1]. Ein Brennelement bleibt etwa drei Jahre im Reaktor. Danach gibt es eine Wiederaufarbeitung zu Plutonium, welches seinerseits auch viel Energie abgibt.

Und dann? Von allen derzeit in der Welt arbeitenden Kernkraftwerken fallen pro Jahr etwa 12.000 Tonnen radioaktiver Abfall an, der auch Plutonium enthält. Neben dem Problem der Reaktorsicherheit während seiner Funktion kommen die Entsorgung und die Endlagerung der verbrauchten, radioaktiven Anteile, wie Spaltprodukte, und erbrütete Transurane hinzu. Diese Anteile sind weiterhin aktiv, wenn auch nicht mit der gleichen Intensität wie im Reaktor. Sie strahlen jedoch die Energie, die während der weiteren Spaltung entsteht, auf Wellenlängen im Röntgenbereich des Spektrums, die für Menschen und Tiere krebserregend bis tödlich sein können. Diese Nachreaktionen dauern sehr lange, zwischen einigen Monaten und einigen tausend Jahren, bei Jod-Isotopen sind es sogar Millionen von Jahren. Eine Wiederaufbereitung wäre theoretisch möglich. Sie würde aber die Aktivität solcher Anteile „nur" auf einige hunderte Jahre kürzen. Die Endlagerung solches „Atommülls" bleibt als weltweit nicht wirklich gelöstes Problem.

Die Elektroenergie macht etwa 17% des gesamten Energiekonsums der Welt aus [16].   Und dieser Strom kommt, wie gezeigt, zu rund 75% aus Kohle, Gas, Erdöl und Kernkraft. Andererseits, an dem gesamten Energiekonsum der Welt ist der Verkehr mit etwa 24% beteiligt, wobei die Elektroenergie, wie gezeigt, bei unter 1% noch fast vernachlässigbar ist. Die Treibstoffe aller Antriebsmotoren kommen bisher fast ausschließlich aus Erdöl. Die komplette Umstellung auf Elektrofahrzeuge würde die 24% zu den 17% der jetzt verbrauchten Elektroenergie hinzubringen. Und diese Elektroenergie soll nicht mehr mit Kohle und Erdöl produziert werden, mit Atomkraft auch nicht! Wie machen wir es dann?

17.2   Wasserstoff

Der Wasserstoff ist Gegenstand der meisten Szenarien in Bezug auf die Automobilantriebe der Zukunft.

Er kann im Prinzip durch Elektrolyse aus Wasser hergestellt werden, wobei weder Kohlendioxid noch schädliche Nebenprodukte entstehen würden, soweit die dafür notwendige Elektroenergie klimaneutral produzierbar wäre. Seine Nutzung, entweder in einem Verbrennungsmotor oder in einer Brennstoffzelle, würde grundsätzlich wieder zu dem ursprünglichen Wasser führen.

Die Grundvoraussetzung für die Verwendung von Wasserstoff als Energieträger in Automobilen der Zukunft ist und bleibt aber seine Gewinnung durch Elektrolyse mittels Ökostroms. Von diesem Szenario sind wir derzeit aber weit entfernt, wie im Kap. 12.2 bereits vermerkt wurde. Jährlich werden in der Welt 500 Milliarden Normkubikmeter (gemessen bei 1 bar und 0°C) Wasserstoff produziert. Aber nur 2% davon werden weltweit elektrolytisch hergestellt, die anderen 98% hauptsächlich aus Erdgas (38%), Schweröl (24%), Benzin (18%) und Kohle (10%), mit entsprechender Kohlendioxidemission am Produktionsort [1]. Ein beachtliches Problem stellt aber auch die Speicherung des Wasserstoffs an Bord eines Automobils dar. Auf Grund seiner Struktur hat der Wasserstoff eine um fünfzehnmal geringere Dichte als Luft, bei gleichem Druck und gleicher Temperatur. Ein Tank von 60 Litern würde bei üblichen Umgebungsdruck- und Temperaturwerten nicht mehr als 75 Gramm Luft enthalten! Im gleichen Tank, bei gleichen Umgebungsbedingungen, wären es aber nur 5 Gramm Wasserstoff. Wie könnte man aber wenigstens 5 Kilogramm Wasserstoff in den Tank bekommen? Diese Menge hätte immerhin die Energie von 20 Liter Benzin! Von 5 Gramm zu 5 Kilogramm? Man erhöhe einfach den Druck im Tank von 1 auf 1.000 bar. Einfach gesagt, nicht einfach getan!

Wasserstoff kann aber auch verflüssigt werden, allerdings bei recht kosmischen Temperaturen, ab 235° Celsius unter null. Um das auf der Erde zu schaffen, sind komplexe und kostenintensive Kälteanlagen erforderlich. Sie benötigen für die Wasserstoffverflüssigung auch viel Energie. Zur Beibehaltung eines solchen Zustandes bei der gegebenen Umgebungstemperatur an Bord des Automobils müssen Tankwände, Leitungen und Ventile besonders gut thermisch isoliert sein. *In den Raketen, im All, ist das Problem anders, der Unterschied zur Außentemperatur von minus 273,15°C beträgt nur 20°C.* Aber selbst die Verflüssigung des Wasserstoffs bei einer solchen Temperatur bringt nur eine Dichte, die 10-mal geringer als die des Benzins ist. Tiefe Temperatur ist also nicht viel effizienter als hoher Druck.

Die Brennstoffzellen mit Wasserstoff wurden aber doch für den Einsatz im Automobil bis zur Serienreife entwickelt und in ganzen Flotten getestet, wobei sowohl die Wasserstoffspeicherung bei tiefer Temperatur als auch unter hohem Druck angewendet wurden. Die wesentlichen Aspekte der Verwendung von Wasserstoff in Brennstoffzellen für Automobile wurde im Kap. 14 dargestellt. Es gibt aber auch eine andere Möglichkeit, die als sehr konkurrenzfähig erscheint: sie besteht in der Verbrennung des Wasserstoffs mit Sauerstoff aus der Umgebungsluft, in einem Kolbenmotor oder in einer Gasturbine!

Bei der Brennstoffzelle muss die Membran zwischen
Wasserstoff und Sauerstoff eine sehr große Fläche haben, wofür viele Labyrinthe konstruktiv gebildet werden. Schaffen wir also die Membran weg! Der Kontakt
zwischen Wasserstoff und Sauerstoff aus der Luft erfolgt in einem Brennraum durch starkes Mischen, mit
Drall, wie beim Mayonnaise-Schlagen. Die turbulente
Verbrennung bei 2000° Celsius, ohne separierende
Membran ergibt auch wieder Wasser, wie nach der Reaktion in einer Brennstoffzelle, was sonst?

BMW hat gleichzeitig zur Brennstoffzellenentwick-
lung bei Daimler die Alternative der Wasserstoffverbrennung im Kolbenmotor untersucht. Der Träger der
Entwicklung war ein Motor mit 5,4 Liter Hubraum und
zwölf Zylindern, als umgestellter Benzinmotor einer 7-
er Serie. Die Wasserstoffspeicherung erfolgte mittels
Kälte (minus 253°C) anstatt Druck (900 bar). Gegenüber dem BMW-Basismotor mit Benzin kam allerdings eine geringere Leistung zustande. Das ist wie
folgt erklärbar: Der Wasserstoff nimmt bei der Zufuhr
in den Zylinder eines Motors, wo die Temperatur viel
höher als im Wasserstofftank ist, sehr viel Volumen in
Anspruch, Volumen, welches für die Ansaugluft geplant war. Wenig Luft heißt dann proportional weniger
Kraftstoff. Woher soll dann die Leistung noch kommen?

Das Konzept der Wasserstoff-Verbrennung im Kolbenmotor steht deswegen keineswegs hinter jenem seiner Reaktion in einer Brennstoffzelle. Das Problem ist
nur, wie man die dadurch gewonnene Energie praktisch anwendet. Die Brennstoffzellen von Mercedes,
Toyota oder Hyundai arbeiten mehr oder weniger in

einem festen Betriebspunkt. Eine solche Brennstoff-zelle sichert zusammen mit einer Pufferbatterie die momentan von dem elektrischen Antriebsmotor ver-langte Leistung, die sich mit dem Antriebsdrehmoment und mit der Drehzahl ändert. Bei dem Verbrennungs-motor von BMW handelt es sich dagegen um eine Ma-schine die beide Funktionen vereint – Erzeugung spei-cherbarer Energie durch Verbrennung, aber auch Antrieb des Fahrzeugs, mit eben variabler Leistung.

Und wenn der Verbrennungsmotor nur die eine Funk-tion hätte, ähnlich der Brennstoffzelle: Elektroenergie erzeugen, in einem festen Betriebspunkt? Ein solcher Motor könnte dann zusammen mit einer Pufferbatterie die Energie einem elektrischen Antriebsmotor mit va-riabler Leistung liefern. Für eine Verbrennung in ei-nem festen Betriebsunkt braucht man dann aber weder Zylinder noch Kolben, Pleuel oder Kurbelwellen. Es ginge auch viel einfacher von der Mechanik her: in Zweitaktmotoren mit Wasserstoffdirekteinspritzung, in Wankel-Motoren und auch in kompakten Gasturbi-nen. Das resultierende Produkt wäre wie bei der Brennstoffzelle: Wasser.

Die dezentrale Nutzung von Windkraftanlagen und Photovoltaik zur elektrolytischen Produktion und Speicherung von Wasserstoff ist eine vorteilhafte Op-tion für die Zukunft. Die Sonne scheint zwar nur einige Stunden am Tag, der Wind bläst auch nur gelegentlich, den gewonnenen Strom kann man aber über die Elekt-rolyse in Form von Wasserstoff speichern.

17.3 Alkohole: Ethanol und Methanol

Sowohl Brennstoffzellen als auch Verbrennungsmotoren können grundsätzlich mit Ethanol, mit Methanol und mit Gemischen von beiden funktionieren.

Alkohol kann man in großen Anlagen, in kleinen Betrieben, im Schuppen, auf dem Schreibtisch, aus Weintrauben, aus Pflaumen, aus Äpfeln, aus Birnen und aus Kartoffelschalen herstellen.

Nikolaus August Otto verwendete 1860 Ethanol in seinen Motorprototypen, Henry Ford nutzte Bioethanol zwischen 1908 und 1927 für seine Serienautos, das war für ihn der Kraftstoff der Zukunft. In Brasilien, wo Zuckerrohr seit 1532 angebaut wird, kam Ethanol zwischen 1925-1935 erstmal in die Kolbenmotoren von Fahrzeugen, dann wieder ab 1979 und, nach einer wirtschaftlich bedingten Dämpfung, seit 2003 erneut, aber in sehr starkem Maße. Derzeit fahren in Brasilien über 25 Millionen Automobile mit Flex Fuel Motoren, die eine variable Mischung von Ethanol und Benzin, zwischen null und hundert Prozent von jedem Anteil, je nach Verfügbarkeit, erlauben.

Chevrolet, Fiat, Ford, Peugeot, Renault, Volkswagen, Honda, Mitsubishi, Toyota, Nissan und Kia bieten auf dem brasilianischen Markt Autos mit Flex Fuel Motoren, die über 94% aller neuen Zulassungen ausmachen!

In den USA fahren mehr als 10 Millionen Flex Fuel Fahrzeuge, mit Ethanol aus Korn und Mais, von Limousinen und SUV's bis Geländewagen, alle angeboten auch von Ford, Chrysler und GM.

Die Brasilianer pflanzen Zuckerohr auf nur 2% ihres beackerbaren Landes, wovon wiederum nur die Hälfte zur Ethanolgewinnung dient. Ohne die Umwelt zu beeinträchtigen oder die Lebensmittelproduktion in Gefahr zu bringen, wäre eine Erhöhung dieser Produktion auf das 30-fache möglich, so die brasilianischen Experten. Die Produktivität ist mit 8.000 Liter Ethanol von einem Hektar beachtlich, der Preis von 22 US Cent je Liter unschlagbar. Ein Liter Ethanol als Kraftstoff enthält genau 10-mal mehr Energie als jene, die für seine Entstehung, von dem Wachsen der Zuckerohrpflanze bis zur Destillierung, verbraucht wurde.

Gefährdet der Zuckerrohranbau für Kraftstoff nicht den Amazonas-Tropenwald? Von wegen! 99,7% der Zuckerrohrplantagen befinden sich in der Region Sao Paolo, mindestens 2.000 Kilometer vom Tropenwald entfernt, das Klima auf den Ebenen ist für Zuckerrohr viel günstiger.

Die Ethanolgewinnung aus Korn und Mais, wie in den USA, ist etwas weniger effizient, von einem Hektar werden nur 4.000 Liter Ethanol, also die Hälfte im Vergleich zum Zuckerrohr in Brasilien, gewonnen. Die Energiebilanz ist nicht mehr 10 zu eins, sondern nur 1,3-1,6 zu eins. Der Preis ist auch höher, 35 US Cent pro Liter.

Es gibt aber noch andere Möglichkeiten. Wie Schnaps gebrannt wird, das weiß doch jeder, oder?

Obstler in den Alpen, Rum in der Karibik, Whisky in Amerika und Schottland, Wodka in Russland, Palinka in Transsilvanien. Schnaps kann jeder aus allem brennen, zentral oder dezentral. Ethanol oder Methanol aus

Pflanzenresten, aus Energiepflanzen oder aus Bioabfall kann man genauso destillieren.

Hinzu kommt ein weiteres Potential: die Algen. Das
sind im Wasser lebende Wesen, die sich auf Basis der
Photosynthese ernähren. Der Ertrag pro Fläche, zumindest in Algenreaktoren, beträgt das 15-fache gegenüber Raps und das 10-fache gegenüber Mais. Und es
gibt so viele Algen im Meer, viel mehr als Sand am
Meer!

Darüber hinaus planen die US Regierungsbehörden in
den nächsten Jahren, Cellulose-Ethanol aus Resten der
Papierindustrie und aus Hausmüll produzieren zu lassen. Neben der Destillation vergorener Biomasse ist
eben auch die Synthese von Alkohol über Vergasung
und Reaktion mittels Cyanobakterien und Enzyme zur
Ethanolherstellung sehr effizient. Kartoffelschalen,
Pflanzenreste, alte Reifen, Plasteflaschen, alles kann
dafür verwendet werden, und neben der Kraftstoffher-
stellung wird dadurch ein weiteres, großes Problem
entschärft: die Müllentsorgung.

Die Kohlenwasserstoffstrukturen in einer solchen Art
von Abfall werden zunächst durch Cracking in einem
Synthesegas umgewandelt. Die chemische Energie in
den beinhalteten Anteilen an Kohlendioxid und Wasserstoff wird dann in einem Bioreaktor von Mikroorganismen genützt, um daraus Ethanol herzustellen. Die
Mikroorganismen haben eine hohe Toleranz zu Verunreinigungen, die sonst eine klassische chemische Reaktion verhindern würden. Ein großer Träger des Projektes, General Motors, nennt auch den Preis eines
solchen Verfahrens. Es liegt etwa bei der Hälfte der
Herstellungskosten von Benzin! In den nächsten 3-4

Jahren könnte ein Fünftel des Erdölbedarfs der USA durch das nach diesem Verfahren hergestellte Ethanol ersetzt werden.

Zum Verhalten eines Alkohols in einem Kolbenmotor ist folgendes erwähnenswert: Ethanol hat einen geringeren Heizwert als Benzin, weil es neben Kohlenstoff und Wasserstoff auch Sauerstoff in seiner Struktur enthält. Dieser Sauerstoff bewirkt aber, dass für die chemisch exakte Verbrennung weniger Sauerstoff aus der umgebenden Luft benötigt wird. Im Motor selbst muss dieser Umstand auf den Kopf gestellt werden: dem Zylinder des Motors wird eine bestimmte Menge Luft zugeleitet. Wenn Ethanol anstatt Benzin dieser Luft zugeführt wird, dann muss es eben mehr als Benzin sein! Geringerer Heizwert aber mehr Menge für die gleiche Luft führt am Ende zu einem Heizwert des Ethanol/Luft-Gemisches, welches nahezu gleich dem eines Benzin/Luft-Gemisches ist. Aus der Verbrennung beider Gemische sollten also genauso viele Kilojoule Wärme resultieren.

Aber dann kommt doch noch eine Überraschung: das Drehmoment eines Kolbenmotors nimmt bei der Nutzung von 100% Ethanol anstatt Benzin um 10-15% zu! Das haben bereits viele Versuche bei BMW und Porsche in den siebziger Jahren ergeben. So ist es auch heute, mit moderner Direkteinspritztechnik.

Dafür gibt es zwei Gründe:

- Mit Ethanol ist die Verbrennung schneller und effektiver, weil Ethanol in viel kürzerer Zeit verdampft und auch noch Sauerstoff in sich trägt, wodurch es schneller entflammbar ist als bei Zumischung von Sauerstoff aus der umgebenden Luft.

- Das Ethanol verdampft zwar schnell, braucht aber dafür 3-mal mehr Wärme als Benzin. Woher diese Wärme? Von der Luft im Gemisch, natürlich. Wenn die Luft einen Teil ihrer Energie abgibt, wird sie aber kälter und demzufolge auch dichter. In das gleiche Volumen eines Motorzylinders passt dann eine größere Luftmasse. Sie bekommt dann proportional mehr Kraftstoff, die Verbrennung entwickelt mehr Wärme und so kommen wir zu mehr Drehmoment.

Und der Tank? Die Dichte des flüssigen Ethanols ist praktisch, bei vergleichbaren Werten für Umgebungsdruck und -temperatur, die gleiche wie jene des Benzins. Keine minus 253° Celsius oder 900 bar in einem kräftigen und gut isolierten Tank, wie im Falle des Wasserstoffs.

In Brasilien und in den USA scheint die Nutzung von Ethanol in Kolbenmotoren Sinn zu machen, weil sie die Flächen für Zuckerrohr und auch noch so viel Rest- oder Plastemüll haben, dass die Ethanolproduktion preiswert und effizient wird. Häufig ist aber zu hören: *"Bei uns in Deutschland geht das aber nicht, wir haben nicht solche Flächen und aus den Zuckerrüben ist auch nicht so viel Energie zu holen, dazu kommt noch der hohe Produktionspreis!"* Dazu gibt es, anstatt einer Antwort, eine gute Gegenfrage: *„Wieviel Erdöl wächst auf dem deutschen Acker? Wo habt ihr Deutschen überhaupt euer Erdöl her?"*

Indien, China und Thailand produzieren zusammen genauso viel Zuckerrohr wie Brasilien. Sie haben auch noch viele, sehr viele Pflanzenreste, zum Beispiel Reisstroh.

Und in Afrika? Ja und nein. In Afrika gibt es unendlich große Ackerflächen, die aber nicht bepflanzt sind. Armut, fehlende Landmaschinen und so viele andere Ursachen, mit denen sich die Politiker der Industrieländer, insbesondere die der damaligen Kolonialherrscher sich dringend befassen sollten.

These 57: Das energetische Potential der Felder unserer Erde ist immens! Das Beackern und Bepflanzen der jetzt noch brachliegenden beackerbaren Flächen in Afrika, Südamerika und Asien würde einen klimaneutralen Treibstoff für alle Verbrennungsmotoren in den Fahrzeugen der Welt absichern, aber zuerst die Nahrung für die Menschen, die sie jetzt dringend brauchen.

Bananen, Reis und Mais für die Kinder die jetzt hungern; die Schalen, Halme, Stangen, Blätter und Strunke vergoren und destilliert, verkauft als „Motorbrandy" den Deutschen, den Amerikanern und den Engländern, um damit ihre Fords, Mercedes und Rolls ernähren zu können.

Ein großes Problem bleibt aber noch, auch wenn wir Kraftstoff aus Pflanzenresten für alle Motoren hätten, auch wenn die Motoren damit mehr Drehmoment hätten. Die vollständige Verbrennung eines Alkohols ergibt Kohlendioxid und Wasser, genau wie die Verbrennung von Benzin. Also, wieder Treibhauseffekt? Das ist nicht mehr so: Die nächste Pflanze, die über Gärung und Destillation zum Brennraum des Motors gelangen wird, braucht zunächst Kohlendioxid aus der Atmosphäre, dazu Wasser und Lichtenergie, um durch Photosynthese ihre Nahrung zu erzeugen – hauptsächlich Kohlenhydrate.

Alkoholgewinnung aus Pflanzenresten gegen die Herstellung des Wasserstoffs aus Wasser? Photosynthese gegen Elektrolyse?

An der Basis beider Energiezyklus-Szenarien steht die Sonnenstrahlung:

- Sonnenstrahlung zur Spaltung des Wassers in Wasserstoff und Sauerstoff – Nutzung des Wasserstoffs in der Brennstoffzelle zur Erzeugung elektrischer Energie für Elektroantrieb – Wasser als Reaktionsprodukt in der Brennstoffzelle. *Der Träger dieses Energiezyklus ist das Wasser.*

- Sonnenstrahlung zur Umwandlung des Kohlendioxids aus der Atmosphäre in Kohlenwasserstoff als Pflanzennahrung – Nutzung des aus der Pflanze destillierten Alkohols im Verbrennungsmotor als Stromgenerator für Elektroantrieb – Kohlendioxid als Reaktionsprodukt, neben Wasser. *Der Träger dieses Energiezyklus ist das Kohlendioxid.*

Der einzige wesentliche Unterschied zwischen den beiden Kreisläufen ist die Anlage zur Spaltung des jeweiligen Trägermoleküls – Wasser oder Kohlendioxid – in dem einen Fall Sonnenlicht in einer elektrischen Anlage, in dem anderen Sonnenlicht auf der Pflanze.

Keine Solarpaneele auf den Feldern, lieber Zuckerrohr und Reis, kein Lithium und Kadmium, sondern Wasser, kein entflammbarer Wasserstoff, lieber genießbarer Schaps.

Es gibt aber noch ein weiteres Szenario, in dem für die Produktion eines Alkohols als Motorentreibstoff sogar die Kohlendioxidemission von Fabriken aufgebraucht wird!

Die Bundesrepublik Deutschland hatte mit 800 Millionen Tonnen pro Jahr (2019) die höchste Kohlendioxidemission im Vergleich zu allen europäischen Ländern. Davon entstammten 300 Millionen Tonnen dem Energiesektor und 133 Millionen Tonnen der Heizung von großen Gebäuden und von Einzelhäusern [2]. Zwei weitere Emissionsquellen sind absolut vergleichbar miteinander: 160 Millionen Tonnen entstehen in der Industrie und auch 160 Millionen Tonnen im Straßenverkehr (PKW und NKW). Und daher auch der Ansatz: Der Straßenverkehr soll die Kohlendioxidemission der Industrie schlucken! Die Bilanz kann wegen der Wirkungsgrade in der Gesamtkette Herstellung von Wasserstoff, Absorption von Kohlendioxid in Filtern und anschließende Synthese des Methanols nicht vollkommen aufgehen, das Recycling ist dennoch beachtlich. Dieses Szenario ist sehr realistisch und wird bereits umgesetzt. ThyssenKrupp produziert in Duisburg 15 Millionen Tonnen Stahl jährlich, mit einer Kohlendioxidemission von 8 Millionen Tonnen, was 1% der gesamten Kohlendioxidmission in Deutschland bedeutet! Im September 2018 wurde durch ThyssenKrupp zusammen mit 17 weiteren Partnern und mit der Unterstützung der Bundesregierung ein entsprechendes Projekt (Bild 17.1) ins Leben gerufen.

Das Carbon2Chem Programm sieht das Auffangen und die Umsetzung von 20 Millionen Tonnen Kohlendioxid pro Jahr vor. Der für die Synthese in Methanol

erforderliche Wasserstoff wird elektrolytisch generiert. Für die Elektrolyse wiederum ist Elektroenergie
erforderlich, die im Rahmen des Projektes durch
Windkraft- und durch photovoltaische Anlagen abgesichert wird. Diese beiden Formen der Elektroenergie-
herstellung sind, anders als im Falle von Kohlekraft-
oder Atomkraftwerken, durch eine starke zeitliche
Fluktuation der Energiegewinnung gekennzeichnet.
Die entsprechend diskontinuierliche Methanol Produktion stellt jedoch kein Problem dar, Methanol kann
in flüssiger Phase bei Umgebungsdruck und -tempera-
tur gespeichert werden.

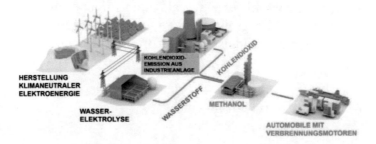

*Bild 17.1 Carbon2Chem Anlage zur Synthese von Methanol aus
Industrie Kohlendioxid und Wasserstoff aus Elektrolyse
(nach einer Vorlage des Bundesministeriums für Bildung und Forschung/ ThyssenKrupp)*

Das Konzept Carbon2Chem kann durchaus von den
Fabriken auf die größeren Emittenten erweitert werden
– das sind die Kraftwerke auf Kohle- und Gas-Basis,
neben denen auch Windkraft- und photovoltaische Anlagen für die Wasserstoffelektrolyse installiert werden
können.

Die weitere brauchbare Quelle von Kohlendioxid ist der Müll: Jeder Europäer produziert, im Durchschnitt, 475 Kilogramm Müll pro Jahr. Als Beispiel: Eine der zwei großen Müllverbrennungsanlagen von München wird in einem Modul mit 800.000 Tonnen Kohle und die anderen 2 Module mit 650.000 Tonnen Hausmüll jährlich angespeist. Durch ihre Verbrennung werden 900 Megawatt Wärme und 411 Megawatt Elektroenergie generiert. Daraus resultiert aber auch eine entsprechende Kohlendioxidemission, die für Methanolherstellung nutzbar wäre. Große Müllverbrennungsanlagen gibt es neben jeder europäischen Metropole, eine Absicherung des Methanols als Kraftstoff, sowohl für Otto- als auch für Dieselmotoren, dort wo die größte Fahrzeugdichte gegeben ist, würde auch einen logistischen Vorteil erbringen.

17.4   Methan (Biogas)

Das Biogas enthält zwischen 50% und 75% Methan aus organischen Rohstoffen, und ist dadurch ein regenerativer Ersatz für das Erdgas. Biogas und Erdgas können, bis zu einem kompletten Ersatz des Erdgases, in beliebigen Verhältnissen gemischt werden. Dafür ist die gleiche Infrastruktur und die gleiche Speicher- und Motortechnik verwendbar. Die vergärbare Biomasse ist sehr vielfältig, von Klärschlamm, Bioabfall, Speiseresten, Gülle, Mist, Pflanzenresten, bis zu den unterschiedlichen Energiepflanzen.

Als Beispiel: In einer kleinen Biogasanlage in einer ländlichen europäischen Region werden täglich aus 55

Tonnen Kuhmist aus einer benachbarten Farm 370 kWh Elektroenergie gewonnen. Diese Energie würde zum einen reichen, um die Batterien von 52 Renault Twizy vollständig zu laden. Zum anderen könnte das darin enthaltene Methan zum Betreiben von Ottomotoren in Automobilen verwendet werden.

Aufgrund der ähnlichen Werte von Heizwert, Luftbedarf und somit Gemischheizwert, wie im Falle des Benzins, ist eine Umstellung von Fahrzeugen mit Ottomotoren von Benzin- auf Biogasbetrieb weitgehend unproblematisch. Eine solche Umstellung wird von der hohen Oktanzahl des Methans, als Energieträger in dem Biogas, besonders begünstigt. Motoren, die auf Methanbetrieb eingestellt sind, haben dadurch allgemein höhere Verdichtungsverhältnisse.

Die Speicherung ist der wesentliche Nachteil des Biogasbetriebes im Falle der Automobile, die stets leichter und kompakter werden sollen. Die bisher übliche Form ist die Speicherung unter einem Druck von 200 bar. Außer der gasförmigen Speicherung unter Druck, bekannt als CNG (Compressed Natural Gas), wird auch die LNG (Liquefied Natural Gas) - Form verwendet: Bei minus 161°C unter dem Umgebungsdruck von einem bar ist das Methan flüssig. Seine Dichte ist dann rund drei Mal höher als jene des bei 200 bar komprimierten Gases (CNG). Die kryogene Speichertechnik erfordert allerdings einen höheren technischen Aufwand.

Im Jahre 2019 gab es insgesamt 321 große Schiffe mit LNG Antrieb und dazu noch über 500 neue Bestellungen. In Straßenfahrzeugen ist LNG auf Grund der kostenintensiven kryogenen Speicherung bisher nur bei

Nutzfahrzeugen angewendet. Der schwedische Lastwagenhersteller Scania hat im Jahre 2019 ein solches Fahrzeug mit einem LNG-Motor mit 302 kW/2.000 Nm in Serie eingeführt. Die Basis bildete ein Serien-Dieselmotor, der auf Ottobetrieb mit Zündkerze bei einer niedrigeren Verdichtung umgestaltet wurde. Die Reichweite, nur für die Zugmaschine, beträgt 1.000 Kilometer. Ein anderer großer Lastwagenhersteller, mit Hauptsitz in Italien, IVECO, hat eine ähnliche Konfiguration mit einem Motor mit 339 Kilowatt, bei gleicher Reichweite wie Scania, in Serie gebracht. Die Bio-LNG-Euronet bietet für Scania und IVECO eine Flüssig-Biogas-Anlage, die zahlreiche Tankstellen in ganz Europa versorgt. Eine besondere LNG-Motor Variante wurde von Volvo entwickelt: Der Motor funktioniert im Diesel-Verfahren und ist abgeleitet von dem bewährten Serien-Dieselmotor der Firma, um somit den hohen thermischen Wirkungsgrad des Selbstzünders zu nutzten. Die Selbstzündung wird in diesem Fall durch die Piloteinspritzung einer geringen Menge von Dieselkraftstoff abgesichert.

Eine zukunftsträchtige Technik, ANG (Adsorbed Natural Gas), die für Biogas genauso wie für Erdgas anwendbar ist, besteht in der Adsorption des Methans in einer Aktivkohlematrix bei Drücken von 40 bis 70 bar.

17.5 Pflanzenöle

Öle aus Raps, Rüben, Sonnenblumen, Flachs (in gemäßigten Klimazonen), jedoch vielmehr Olivenbäumen,

Öl- und Kokospalmen, Erdnuss, Sojabohne, Rizinus,
Kakao und sogar Baumwolle (in heißen oder tropi-
schen Klimazonen) haben ein beachtliches Potential
als klimaneutrale Energieträger für alle Arten von Verbrennungsmotoren.

Die Gewinnung von Pflanzenölen mittels mechanischer Pressen ist weit verbreitet und relativ unaufwen-
dig. Allgemein wird auch eine gestufte Raffination
vorgenommen, um Fettbegleitstoffe zu entfernen, die
bei der Verwendung der Öle in Maschinen störend wirken. Durch eine anschließende Entschleimung werden
Phosphatide sowie Schleim- und Trübstoffe entfernt.
Bei der nachfolgenden Entsäuerung werden freie Fett-
säuren entfernt, die gegenüber metallischen Flächen
korrosiv wirken.

Eine der Öleigenschaften, die Zähigkeit, erschwert jedoch erheblich den Einsatz solcher in klassischer Form
gewonnen Öle in Verbrennungsmotoren. Die langen
verzweigten Ölmoleküle, die zu dieser Zähigkeit führen, beeinträchtigen sowohl ihre Einspritzung als auch
ihre Verbrennung: Verkokungen an Einspritzdüsen,
Ventilen, Kolbenringen und Brennraumwänden können den Motorlauf bis zur Beschädigung beeinträchtigen. Man kann aber die Ölmoleküle in chemischen Reaktionen mit Methanol kürzen, das heißt Umesterung.
Neben dem gewünschten Methylester, mit Eigenschaften die dem Dieselkraftstoff ähneln, entsteht dabei
auch Glycerin. Das kann man dem Apotheker verkaufen. Die Umesterung selbst ist dennoch zu teuer, sie
kostet pro Liter Methylester etwa so viel wie ein Liter

Dieselkraftstoff, zusätzlich zum Literpreis des Eingangsöls. Dazu ist auch der Energiebedarf für die Umesterung erheblich [2].

Biokraftstoffe der 2. Generation, oft bezeichnet als Biomass-to-Liquid (BtL), beziehungsweise als Next-Generation Biomass-to-Liquid (NexBtL), werden vorwiegend aus Biomasse (Holzabfälle, Stroh, pflanzliche Abfälle) und aus Pflanzenresten (bei Nutzung der Frucht als Nahrung) hergestellt. Ihre Eigenschaften sind ähnlich denen eines klassischen Dieselkraftstoffs. Ihre Herstellung mittels Carbo-V/Fischer-Tropsch-Verfahren (BtL) Hydrierverfahren (NexBtL) und Pyrolyseverfahren ist jedoch etwas komplexer und kostspieliger.

Mit Rapsöl und Rapsölester werden in den meisten Fällen das Drehmoment und die Leistung eines mit Dieselkraftstoff betriebenen Motors annähernd erreicht. Allerdings ist ein zufriedenstellendes Langzeitverhalten beim Betrieb mit reinem Rapsöl nur bei großvolumigen Dieselmotoren mit Wirbelkammer möglich. Für Direkteinspritzung, umso mehr bei kleinvolumigen Dieselmotoren für den Einsatz in Automobilen, ist ein Betrieb mit reinen Ölen ungeeignet.

Das Drehmoment beim Betrieb mit Rapsölmethylesther ist etwas geringer als bei der Nutzung von Dieselkraftstoff, dafür ist aber auch die Ruß- und Partikelemission niedriger.

Die Nutzung von Ölestern in Verbrennungsmotoren ist in Bezug auf die Motorkenngrößen vertretbar. Allerdings ist der Preis der Umesterung, mit Verwendung eines beachtlichen Methanolanteils recht hoch.

17.6 Dimethylether

Dimethylether, als vielversprechende Alternative zum
Dieselkraftstoff, kann aus Holzabfällen, als Nebenprodukt der Methanolsynthese hergestellt werden. Der
hohe Sauerstoffgehalt von etwa 35 % lässt, entsprechend dem Verbrennungsverhalten von Ölestern oder
vielmehr von Alkoholen, eine bessere Verbrennung
des Kohlenstoffs und eine dadurch reduzierte Ruß- und
Partikelemission erwarten. Seine niedrige Selbstzünd-
temperatur von 235 °C führt zu einer günstigeren Verbrennung als jene des Dieselkraftstoffs, wodurch der
Wirkungsgrad des entsprechenden Motors steigt.

Dimethylether hat in flüssiger Phase eine Dichte, die
etwa 15 % niedriger als jene des Dieselkraftstoffs ist.
Seine Zähigkeit liegt allerdings weit unter jener von
Dieselkraftstoff und bereitet dadurch Probleme bei der
Schmierung der bewegten Teile im Einspritzsystem.
Dafür brennt Dimethylether schneller und effizienter
als Diesel. Flüssiger Dimethylether kann bei 20 °C unter einem relativ geringen Druck von 5 bar gespeichert
werden [2].

Versuche mit Dimethylether in Dieselmotoren mit einem und zwei Liter Hubraum je Zylinder, aber auch
mit kleineren Automobil-Dieselmotoren, zeigen aus-
gezeichnete Ergebnisse insbesondere in Bezug auf die
Abgasemission. Die geltenden Abgasnormen können
bei den größeren Zylinderhubvolumina ohne Abgas-
nachbehandlung und bei den Pkw-Motoren nur mit einem einfachen Oxidationskatalysator erreicht werden.

17.7   Synthetische Kraftstoffe

„Synfuel" oder „Designerkraftstoff" wird zunehmend zum Ausdruck eines neuen Trends in der Forschung und Entwicklung von Energieträgern, deren molekulare Struktur gezielt konstruiert werden kann. Lange und umfangreiche Erfahrungen in der Verfahrenstechnik – von der Raffinerie und Destillerie bis zur Gassynthese, Umesterung, Pyrolyse, Elektrolyse oder andere thermochemische und elektrochemische Prozesse führen zu neuen Kombinationsmöglichkeiten, welche den Weg zum kontrollierten Aufbau molekularer Strukturen eröffnet [2].

Derzeit werden synthetische Kraftstoffe mit hoher Energiedichte, speicherbar bei Umgebungsbedingungen, in folgenden Formen entwickelt:

- Biomass to Liquid (BtL)

- Gas to Liquid (GtL),

- Power-to-Fuel (*Strom zu Treibstoff*) über Power-to-Gas- und Power-to-Liquid-Pfade, wobei die erforderliche elektrische Energie in Wind- und Solar-Anlagen produziert wird.

Wesentliche Kriterien bei der Gestaltung eines synthetischen Kraftstoffs sind:

-   Die Gewinnung aus erneuerbaren, unerschöpflichen Ressourcen in der Natur wie Pflanzen, die nicht für Nahrung geeignet sind, sowie aus Abfällen von Holz, Pflanzen, Nahrungsmitteln und aus der entsprechenden verarbeitenden Industrie, durch eine effiziente Recycling-Logistik.

- Die Gewinnung aus dem von Feuerungsanlagen in Industrie- und Kraftwerken emittierten Kohlendioxid.

- Die Verarbeitung mit niedrigem energetischem und verfahrenstechnischem Aufwand, dadurch bei niedrigen Kosten, oder mit Elektroenergie aus Wind- und photovoltaischen Anlagen vor Ort.

- Die Gestaltung der Eigenschaften nach den Erfordernissen des Anwenders, Wärmekraftmaschine oder Brennstoffzelle.

- Die Reaktion zu Endprodukten, die umweltverträglich sind.

- Das Verhältnis der Elemente Kohlenstoff/Wasserstoff in der Struktur des jeweiligen synthetischen Kraftstoffes soll möglichst in Richtung des maximalen Wasserstoffanteils gestaltet werden; dadurch entsteht infolge der Verbrennung mehr Wasser und weniger Kohlendioxid.

- Die Struktur soll zu einer flüssigen Phase mit größtmöglicher Dichte im Bereich der Benzin-/Dieseldichte bei üblichen Umgebungstemperaturen und -drücken führen. Damit wäre die Speicherung an Bord bei großer Energiedichte mit unaufwendiger Speichertechnik möglich.

Synthetische Kraftstoffe nach den aufgeführten Kriterien werden derzeit hauptsächlich durch die Synthese von Kohlendioxid und Wasserstoff mit dem Zwischenprodukt Methanol hergestellt [17].

Von allen bisher aufgeführten, nicht synthetischen Kraftstoffen erfüllen Ethanol und Dimethylether diese

Kriterien am besten. Das Recycling des resultierenden Kohlendioxids in der Natur, ohne weiteren Aufwand, erhöht ihren Wert als alternative Kraftstoffe.

Für Turbomotoren und Stirling-Motoren zur Stromerzeugung an Bord von Automobilen eröffnet sich auch eine weitere Perspektive: die Verbrennung von *Pulvern*. Die Verbrennung von *Aluminiumpulver* bei sehr hohen Temperaturen ist von der Schweißtechnik bekannt. *Magnesiumpulver* ist dafür ebenfalls sehr geeignet. Ähnlich reagiert *Eisenpulver* mit Sauerstoff aus der Luft. Mischungen solcher festen Brennstoffe, wobei insbesondere Anteile von Aluminiumpulver vorkommen, werden aufgrund ihrer ausgezeichneten Energiedichte in der modernen Raketentechnik verwendet.

Mischungen von Metallpulvern in definierten Anteilen sind auch als synthetische Kraftstoffe zu betrachten. Sie sind einfacher als flüssige synthetische Kraftstoffe gestaltbar.

These 58: In zukünftigen Automobilen mit Elektromotorantrieb und Stromerzeugung an Bord durch einen Turbomotor haben Pulvermischungen als Brennstoffe ein noch unbeachtetes Potential.

18

Was treibt uns morgen an?

18.1 Die automobile Vielfalt ist nicht chaotisch

Ist das Automobil der Zukunft ein universelles, einheitliches Elektroauto mit genormter Batterie? Ein Trabbi der Moderne mit Digital-Packet? Kaum.

Die Vielfalt der Automobilarten, ihrer Antriebssysteme und der dafür verwendbaren Energieformen, wie in den bisherigen Kapiteln dieses Buches dargestellt, ist berechtigt, begründbar, aber auch erdrückend. Die Anzahl der möglichen Kombinationen von Karosserieausführungen, Elektromotoren, Verbrennungsmotoren, Batterien, Kondensatoren und Kraftstoffen scheint sogar unbeherrschbar zu werden.

Ist die Automobilität auf chaotische Entwicklungsbahnen geraten?

Keineswegs! Die Bahnen der Automobilentwicklung bilden sich wie jene in den natürlichen Prozessen, ob das Lawinen, Lavaströme oder Überflutungen sind.

© Der/die Autor(en), exklusiv lizenziert durch
Springer-Verlag GmbH, DE, ein Teil von Springer Nature 2021
C. Stan, *Automobile der Zukunft*,
https://doi.org/10.1007/978-3-662-64116-3_18

Einen natürlichen Verlauf künstlich bremsen oder nach einer einfachen, deterministischen Logik zu begradigen führt meistens zu größeren Katastrophen. Wie macht es die Natur? Ein Blick aus dem Flugzeug zwischen Paris und Le Havre, am Atlantik, lässt unzählige Mäander der Seine entdecken, stets mit Umkehrungen von 180°, aber auch eine sehr breite und gut definierte Mulde. Es ist nicht schwer zu erahnen, was bei einer Überschwemmung passiert. Das Wasser füllt, als natürlicher, selbstverständlicher Vorgang die Mulde zwischen den Mäandern. So eine kluge Natur! Was passieren würde, wenn irgendwelche Entscheidungsträger die Seine kanalisierten, um einheitlichen Wohnblocks an den Ufern bauen zu können, das wäre schlicht ein Horror.

Die Beispiele der natürlichen Verläufe sind unabdingbar, um die Bahnen der menschlichen Mobilität beurteilen zu können, auch wenn diese Bahnen nicht von Lava und Wasserströmungen, sondern von Populationen und Zivilisationen, in Abhängigkeit vom Ort und Zeitalter gestaltet wurden und sind (Bild 18.1).

Die Mobilität ist gegenwärtig an einer schicksalhaften Kreuzung angekommen: Die Megametropolen der Welt entwickeln sich explosionsartig, die Dichte der Menschen und der Vehikel pro Quadratmeter hat bereits die Sättigung erreicht, die Verkehrsadern sind so gut wie überall verstopft, weil sie nicht für solche Intensität konzipiert wurden. Die Menschen können nicht mehr atmen, nicht wegen Schadstoffen, sondern wegen Sauerstoffmange, in einer Luft, in der zu viel Kohlendioxid und Partikel schweben.

Gibt es rettende Lösungen? Bremsen wir die Strömungen, ändern wir die Art der Vehikel, kanalisieren wir die Bahnen? Diese drei Lösungsansätze wurden bereits, mit mehr oder weniger Erfolg, in manchen Städten, Regionen und Ländern der Welt erprobt. Die schlechteste Problembehandlung besteht häufig in der Einmischung von Politikern in die technischen Lösungsmethoden.

In Deutschland wurde vor einiger Zeit dekretiert, dass innerhalb der folgenden zwei Jahre eine Million Elektroautos auf den Straßen der Bundesrepublik zu fahren haben. Dafür wird einerseits die Automobilindustrie unter Druck gesetzt, andererseits werden die potentiellen Kunden mit gewaltigen Förderungen aus anderweitigen Fördertöpfen gelockt, sie bleiben trotzdem, von der Größenordnung her, im potentiellen Bereich.

In anderen europäischen Ländern verbieten Regierungen, wie bereits dargestellt, den Verkauf von Automobilen mit Verbrennungsmotoren.

Viele Entscheidungsträger verstehen nicht ganz, ungeachtet der Anzahl und der Qualifikation ihrer Fachberater, woher zum Beispiel der Strom für die Elektroautos mit Batterien kommt und wie die gesamte Kohlendioxidemission zwischen Kraftwerk und Rad im Vergleich zu jener zwischen Erdölförderung und Verbrennung im Dieselmotor an Bord zustande kommt. Sie verstehen auch nicht, welcher Unterschied zwischen der Verbrennung im Brennraum eines Diesels und in jenem eines Benziners besteht. Die Darstellungen im Kap. 16.1 zeigten jedoch, dass dieser Unterschied bald auch ganz verschwinden wird. Und die

Verbrennung der Hölle zuzuordnen, weil der Wasserstoff in einer Brennstoffzelle als himmelsblaue Erscheinung wahrgenommen wird, das hilft der Welt
auch nicht.

Den Ingenieuren, die Autos und Antriebssysteme entwickeln, muss von der Politik die Möglichkeit einge-
räumt werden, die technischen Prozesse, in Verzah-
nung mit den begleitenden natürlichen und sozialen
Vorgängen zu analysieren, die dazu erforderlichen Experimente

Bild 18.1 Bahnen auf Wasser und Erde um und in einer Megamet-
ropole

durchzuführen und daraus die Gesetzmäßigkeiten ab-
zuleiten, die zu optimalen Lösungen führen können.
Kann ein Politiker, der kaum die wissenschaftlich-
technische Basis dafür hat, den Autobauern diktieren:
„Ab morgen Schluss mit den Kolben, fortan nur Spulen und Trafos"? Die Automobilentwicklung ist allgemein auf Gesetzmäßigkeiten aufgebaut, die aus Ähnlichkeitsmodellen technischer, wirtschaftlicher und
sozialer Natur abgeleitet werden.

Was sind Gesetzmäßigkeiten und Ähnlichkeitsmodelle?

Machen wir einen Wasserhahn ohne Sieb am Ausgang einfach auf, aber nur moderat: Das Wasser strömt ruhig heraus, in Schlieren, die parallel zueinander verlaufen. Drehen wir nach einer Weile den Hahn ganz auf: Die Schlieren vermischen sich plötzlich in einem Drall, auf Bahnen, die als chaotisch wahrgenommen werden (Bild 18.2). Diese Erkenntnis scheint einfach nur empirisch zu sein, sie scheint nur für dieses eine Experiment, nur unter den gegebenen Bedingungen zu gelten. Es ist aber nicht so! Statt dem Wasserhahn mit dem Rohr von 1/2 Zoll nehmen wir ein Kanonenrohr und lassen Öl anstatt Wasser bei einer viel höheren Geschwindigkeit als zuvor durchströmen. Wenn man den Rohrdurchmesser mit der Art des Fluids und seiner Geschwindigkeit in eine bestimmte mathematische Relation setzt (Geschwindigkeit mal Rohrdurchmesser durch Zähigkeit), erscheint eine absolut erstaunliche Gesetzmäßigkeit:

- Wenn das Ergebnis der Berechnung unter der Zahl 2300 bleibt (wobei die Zahl keine Einheit wie Meter oder Meter pro Sekunde hat), so verlaufen die Schlieren auch bei jeder Kombination der drei Elemente, ob Kanonenrohr, Wasserhahn, ob Öl oder Wasser, ob schnell oder langsam fließend, immer parallel zueinander.

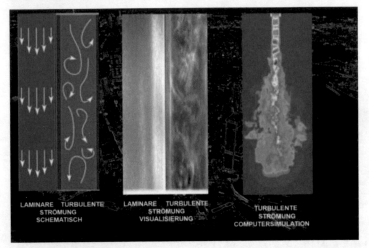

Bild 18.2 Laminare und turbulente Strömung, schematisch (links), laminare und turbulente Strömung, Visualisierung (Mitte), turbulente Strömung, Computersimulation (rechts)

- Wenn aber das Ergebnis der Berechnung eine Zahl über 100.000 ist, dann ist die Strömung immer in einem als chaotisch erscheinenden Drall verwickelt.

Zwischen den Zahlen 2300 und 100.000 geht die Wissenschaft etwas mehr in die Tiefe. Aber bis dahin haben wir klare Gesetzmäßigkeiten verstanden, und sie haben unzählige Anwendungsmöglichkeiten.

Die Erfassung von Phänomenen – seien diese physikalisch, sozial, wirtschaftlich, geistig, oder eine Kombination davon – in Ähnlichkeitsmodellen hat einen bewährten Namen: Phänomenologie.

Die Automobilingenieure haben in den letzten Dekaden zahlreiche Antriebssysteme für Automobile konzipiert und untersucht: Kolbenmotoren, Turbomotoren,

Stirling- und Wankel-Motoren, Elektromotoren, Kombinationen von thermischen und elektrischen Antrieben, mit Batterien, mit Brennstoffzellen, mit zusätzlicher externen Stromladung, mit Benzin, Dieselkraftstoff, Kokosöl, Obstler, Rotwein, warme Luft, Druckluft, Wasserdampf, mit Strom von Windmühlen, aus Kohle oder auf Uranbasis.

Das bedeutet keineswegs eine Suche im Dunkeln, das ist auch kein unbeherrschbares Chaos. Die Bahnen, die von Automobilingenieuren durchgezogen wurden, sind logisch, erbaut zunächst mit deterministischen Methoden, wie in der Mechanik. Die mechanisch aufgebauten Bahnen ergeben aber derzeit eine beachtliche Anzahl von Schlieren, die phänomenologisch betrachtet werden müssen: Was werden unsere Kunden in zehn bis fünfzehn Jahren kaufen wollen? Eine nachhaltige Planung der Produktion, Investition und der Personalspezialisierung kann nur von dieser Prämisse ausgehen. Ab dieser Phase können die Politiker durch gut platzierte Förderungen helfen. Kann eine elegante Lösung zu einem vernünftigen Preis angeboten werden? Verursacht die neue Lösung Konflikte mit der Natur, mit den Mitmenschen oder mit anderen Lebewesen?

Dort können wiederum die Politiker ins Spiel kommen, indem sie durch Gesetze Konfliktgrenzen fixieren. Und dann: Ist ein Vehikel für die Stadt auch auf dem Lande tauglich? Die Politiker sind in diesem Zusammenhang wieder gefragt, um die Infrastruktur entsprechend anpassen zu lassen.

Auch, wenn diese Behauptung sinngemäß wiederholt wird, an dieser Stelle ist sie erneut angebracht: Ein uni-

verselles Automobil mit einem einheitlichen Antriebssystem und einer einzigen Energiequelle würde der immensen Variabilität der natürlichen, wirtschaftlichen,
technischen und sozialen Bedingungen auf der Erde
und deren Kombinationsvielfalt widersprechen. Die
Automobile der Zukunft werden sich durch modular
aufgebaute Vielfalt bewähren.

Die Vielfalt der technischen Lösungswege im Automobilbau bedeutet keineswegs Unsicherheit, neuerdings bilden sich vier klare Kategorien, wie folgt:

18.2   Automobile für urbane Mobilität: Elektromotorantrieb und Elektroenergiespeicherung an Bord

Die explosive Ausbreitung der Megametropolen in der
Welt erfordert die Bildung ökologischer Zonen, frei
von Kohlendioxid-, Schadstoff- und Geräusch-Emissi-
onen. Das sind nicht mehr nur Fußgängerzonen in
Stadtzentren, sondern ausgeweitete Flächen, bis zu den
Peripherien.

**These 59: Für die individuelle Mobilität in Bal-
lungsgebieten, welche die öffentliche Mobilität mit
elektrischen Verkehrsmitteln wie U-Bahnen und
Busse ergänzen soll, erscheinen Kleinst- und Kleinwagen mit Elektroantrieb und Elektroenergie aus
der Batterie an Bord als ideale Lösung.**

Die geringe Reichweite von batteriebetriebenen Fahrzeugen wirkt unter solchen Bedingungen nicht nachteilig.

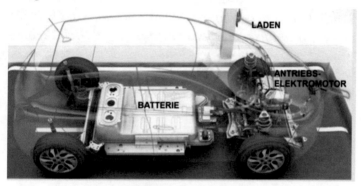

Bild 18.3 Kompakter Stadtwagen (Kleinst- und Kleinwagen) – Elektroantrieb, Elektroenergie aus Batterie und/oder Superkondensator an Bord (Collage mit Hintergrund nach einer Vorlage von Renault)

Die Wagen-Mietprogramme, bekannt in Neudeutsch allgemein als Carsharing, wurden 1948 in Zürich initiiert und sind derzeit in der ganzen Welt unter verschiedenen Namen verbreitet: Car2go, Drivenow, Greenwheels. Es gibt feste Mietstationen an Flughäfen und Bahnhöfen, aber auch mobile Dienste, bestellbar per Smartphone, welches sowohl die Fahrerlaubnis lesen als auch das Auto entriegeln kann. Die nächste Stufe wird im Zusammenhang mit dem autonomen Fahren erreicht sein: Die Vehikel werden dann selbstständig zu dem Smartphone-Besteller kommen um dann nach der Nutzung irgendwo auf der Straße verlassen werden zu können. Dieses Szenario ist in Teilen auch bereits realisiert.

Alles klingt gut, es scheint effizient und rational zu sein. Sind wir, Menschen, aber rational? Würde der

*Manager, der Makler, der Bankdirektor oder der Fuß-
ballstar mit so einem kompakten, autonomen Ei durch
die Stadt fahren wollen, in dem ihn alle Bewunderer
womöglich sehen könnten? Nein, auf das Blechmons-
ter mit eintausend Pferden, das eigentlich keiner
braucht, wird er in keiner Situation verzichten wollen,
weder in der Stadt noch sonst wo.*

18.3 Oberklasse-Automobile und SUVs: Hybridantriebe

In den letzten Jahren erfreuen sich sowohl die Oberklasselimousinen, als auch die Sport Utility Vehicles
(SUV) einer besonderen Beliebtheit. Die SUVs haben
sogar alle Klassen bei allen Marken erobert. Die meist
begehrten Automobile dieser Art sind aber eher Eisenmonster mit mehr als 2,2 Tonnen Gewicht. Nachdem
berühmte Hersteller von tiefgelegten und sehr sportli-
chen Männerträumen wie Porsche oder Alfa Romeo
angefangen haben, ihre Vehikel hoch auf die Räder zu
stellen, folgten alle, sogar Lamborghini, diesem Trend:
Sein neuestes Modell, der SUV URUS wiegt 2200 Kilogramm und wird von einem Acht-Zylinder-Vierliter-
Motor mit 650 PS angetrieben. Solche Monster sind
allerdings eher Haustiere, die die meiste Zeit sich nur
langsam durch die Stadt bewegen. Das Problem ist dabei der exorbitante Benzinverbrauch, der weit über 20
Liter je hundert Kilometer beträgt. Die stolzen Besitzer
solcher Wunder der Technik haben gewiss genug Geld
fürs Benzin, aber drei bis vier Mal pro Woche an die
Tankstelle zu fahren kann wirklich nervig sein.

Ein gutbemittelter Kunde könnte sich selbstverständlich auch ein Monster mit reinem Elektroantrieb, mit 650 PS oder mehr leisten, aber mit 200 Kilometer pro Stunde von Hamburg nach München, mit eingeschalteter Heizung oder Klimaanlage ohne Lade-Stop zu fahren, das bliebe dann eine Utopie.

Wäre es trotzdem möglich den Benzinverbrauch eines Eisenmonsters, wenigstens bei Stadtfahrten, zu reduzieren? Die Fahrt durch die Stadt ist doch anders als auf der Landstraße oder auf der Autobahn: Start aus dem Stand, dann beschleunigen, bremsen, 200 Meter geradeaus, bei konstanter, meist mäßiger Geschwindigkeit, dann wieder bremsen, wieder beschleunigen. So ein Fahrprofil passt am besten für einen Elektromotor: maximales Drehmoment beim Start vom Stand, Rekuperation der Elektroenergie beim Bremsen.

These 60: Für schwere Oberklasselimousinen und Sport Utility Vehicles sind Hybridantriebe, gebildet von einem Antriebs-Verbrennungsmotor mit regenerativem Kraftstoff und einem oder mehreren Antriebs-Elektromotoren, eine ideale Lösung.

Während der Start- und Beschleunigungsvorgänge des Fahrzeugs schaltet sich zuerst der Elektromotor ein, der ein maximales Drehmoment von der ersten Umdrehung an erbringt. Der Verbrennungsmotor wird nur für höheren Leistungsbedarf zugeschaltet (Bild 18.4). Er arbeitet somit nur in „Funktionsfenstern" von Last und Drehzahl. Für solche eingeengten Gebiete lässt sich ein Verbrennungsmotor, ob er noch im Otto- oder Dieselverfahren arbeitet, sehr gut in Bezug auf Verbrauch und Emissionen optimieren. Die praktischen Ergebnisse sind in den meisten Fällen echt spektakulär: Von

20 Liter Benzinverbrauch je hundert Kilometer im Stadtzyklus bleiben noch höchstens zehn! Und das Benzin oder der Dieselkraftstoff werden bald mit Methanol, Ethanol, mit einem Gemisch von beiden, je nach Verfügbarkeit, oder mit Dimethylether ersetzt werden.

Bild 18.4 SUV mit Hybridantrieb bestehend aus Verbrennungs-motor, Elektromotor und Batterie, mit zusätzlicher Möglichkeit der Stromladung von außen durch Stecker (Plug-In) (Collage mit Hintergrund nach einer Vorlage von Daimler)

Zugegeben, eine solche Lösung hat ihren Extra-Preis, es sind meistens 4000 bis 8000 Euro mehr. Mit diesem Geld könnte man sich einen ganzen Dacia kaufen. Andererseits, bei dem Preis eines Porsche Cayenne oder Lamborghini URUS bedeutet dieser Aufpreis weniger als 10% des Wagenpreises. Neuerdings wird bei den meisten Modellen solcher hybriden Antriebssysteme eine größere Batterie (jedoch nicht so groß wie bei einem rein elektrischen Fahrzeug) und auch ein externer Stromanschluss vorgesehen. Der Vorteil dieser Erweiterung ist die Erhöhung der Reichweite in rein elektrischem Modus. Die Ladung der Batterie an Bord ausschließlich durch den Verbrennungsmotor, via Generator, ist ansonsten dadurch begrenzt, dass die Leistung des Verbrenners für die Fahrt selbst benötigt wird.

Wenn manchmal schöne, große Limousinen am Straßenrand, in einer Großstadt mit Parkplatzmangel, an der Strippe hängen, wird niemand mehr sagen können, ob es sich dabei um ein Elektroauto oder um einen Hybrid mit Elektro- und Dieselmotor handelt, oder nur um einen Diesel mit der Strippe als Attrappe, des Parkplatzes wegen.

18.4 Kompakt- und Mittelklasse-Automobile: Elektromotorantrieb und Elektroenergieerzeugung an Bord

Das größte Automobilsegment erstreckt sich nahezu in jedem Land der Welt zwischen der Kompaktklasse (Audi A3, BMW 1er, Ford Focus, Honda Civic, Hyundai i 30, Mercedes A-Klasse) und der Mittelklasse (Audi A4, Mercedes C-Klasse, Hyundai i 40). In vielen Ländern hat sich die Mittelklasse nach oben gestreckt, als „Obere Mittelklasse" (Audi A6, BMW 5er, Mercedes E-Klasse, Skoda Superb).

Es ist zu erwarten, dass in diesem gesamten Segment der Antrieb selbst komplett elektrisch sein wird. Je nach Ausführung und Fahrzeugpreis empfiehlt sich dafür ein Elektromotor auf einer der Fahrzeugachsen, zwei Elektromotoren (einer pro Achse) oder vier Elektromotoren (je einer in der Radnabe integriert, oder auf den Achsen, in Radnähe montiert). Die vorteil-hafte Drehmomentcharakteristik von Antriebselektro-motoren wurde im Kap. 5.2 gezeigt. Das Potential der Lenkung mit allen vier Rädern, von der Fahrdynamik und den möglichen Lenkmanövern, bis hin zum Parken und Rangieren, wurde im Kap. 4.1 dargestellt.

Bei dem erwarteten Fahrprofil Stadt – Landstraße - Autobahn eines Automobils dieser Kategorie, er-scheint eine Erzeugung der Elektroenergie an Bord vorteilhafter als die Speicherung in einer großen und schweren Batterie.

These 61: Für Kompakt- und Mittelklasseautomo-bile ist der Antrieb durch einen oder mehreren Elektromotoren, mit Elektroenergieerzeugung an Bord und Pufferbatterie eine ideale Lösung.

Mit einem Elektroenergie-Modul <u>Brennstoffzelle mit Wasserstoff - Wasserstofftank und Pufferbatterie</u> ist der Elektromotorantrieb absolut frei von Kohlendi-oxid-, Schadstoff- und Geräuschemissionen, sowohl in der Stadt, als auch auf der Landstraße oder auf der Au-tobahn.

Diese Lösung hat bemerkenswerte Vorteile gegenüber dem Elektromotorantrieb mit Elektroenergiespeiche-rung in Batterie: die Reichweite wird deutlich größer, die Betankung mit Wasserstoff schneller und unkom-plizierter als die Batterieladung. Sie ist aber auch teu-rer. Deswegen kann sie eher in dem Segment Obere Mittelklasse erfolgreich werden.

Für Mittelklasse- und Kompaktwagen ist ein anderer Weg von Vorteil: Wenn der Antrieb elektrisch sein soll, aber die Batterie zu schwer und die Reichweite zu gering ist, wenn die Brennstoffzelle mit Wasserstoff zu teuer ist, dann muss man Strom an Bord mittels eines einfachen Verbrenners erzeugen. Das Elektroenergie-Modul ist dann wie folgt verkettet: Verbrennungsmotor (Turbomotor, Zweitaktmotor, Wankelmotor oder Stirling-Motor im festen Betriebspunkt) – Kraftstofftank – Stromgenerator – Pufferbatterie (Bild 18.5).

Diese Konfiguration kann im Vergleich zu einem Brennstoffzellenfahrzeug mit Wasserstoff zu einer Halbierung des Fahrzeugpreises führen, sie hat auch ein geringeres Gewicht und nimmt weniger Platz in Anspruch. Sehr vorteilhaft ist darüber hinaus die Möglichkeit der Nutzung eines der zahlreichen regenerativen Kraftstoffe, wie Methanol, Biogas, Ethanol, oder Bioöle bis hin zu Pulvermischungen, je nach Verfügbarkeit in der jeweiligen Einsatzregion. An dieser Stelle soll auch nochmal darauf hingewiesen werden, dass ein Verbrennungsmotor, unabhängig von seiner Gattung, der im festen Betriebspunkt arbeitet, um Strom zu produzieren, besonders effizient ist. Ein Verbrennungsmotor als Direktantrieb eines Fahrzeugs muss dagegen stark variable Drehmoment- und Drehzahlbereiche durchlaufen, wodurch seine Komplexität, aber auch der Verbrauch und die Emissionen zunehmen würden. Dafür wurden vor nicht allzu langer Zeit Viertaktmotoren im Otto- oder im Dieselverfahren, mit variabler Ventilsteuerung, mit Resonanzschaltröhren, mit dreifacher Turboladung, mit Modulation der Direkteinspritzung und mit mehreren Katalysatoren entwickelt worden. Um Strom in einem festen Betriebspunkt zu erzeugen ist all das nicht mehr nötig. Ein einfacher Zweitakter mit Kraftstoffdirekteinspritzung, ein winziger Turbomotor oder ein Wankelmotor sind für eine solche Aufgabe effizienter, leichter, kompakter und viel preiswerter.

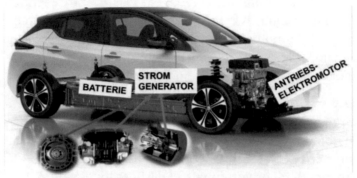

Bild 18.5 Fahrzeug mit Elektromotor(en)-Antrieb und Stromerzeugung an Bord mittels Brennstoffzelle, beziehungsweise mittels Verbrennungsmotor (Zweitaker, Wankel, Turbomotor, Stirlingmotor) mit Methanol, Ethanol, Biogas, Bioöl oder Pulvermischung (Collage mit Hintergrund nach einer Vorlage von Nissan)

Die Lösung mit einem Verbrenner an Bord, als Stromerzeuger, hat aber auch einen Nachteil: soweit kein Wasserstoff, sondern Ethanol, Methanol, Biogas oder Öl an Bord verbrannt wird, entsteht auch Kohlendioxid. Dafür gibt es aber auch ein günstiges Funktionsszenario:

Während der Fahrten durch Ballungsgebiete mit Null-Emission-Zonen wird der Antriebselektromotor nur von der Batterie angespeist, außerhalb einer solchen Zone wird dann der Verbrenner aktiv, um die Batterie zu laden und dem Antriebsmotor direkt Elektroenergie zu liefern.

Natürlich hat das Ganze zwei Nachteile gegenüber der Brennstoffzellenvariante: die Zwei-Modi Funktion (innerhalb und außerhalb einer Null-Emission-Zone) und die Geräusche eines Verbrenners im Vergleich mit der so stillen Funktion einer Brennstoffzelle.

Aber für den halben Preis kann man beides in Kauf nehmen. Überzeugend ist dabei auch, dass man keinen Wasserstoff, kein Wasserstoffnetz und keine High-Tech-Betankungsanlage braucht. Kartoffelschnaps in Deutschland oder Zuckerrohr-Ethanol in Brasilien zu tanken erscheint als flexibler und einfacher.

18.5 Preiswerte Automobile mit Antrieb durch einfache Kolbenmotoren mit regenerativen Kraftstoffen, für vielfältige Nutzung

Ist es wirklich angebracht, nach so viel High-Tech, wieder mit alten, überholten Lösungen anzufangen? Es ist nicht nur angebracht, sondern auch empfehlenswert, weil nicht alle Menschen auf unserem Planeten in Paris, Dubai oder New York leben. Wie können die Automobilingenieure den Individualverkehr den zahlreichen, bescheiden lebenden Menschen in Anatolien, Moldawien, im Altai, in Amazonien und in Afrika ermöglichen? Die entsprechenden Vehikel müssen zuerst preiswert sein. Einige namhafte Automobilunternehmen haben vor etwa zwanzig Jahren billige Autos auf solche Märkte gebracht, aber was sie unter „billig" verstanden waren die sehr kompakten Autos der eigenen Marken, jedoch ohne jeglichen Komfort, reduziert auf Grundfunktionen. Gekauft haben sie nicht die anvisierten zahlreichen, bescheiden lebenden Einwohner der besagten Gebiete, sondern Studenten in Städten. Das Konzept hat sich nicht lange gehalten.

Die Menschen in Anatolien, in Afrika und in Südamerika brauchen keine fahrenden Zwerge, sie brauchen, im Gegenteil, viel Volumen, um die Familie, die Gemüsekisten und die Baumaterialien im rauen Gelände, auf schlechten Wegen zu transportieren. Klimatisierung oder Heizung? Doch – weil bei minus zwanzig oder plus vierzig Grad anders es nicht geht. Kann man so etwas bauen? Sicher, wobei dafür billige Arbeitskräfte in der Fahrzeugherstellung nicht unbedingt die erste und einzige Bedingung ist. Vielmehr zählen dafür die Technik und die Technologie: Technisch müssen Passungen und Toleranzen nicht unbedingt auf Porsche-Niveau sein, etwas lockerer geht es auch, soweit die Funktionen und die Lebensdauer des Wagens nicht gefährdet werden. Technologisch bewirken die mäßigen Ansprüche den Einsatz billigerer Bearbeitungsmaschinen. Am Ende soll aber das gesamte Auto so viel wie ein Felgensatz für einen Porsche Carrera kosten, und dass es geht, zeigt beispielsweise das Fahrzeugprogramm von Dacia (Bild 18.6).

*Bild 18.6 Preiswerter Mehrzweckautomobil mit alkohol-
betriebenen, kompakten Kolbenmotor (nach einer Vorlage von Dacia)*

**These 62: Für preiswerte Mehrzweckautomobile
erscheint ein einfacher, genormter Drei-Zylinder-
Kolbenmotor mit höchstens einem Liter Hubraum,
ohne elektrische Unterstützung, ohne Turboaufladung, ohne variable Ventilsteuerung, aber mit Direkteinspritzung von Methanol-Ethanol-Gemischen aus Pflanzenresten als idealer Antrieb. Die
gesetzlichen Limitierungen von lokaler Kohlendioxidemission, sowie von Schadstoff- und Geräusch-
Emissionen müssen dabei zwingend eingehalten
werden.**

18.6   Klimaneutrale, synthetische Kraftstoffe für die klassischen Kolbenmotoren der bestehenden Automobile

Hybridantriebe, Plug-Ins, Range Extender und Elektroantriebe mit großer Batterie können keineswegs die klassischen Kolbenmotoren in allen bisher gebauten Automobile dieser Welt ersetzen. Und diese 1,35 Milliarden Automobile, die auf allen Straßen der Welt fahren, kann niemand über Nacht verschrotten oder verbieten. Ihre Motoren können auch nicht immer ohne weiteres auf 100% Methanol oder Ethanol umgestellt werden.

Sie brauchen Kraftstoffe mit der gleichen Molekularstruktur und damit mit den gleichen Eigenschaften wie bisher. Benzin und Dieselkraftstoff aus fossilen Energieträgern wie Erdöl herzustellen ist aber nicht mehr zulässig. Man kann sie jedoch auch aus regenerativen Energieträgern gewinnen.

Für Dieselmotoren ist die Nutzung von Ölen aus Biomasse (Kap. 17.5) sowie von Dimethylether als Nebenprodukt der Methanolsynthese (Kap. 17.6) ohne große Umstellungen möglich.

Für Ottomotoren wird derzeit ein klimaneutrales, synthetisches Benzin entwickelt. Im Kap. 17.3 wurde das Programm Carbon2Chem vorgestellt: Das in Stahlgießereien, Kraftwerken und Fabriken emittierte Kohlendioxid wird aufgefangen und während einer chemischen Reaktion mit Wasserstoff, in Methanol umgewandelt. Der Wasserstoff dafür wird elektrolytisch, direkt vor Ort, mit Strom von Photovoltaik- und Windkraftanlagen produziert. Methanol enthält aber noch Sauerstoff im Molekül. Dieser wird im nächsten Reaktionsschritt rausgezogen, was daraus resultiert ist ein Kohlenwasserstoff mit der gleichen „DNA" wie ein ganz normales Benzin.

Die Produktion eines synthetischen Benzins nach diesem Verfahren wird derzeit beispielsweise von Porsche zusammen mit Siemens Energy vorangetrieben.

Ganz uneigennützig, allein für die 1,35 Milliarden betagten Autos dieser Welt, ist das nicht: Davon werden sowohl die vielen unschätzbaren Oldtimer der Welt, als auch die zukünftigen Luxussportwagen profitieren, die ohne klassischen, besonders leistungsstarken Kolbenmotoren keine zahlkräftigen Kunden mehr finden würden.

Literatur zu Teil III

[1]   Stan, C.: Energie versus Kohlendioxid – Wie retten wir die Welt? 59 Thesen, Springer Verlag, 2021, ISBN 978-3-662-62705-1

[2]   Stan, C.: Alternative Antriebe für Automobile, 5. Auflage, Springer Verlag, 2020, ISBN 978-3-662-61757-1

[3]   Stan, C.: Gas turbine as range extender for future electric automobiles, Recent research Advances in Automotive Engineering, The Romanian Journal of Technical Sciences, Vol. 63 No. 1 (2018), https://rjts-applied-mechanics.ro/index.php/rjts/article/view/226, zuletzt abgerufen am 3. Juni 2021

[4]   Boltze, M.; Wunderlich, C.: Energiemanagement im Fahrzeug mittels Auxiliary Power Unit in „Entwicklungstendenzen im Automobilbau", Zschiesche Verlag, 2004, ISBN 3-9808512-1-4

[5]   Schröder, D.: Elektrische Antriebe – Grundlagen, 6.Auflage, Springer Verlag, 2017, ISBN 978-3-662- 554470

[6]   Stan, C.: Thermodynamik für Maschinen- und Fahrzeugbau, Springer Verlag, 2020, ISBN 978-3-662-61789-2

[7]   Stan, C.; Personnaz, I.: Hybridantriebskonzept für Stadtwagen auf Basis eines kompakten Zweitaktmotors mit Ottodirekteinspritzung, ATZ - Automobiltechnische Zeitschrift 2/2000, ISSN 0001-2785

[8]   Stan, C.; Tröger, R.; Grimaldi, C. N.; Postrioti, L.: Direct Injection of Variable Gasolina/Methanol Mixtures: Injection and Spray Charakteristics
SAE Paper 2001-01-0966

[9]   Stan, C.; Tröger, R.; Günther, S.; Stanciu, A.; Martorano, L.; Tarantino, C.; Lensi, R.: Internal Mixture Formation and Combustion from Gasoline to Ethanol,
SAE Paper 2001-01-1207

[10]   Stan, C.; Tröger, R.; Lensi, R.; Martorano, L.; Tarantino, C.: Potentialities of Direct Injection in Spark Ignition Engines – from Gasoline to Ethanol,
SAE Paper 2000-01-3270

[11]   Technische Daten BMW i3
https://www.press.bmwgroup.com/deutschland/article/detail/T0285608DE/technische-daten-bmw-i3-120-ah-und-bmw-i3s-120-ah-gueltig-ab-11/2018?language=de,
zuletzt abgerufen am 3. Juni 2021

[12] Stan, C.; Anghel, R.: Gas Turbine as Range Extender for Future Automobiles, Automobile Congress AMI Leipzig, 2016, Congress Proceedings

[13] Stan, C.: Verbrennungssteuerung durch Selbstzündung – Thermodynamische Grundlagen Motortechnische Zeitschrift 1/2004, ISSN 0024-8525

[14] Burnete, V.N.: Ethanoleinspritzung mit Selbstzündung im Dieselverfahren, Springer Verlag, 2017, ISBN 978-3-658-19380-5

[15] *** : Power Reactor Information System, International Atomic Energy Agency, 2020, https://www.iaea.org/resources/databases/power-reactor-information-system-pris, zuletzt abgerufen am 3. Juni 2021

[16] *** : World Energy Balances: Overview – Complete energy balances for over 180 countries and regions https://www.iea.org/reports/world-energy-balances-overview, zuletzt abgerufen am 3. Juni 2021

[17] Maus, W. (Hrsg.) et al.: Zukünftige Kraftstoffe – Energiewende des Transports als ein weltweites Klimaziel, Springer, 2019, ISBN 978-3-662-58005-9

Teil IV

Wer entwickelt unsere Automobile der Zukunft?

19

Das Automobil von der Innovation bis zum Pflichtenheft

19.1 Innovationen, Erfindungen und Schnapsideen

Die Automobile der Zukunft und insbesondere ihre Antriebssysteme werden zwischen zahlreichen technischen Anforderungen, immer strengeren gesetzlichen Limitierungen und sehr vielfältigen und weitgehenden Akzeptanzkriterien der Kunden entwickelt.

Durch die Modularisierung der Funktionskomponenten wird die Diversifizierung der Automobilklassen, -typen und -ausführungen umso deutlicher. Diese Vielfalt verfolgt zunehmend drei Dimensionen:

1. <u>Klassen</u> nach Größe, Leistung, Ausstattung und Preis: Oberklasse, Mittelklasse, Kompaktklasse, Preiswert-Mehrzweckwagen-Klasse.

2. <u>Typen</u> nach regionalen, geografischen, wirtschaftlichen und ökologischen Bedingungen: Vom preiswerten Pick-up in ländlichen Gebieten Südamerikas zum Luxus-Elektroauto für

© Der/die Autor(en), exklusiv lizenziert durch
Springer-Verlag GmbH, DE, ein Teil von Springer Nature 2021
C. Stan, *Automobile der Zukunft*,
https://doi.org/10.1007/978-3-662-64116-3_19

Null Emission in Ballungsgebieten von Indust-
rieländern.

3. <u>Ausführungen</u> nach objektivem und subjekti-
vem Kundenwunsch: Sport Utility Vehicle
(SUV), Coupé, Limousine, Kombi, Cabriolet.

**These 63: Die Grundvoraussetzung jeder erfolgrei-
chen Entwicklung in der stets dynamischen und
vielfältigen Automobilwelt ist die Innovation.**

Es ist ein tatsächlich ein unvergleichliches Gefühl, eine
tolle Idee über ein neues Produkt zu haben! In diesem
Geschäft gibt es aber leider auch, neben genialen Erfindern, zahlreiche Ideenträger die überzeugt sind, mit
ihrem Einfall die Welt neu erfunden zu haben. Wenn
das Produkt seiner Gedanken ein Auto oder ein Antriebssystem ist, dann ist sein Einfall selbstverständlich
bahnbrechend und universell, meint der vermeintliche
Erfinder. *„Das Neuerfundene wird keine Art von Energie verbrauchen, im Gegenteil, sobald es sich bewegt,
wird es uns, als Perpetuum mobile, gar Energie schen-
ken. Es wird keinerlei Schadstoffe emittieren, sondern
die in seiner Umgebung bestehenden Schadstoffe ver-
schlingen! Es wird die Welt insgesamt besser machen!"* Das sind keine Scherze, sondern zusammenge-
fasste Zitate. Eine Recherche von Patentanträgen beim
Deutschen, Französischen oder beim US Patentamt zu
Automobilen oder Antrieben wäre für jeden Leser sehr
aufschlussreich. Mit solchen Vorhaben werden Profes-
soren zu Gutachten genötigt, die Medien bombardiert
oder die potentiellen Finanzierer genervt. Einige Beispiele von solchen „epochalen Ideen", mit denen der
Autor dieses Buches im Laufe der Zeit konfrontiert
wurde, sprechen für sich:

- *Wunderrohre*, in denen die Luft vor dem Einlass in einem Kolbenmotor durch magische Kräfte zersetzt wird, um nur den Sauerstoff hinein zu lassen. Der Rest, praktisch der Stickstoff, wird als Müll für uns, in die Umgebungsluft versetzt.

- *Teuflische Schleuder*, die aus der Luft vor dem Eintritt in einen Kolbenmotor eine Art Mayonnaise machen sollten, um ebenfalls den Sauerstoff zu separieren.

- *Öle und Cremes*, die ganze Populationen von Molekülen zum Leben erwecken sollten, und zwar auf den Oberflächen der Kolben in Brennräumen von Verbrennungsmotoren, mit dem vom „Erfinder" im Patentantrag niedergeschriebenen Ziel: „unser Leben auf der Erde besser zu machen". Das ist nicht übertrieben, der Verfasser hatte sogar einen hohen akademischen Titel.

- *Uhrwerkartige Kraftübertragungssysteme* mit Hebeln, Scheren und Zahnrädern zwischen Kolben und Kurbelwellen von Otto- oder Dieselmotoren, in etwa wie Schließmechanismen in Schlosstoren. Das deklarierte Ziel jeder solcher geschnörkelten Konstruktion ist, die mechanische Arbeit, die auf dem Kolbenboden entsteht, bis zum Kurbelzapfen größer zu machen, also wieder Perpetuum mobile. In der Physik bleibt es aber immer dabei: So viel Energie rein geht (in dem Fall als Arbeit), soviel geht aus raus, wobei ein Teil nutzbar ist (als Arbeit am Kurbelzapfen) und zwei andere Anteile als Trägheits- und Reibungsenergie verschwendet werden.

- *Revolutionierende Antriebssysteme* sind ein besonderes Gebiet für Ideen und Erfindungen aller Art. Das Ziel ist in jedem solchen Fall, auch mehr Energie in Form von Arbeit zu erzeugen als die zugeführte Energie in Form von Wärme.

- *Bahnbrechende Vehikel*, die durch Schlamm, Luft, Wasser oder Feuer fahren können, getrieben von einer unerschöpflichen Druckluftquelle im Fahrzeuginneren oder durch elektromagnetische Wellen, die aus dem Universum absorbiert werden.

Vor den wahren Erfindern dieser Welt, den großen wie den kleinen, die unser automobilistisches Leben wirklich schöner oder einfacher gemacht haben, kann man nur Respekt und Anerkennung empfinden. Sie schufen für unsere Mobilität das Rad (3650 v. Chr.), die Dampfmaschine (1769), den Elektromotor (1821), die mit Luft gefüllten Reifen (1845), das Automobil mit Verbrennungsmotor (1886), den Dieselmotor (1890), das Taxi (1896), den Radar (1904) und die Autobahn (1921).

In unserer Welt gab es aber, und gibt es immer noch, auch unzählige selbsternannte Erfinder, die von physikalischen Gesetzen nichts halten oder nichts wissen. Was sie machen ist eben spirituell, über die Gesetze der Physik hinweg, die, nach ihrer Meinung, nur für engstirnige Anachronisten aus den konventionellen Schulen Geltung haben.

Auf einem Kongress mit zahlreichem Fachpublikum ergriff, vor einiger Zeit, ein Erfinder dieses Kalibers das Wort und schmiss seine einführenden Behauptungen ins Publikum mit der üblichen Aggressivität solcher Menschen: *„Wenn es nach den Ingenieuren*

*ginge, wären die Menschen niemals auf den Mond ge-
landet, ohne uns, den Visionären, den Mutigen...* " Er
vertritt eine neue Firma, die mit viel dubiosem Geld
aus dem Boden gestampft worden war, um nach kurzer
Zeit wieder dorthin zu verschwinden. Die Geschäftsi-
dee: Warum sollte man stundenlang die Batterie eines
Elektroautos an der Steckdose laden? Es ist doch effizienter sie zu ersetzten, vom Wagenboden her nach unten gezogen, das dauert angeblich nur zwei Minuten.
Das Problem ist dabei allerdings, dass diese Art von
Aus- und Einbau einer 300 bis 800 Kilogramm schweren Batterie eine komplett neue, schwere und fahrun-
günstige Karosserie erfordert. Die vier riesigen Gewin-
debolzen für die Verankerung, belastet nicht nur von
dem eigentlichen Batteriegewicht, sondern auch von
Vibrationen, Temperaturschwankungen und Schmutz,
würden nach einigen Montagezyklen unbrauchbar. Zugegeben, in China werden neuerdings auch solche Projekte getestet, mit Batterietauschstationen entlang von
Autobahnen.

Es gibt aber auch *Erfinder des zweiten Grades*, die mit
ihren Ideen ebenfalls die Welt ändern wollen, aber
auch *viel Geld* haben um das anzugehen. Auf diese Art
wurde zum Beispiel das Elektroauto zum dritten Mal
in seiner Geschichte erfunden. Es kostet etwas, aber
der Wiedererfinder wollte die Automobilwelt aus der
Lethargie wecken. Das scheint ihm nun auch zu gelin-
gen, aber nicht unbedingt mit den eigenen Elektroautos. Die „Geweckten", von Audi bis Hyundai, Volkswagen und Toyota, sind doch viel erfahrener, besser
spezialisiert, organisiert und vernetzt. Dennoch, Respekt für den mutigen und reichen Wiedererfinder, so
kann man auch die Welt weiterbringen!

Die *Erfinder des dritten Grades* haben nicht nur bahnbrechende Ideen und *viel Geld*, sie sind auch noch vom Fach, mit *soliden Kenntnissen der Physik und der Ingenieurkunst*. Wie kommt ein solcher Mensch in die Versuchung, die Welt verändern zu wollen? Ehrgeiz? Fanatismus? Man kann der Welt zeigen, dass ein Auto mit einem Liter Kraftstoff pro hundert Kilometer sogar auf der Autobahn mithält. Der Hightech-Motor, die ultraaerodynamische Karosserie und die noblen Werkstoffe sind aber teuer, sehr teuer. Das magere und mickrige Ein-Mann-Auto kostet dementsprechend mehr als ein großer Wagen der Luxusklasse. Eine Serienherstellung hatte genauso wenig Chancen wie das frühere Drei-Liter-Auto der gleichen Marke.

Es gibt aber auch die *Erfinder ohne Grade*, die *Pragmatiker* mit gesundem Menschenverstand in einem gesunden Körper. Sie wollen nicht die Welt verändern, sie wollen kein Geld und keinen Ruhm, sie wollen nur etwas Nützliches erschaffen. Das sind die wahren Geister der unzähligen Innovationen, von denen das immer weiter entwickelte Automobil lebt.

These 64: Die Entwicklung jedes neuen Automobils auf Basis zahlreicher Innovationen und Erfindungen verläuft auf einem Weg, auf dem zwischen dem objektiven, komplexen *Produkt* und seiner von objektiven und subjektiven Elementen geprägten *Umgebung* eine harmonische Verbindung entstehen muss.

Auf diesem Weg gibt es entlang horizontaler und vertikaler Bahnen beachtliche Hürden.

19.2 Der horizontale Hürdenlauf bei der Erschaffung eines Automobils

Der Bedarf

Ein gutes, schönes, modernes, effizientes und innovatives Automobil muss es sein. Aber: wer will es haben (Bild 19.1)? Der Lenker eines großen Automobilunternehmens sagte vor einiger Zeit: *„Ich könnte den Markt mit Erdgas-Autos füllen – ein solches Auto verbraucht weniger Energie als ein Benziner, stößt weniger Schadstoffe als ein Diesel aus und emittiert weniger Kohlendioxid als Benziner oder Dieselfahrzeuge auf Grund des höheren Verhältnisses zwischen Wasserstoff und Kohlenstoff in einem Erdgasmolekül. Die Infrastruktur ist bereits vorhanden, die Instandhaltung ist einfach. Trotz der vielen Vorteile, wollen die Kunden solche Autos kaum.“* Die Notwendigkeit eines Produktes wird eben vom Markt geprägt. Man kann sicherlich ein besseres Marketing machen, man kann die Politiker und die Medien aktivieren. Was man nicht machen kann ist, auf Halde zu produzieren in der Hoffnung, dass man doch verkaufen wird. Das ist immer der beste Weg zur Pleite.

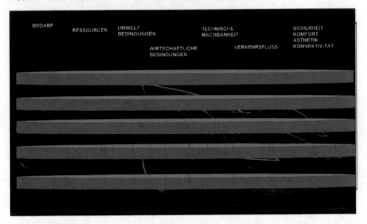

Bild 19.1 Der horizontale Hürdenlauf bei der Erschaffung eines Automobils

Die Ressourcen

Zahlreiche Regierungsprogramme und auch viele Automobilunternehmen wollen die Elektromobilität in sehr kurzer Zeit durchsetzen. Elektroautos brauchen jedoch Elektroenergie. Diese wird derzeit, weltweit, hauptsächlich aus Kohle produziert. Elektroautos brauchen aber auch Batterien mit hoher Energiedichte, die modernsten derzeit sind die Lithium-Ionen-Batterien. Eine solche Batterie für ein Elektroauto wie BMW i3, mit 33 kWh, die 250 kg schwer ist, enthält, unter anderem, 12 kg Kobalt, 6 kg Lithium und 12 kg Nickel. Ein Kilogramm Kobalt, mit dem größten Vorkommen in Kongo, kostet derzeit 95 USD. Für die Batterie eines Tesla sind die dreifachen Mengen an Kobalt, Lithium und Nickel erforderlich. Und die Prognosen sagen einen Anstieg der Kobalt-Nachfrage um 47-mal bis 2030 voraus. Darüber hinaus reichen die geschätzten Lithium-Weltreserven von 15-35 Millionen Tonnen für die Anzahl der Elektroautos, die für die nächsten 10-15 Jahre geplant sind, nicht aus. Die internationale Schlacht um solche Reserven ähnelt jenen um Kupfer oder Eisen. Manche beschuldigen die Chinesen, dass sie nahezu alle Minen auf der Erde gekauft haben, insbesondere für die Vorkommen, die Elektroautos benötigen. Andere beschuldigen die Russen, dass sie die Arktis beschlagnahmt haben, um nach solchen Vorkommen zu suchen. Und wieder andere beschuldigen die Amerikaner, dass sie solche Materialien vom Mond oder vom Mars bringen wollen. Wäre es nicht besser, uns daran zu erinnern, dass wir noch Pflanzen haben, die sich in kurzen Zyklen regenerieren und die Energie auf natürlichem Wege von der Sonne aufnehmen? Daraus kann man immer klimaneutrale Kraftstoffe für Verbrennungsmotoren als Stromerzeuger an Bord anstatt Lithium-Ionen-Batterien, generieren.

Die Umweltbedingungen

Auch dann, wenn die ersten zwei Hürden, Bedarf und Ressourcen, genommen wurden, sollte jede ernste und prüfbare Beeinträchtigung des umgebenden ökologischen Systems zur Beendigung des jeweiligen Entwicklungsprojektes führen. Die Hauptthemen sind dabei die Reduzierung der Schadstoff- und Geräuschemissionen unter den wissenschaftlich nachgewiesenen Belastbarkeitsgrenzen sowie die Recycelbarkeit der Automobilkomponenten.

Die wirtschaftlichen Bedingungen

Auch wenn die ersten drei Hürden genommen wurden, können wirtschaftliche Kriterien jede weitere Entwicklung stoppen. Die vorhin genannten Beispiele des Ein-Liter-Autos oder des in Serie eingeführten Drei-Liter-

Autos sind dafür bezeichnend. Auch wenn die Serienproduktion des gemeinten Drei-Liter-Autos, über die
wirtschaftlichen Aspekte hinweg, geschuldet dem Ehrgeiz des damaligen Konzernchefs angeordnet wurde.
Das führte fast planmäßig zu einem finanziellen De-
saster. Neuerdings wird das Konzept des Automobils
mit elektrischem Antrieb und Elektroenergieerzeugung an Bord in Brennstoffzellen, mit Wasserstoff aus
photovoltaischen Anlagen verfolgt. Klingt erstmal gut.
Die Wirtschaftlichkeit wird über das Schicksal einer
breiten Anwendung dieses Konzeptes entscheiden.
Von den 1,35 Milliarden Automobilen, die in der Welt
im Jahre 2020 fuhren, waren 4,2% Elektroautos mit
Batterie, Hybride und Plug-Ins. Von den 63 Millionen
neu zugelassenen Automobilen im gleichen Jahr waren
1,3 Millionen solche voll- und teilelektrifizierten Vehikel.

Die technische Machbarkeit

Das Beispiel des Wasserstoffeinsatzes im Automobil
ist auch in diesem Zusammenhang bezeichnend. Die
Notwendigkeit ist offensichtlich, die Akzeptanz bei
Kunden wäre gegeben, wie die Experten meinen. Die
Ressourcen sind praktisch unbegrenzt, soweit der
Wasserstoff mittels Elektrolyse aus Wasser gewonnen
werden kann. Für die Umwelt ist eine solche Lösung
ideal, das Produkt aus der Reaktion in der Brennstoff-
zelle ist eben Wasser. Wirtschaftlich wäre das Projekt
auch tragbar, wenn die Anzahl der Photovoltaik- und
Windkraftanlagen einerseits und der produzierten
Fahrzeuge andererseits groß genug wären.

Danach kommt aber eine physikalische Hürde, die
schwer zu nehmen ist: Das Wasserstoffmolekül hat die

kleinste Masse aller Elemente und damit die größte Gaskonstante. Daraus ergibt sich die niedrigste Dichte im Vergleich zu allen anderen Gasen bei vergleichbaren Werten für Umgebungsdruck und Temperatur, von Flüssigkeiten wie Benzin oder Ethanol ganz zu schweigen.

Wenn man das Ethanol in einem 60 Liter Tank bei Durchschnittswerten für Umgebungsdruck und Temperatur mit Wasserstoff ersetzt, sind es dann nur 5 Gramm von dem so sauberen Stoff. Vom Energieinhalt her entsprechen 5 Gramm Wasserstoff 30 Milliliter (3 cl) Ethanol, also nur etwa zwischen einem kleinen und einem doppelten Schnaps.

Diesen physikalischen Nachteil kann man mit technischen Mitteln zum Teil kompensieren, beispielsweise durch Erhöhung des Drucks bis zu 600 oder gar 900 bar oder durch Senkung der Temperatur bis minus 253°C. Eine Druckerhöhung bedingt die entsprechend kräftige Tankgestaltung. Die Temperatursenkung erfordert eine aufwendige Isolation des Tanks. Für einen Hightech-Hersteller ist all das auch machbar. Aber die Instandhaltung und die Reparaturen? In München, New York oder Dubai, kein Problem. Aber in Mumbai, Kairo, Caracas oder Wladiwostok?

Der Verkehrsfluss

Bis dahin sind möglicherweise alle Hürden passierbar. Was kann so ein Auto noch stoppen? Der Verkehr! Vor einiger Zeit platzte dem Bürgermeister einer großen europäischen Metropole mitten in einer Expertenberatung der Kragen: *„Autos ohne Emissionen, ohne Geräusche, die gewaltig beschleunigen und bremsen können, um den Verkehrsfluss nicht zu brechen, ihr könnt* *sie bauen, alles gut und schön. Aber wo zum Teufel sollen sie auf meinen Straßen noch Platz finden?"*

<u>Die Sicherheit, der Komfort, die Ästhetik, die Konnektivität</u>

Die Kriterien und die Systeme zur Gewährung der aktiven und passiven Sicherheit sind in Normen und Gesetzen genau definiert und fixiert. Der Komfort ist mehr ein objektives als ein subjektives Kriterium: Komfort heißt Heizung im Winter, Klimatisierung im Sommer, Shock-, Schwingungs- und Geräusch-Dämpfung. Ästhetik? Gewiss, ein subjektives Kriterium. Die Kunst besteht darin, die meisten Kunden anzuziehen. Konnektivität? Die meisten Menschen brauchen heute Konnektivität in jeder Form und überall, ob das objektiv oder subjektiv ist, sollen die Soziologen analysieren, der Autobauer muss nur einfach solche Autos verkaufen.

Das neue Automobilkonzept hat nun alle Hürden genommen. Jetzt sind nur noch die qualifizierten Menschen gefragt, die es bauen können und die Technologie, die sie dafür brauchen.

19.3 Der kombinierte horizontal-vertikale Hürdenlauf bei der Erschaffung eines Automobils

Stellen wir uns vor, dass wir ein wahres Automobil der Zukunft kreiert haben. Das Projekt hat noch dazu alle horizontalen Hürden genommen: Bedarf, Ressourcen, Umweltbedingungen, wirtschaftliche Bedingungen, technische Machbarkeit, Verkehrsfluss, Sicherheit,

Komfort, Ästhetik, Konnektivität und Fähigkeit, autonom zu fahren. Die Umsetzung des Projektes erfordert nun eine vertikale Fahrt über mehrere Etagen, rauf und runter, vor jeder horizontalen Hürde (Bild 19.2). Das ist wie ein Marathonlauf in einem Wohnblock mit fünf Etagen und sieben Eingängen, mit jeweiligen Treppenhäusern, natürlich ohne Fahrstuhl, weil jede Stufe genommen werden muss.

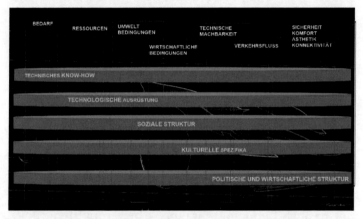

Bild 19.2 Der kombinierte horizontal-vertikale Hürdenlauf bei der Erschaffung eines Automobils

Auf jeder Etage muss eine dafür geeignete Struktur vorhanden sein oder geschaffen werden: Technisches Know-how, technologische Ausrüstung, soziale Struktur, kulturelle Spezifika in der Produktionsumgebung, politische und wirtschaftliche Struktur in dem Produktionsland.

Das technische Know-how

These 65: Das technische Know-how ist die *potentielle Energie*, gebildet vom Wissen, Erfahrungen und Fähigkeiten jedes Menschen der an der Erschaffung des neuen Produktes beteiligt ist.

Die Qualifizierung eines Menschen in dieser Branche besteht einerseits in der Übertragung solider theoretischer Kenntnisse mit großer Umsetzungsfähigkeit, und andererseits in der Befähigung, Analysen, Experimente und Tests richtig interpretieren und selbst durchführen können. All die Energieformen die dafür verwendet werden - von der Rechenleistung der Computer und von der Arbeit und Wärme in den Laboren und Werkstätten, bis zu den schweißtreibenden Denkprozessen des Lehrers und des Schülers, aber auch der Bewegung der beiden bis zur Ausbildungsstelle - fließen in die innere Energie des Auszubildenden ein. Das gilt gleichermaßen für ein Ingenieurstudium, für eine Meisterausbildung und für eine Arbeiterqualifizierung. Idealerweise werden dann, bei der Erschaffung des Produktes, das Wissen, die Erfahrungen und die Fähigkeiten interaktiv zwischen Gruppen von qualifizierten Personen kombiniert. Folgendes Beispiel ist dafür bezeichnend: Vor einigen Jahren, als die Rechentechnik und die ziemlich unkonventionelle Software in die Maschinenkonstruktion drangen, ergriff ein bekanntes amerikanisches Automobilunternehmen eine mutige Initiative. Es wurden Ingenieur-Tandems gebildet. Jedes Tandem bestand aus einem älteren Ingenieur, mit viel Erfahrung in der Berechnung und Konstruktion von Maschinenkomponenten, der aber eine große Angst vor dem Computer hatte, und aus einem jungen Ingenieur, der Angst vor Pleuel und Kurbelwellen hatte, aber ein wahrer Computerfreak war. Und das wirkte wie in der Thermodynamik: Ein neues System ist nicht gleich der Summe seiner Komponenten, sondern es hat eine neue Qualität. Die Partner haben sich gegenseitig bereichert und begeistert.

Der Know-how-Transfer im Tandem wirkte nicht wie eine Lehre, sondern wie eine Osmose. Die ausgezeichneten Ergebnisse bestätigten diese Methode.

Ein weiteres Beispiel: Vor einigen Jahren begann ein anderer amerikanischer Automobilgigant, der bis dahin keine Automobile mit Dieselantrieb im Programm hatte, den Einzug der japanischen und europäischen Dieselautos in der ganzen Welt und sogar auf dem eigenen Markt zu fürchten. Nachdem er jahrzehntelang luxuriöse Sportautos mit benzinfressenden Acht- und Sechszylindermotoren problemlos absetzen konnte, startete er nunmehr ein ambitioniertes Dieselprogramm in dem Glauben, auch auf diesem Gebiet zu zeigen, dass er der beste der Welt ist.

Der Gigant hatte doch die besten Ingenieure, wo sollte das Problem einer Motorumstellung von Benzin auf Diesel sein? Eine etwas höhere Verdichtung, dazu Direkteinspritzung des Kraftstoffs in den Brennraum, statt Vergaser, oder Einspritzung in das Ansaugrohr und fertig. Seine Ingenieure konnten das aber doch nicht so einfach. Das sollte aber auch kein Problem sein, *„Wir kaufen Ingenieure ein"*. Werden aber die Ingenieure scharenweise, zusammen mit ihren Familien aus Europa oder Japan zu ihnen nach Amerika hinziehen wollen? Diese Formel hatte offensichtlich keine Chancen auf Erfolg. *„Gut, wenn sie nicht zu uns kommen, so werden wir zu ihnen gehen!"* So gründete der

Automobilgigant ein Entwicklungszentrum für Dieselmotoren in Europa. Hohe Gehälter und die modernste
Ausrüstung lockten dann tatsächlich die Scharen von
Spezialisten, die von mehreren Konkurrenzunterneh-
men abgeworben wurden.

Mehr als das: Das neue Entwicklungszentrum wurde
als riesiger Neuflügel der Technischen Universität jener Stadt gegründet. Die Hightech-Ausrüstung für
Konstruktion, Simulation, Analysen, Experimente und
Tests stand auch den Studenten für Praktikums-, Dip-
lom- und Doktorarbeiten zur Verfügung. Das war die
beste Methode, die besten davon zu selektieren, als zukünftige Angestellte des Automobilunternehmens. Im
vorangegangenen Beispiel wirkte eine *effiziente Osmose*, in diesem Fall eine *sehr dynamische Symbiose*.

Und noch ein Beispiel: Der Erfolg der deutschen Automobilindustrie hat viel mit der Art der spezifischen
Ausbildung seiner Ingenieure zu tun, die in vielen anderen Ländern bewundert, aber aus verschiedenen
Gründen nicht umgesetzt wird.

Die deutschen Studenten der Ingenieurwissenschaften
absolvieren, in der Regel nach dem fünften oder nach
dem sechsten Studiensemester, ein Praktikumssemes-
ter in einem Unternehmen mit dem jeweiligen Profil.
Sie stehen meistens nicht herum, mit dem Notizblock
in der Hand, in dem sie aufschreiben sollen was sie
glauben, dass die Ingenieure oder die Meister tun. Sie
werden in die Prozesse voll integriert, von Messungen
mit Auswertung auf Prüfständen und Teileentwicklung
bis zur Simulation von Prozessen, beispielsweise der
Verbrennung in einem Brennraum oder der Bildung

von Stickoxiden. Erst während einer solchen praktischen Phase verstehen sie was ihr zukünftiger Beruf für fachliche Perspektiven eröffnet. Nach dem mit einem fachlichen Bericht abgeschlossenen Praktikum kehren sie mit einer deutlich geänderten Motivation und Orientierung in die Hochschule zurück. Sie sind merklich interessierter, sie verfolgen genau Schlüsselvorlesungen und wählen sich gezielt spezielle Vorlesungen. Die Unternehmen wählen sich in sehr vielen Fällen aus den Reihen der Praktikanten potentielle zukünftige Mitarbeiter und bereiten sogar Diplomthemen für sie vor.

Es gibt aber auch Unternehmen, welche eigene Mitarbeiter, die ursprünglich bei ihnen einen Beruf gelernt und später in einer Hochschule studiert haben, für eine Promotion mit gezieltem Thema in eine Universität schicken. In manchen Fällen, gerade bei Themen an denen das Unternehmen besonderes Interesse hat, bleibt der Doktorand als Mitarbeiter der Firma eingestellt. Er kann in den ersten zwei Jahren des Promotionsverfahren ausschließlich sein Thema bearbeiten, jedoch nicht mit vollem Gehalt, sondern mit einem Stipendium, welches jenem eines Doktoranden in der Universität entspricht. In den weiteren zwei Jahren bekommt er volles Mitarbeitergehalt, muss aber während der Arbeitszeit nur Arbeitsaufgaben erfüllen und die Promotionsarbeit abends oder an Wochenenden weiterbearbeiten. Diese Methode mag sehr aufwändig sein, sehr effizient ist sie jedoch allemal.

Die technologische Ausrüstung

Die Komponenten einer technologischen Kette – zum Beispiel Pressen, Bearbeitungsmaschinen, Schweiß- und Montageroboter und Lackierereien - beanspruchen gewaltige finanzielle Mittel. Die Qualität eines Produktes, in diesem Fall eines Automobils, wird maßgeblich von der Qualität der Bearbeitungsmaschinen beeinflusst. Wie in jeder Industrie gibt es auch für die technologische Ausrüstung in der Automobilindustrie große Markennamen, die „Versaces" und „Rolex" unter den Maschinen. Eine solche Marke garantiert nicht nur die Qualität, sie ist auch eine Referenz, dafür kostet sie auch noch mehr Geld.

Die Wahl des richtigen Automobilkonzeptes, welches für eine nächste Dekade oder noch länger mit Verkaufschancen produziert werden kann, ist in Anbetracht der Kosten für die Technologie lebenswichtig für das Unternehmen.

Ein Beispiel ist dafür aufschlussreich: Ein Unternehmen hat mehrere Milliarden Euro für eine neue Produktionslinie für ein Auto mit Kolbenmotor, mit Benzin-Direkteinspritzung und Turbolader investiert. Und plötzlich kommt der Chef eines Forschungszentrums und erzählt dem Unternehmen-Vorstand, dass ein Range-Extender-System für den elektrischen Antrieb der Räder und Stromerzeugung an Bord preiswerter und effizienter wäre. Dafür bräuchte man nur einen einfachen, stationär arbeitenden Zweitaktmotor mit Methanoleinspritzung. Was passiert dann?

Der Unternehmen-Vorstand muss ein Pragmatiker sein, der mit seinen Maschinen die Produktion eines

Modells, auch wenn das bald nicht mehr ganz zeitgemäß sein könnte, viele Jahre gewährleisten muss. Auf der anderen Seite muss der Chef des Forschungszentrums ein Visionär sein, der über Jahre hinaus die besten Konfigurationen zu erkennen hat.

These 66: Selbst eine *Evolution*, die in einem optimalen Rahmen von der Forschung bis zur Produktion stattfinden kann, ist nicht fließend. Sie erfolgt meist in Schritten, die stets die Balance zwischen vielfältigen Herausforderungen absichern müssen. Eine *Revolution*, als riesiger, bahnbrechender Sprung, ist in den meisten Fällen sehr risikoreich.

Auch in dieser Hinsicht ist ein konkretes Beispiel sehr aufschlussreich: Die radikale Umstellung eines großen Werkes, welches etwa 1500 Fahrzeuge pro Tag produziert, von Autos mit Kolbenmotoren auf Autos mit Elektromotoren ist tatsächlich revolutionär. Das Geld wird zur Verfügung gestellt, die Mitarbeiter werden in groß angelegten Programmen umgeschult, die technologische Ausrüstung wird zum großen Teil neu gekauft, das Ganze wird so angelegt, dass das neu zu produzierende Elektroauto zwischen Fähigkeiten und Preis das Beste weltweit werden soll. Und wenn die Kunden solche Autos nicht in derartigen Mengen, 1500 Einheiten pro Tag, kaufen wollen? Bleiben dann zehntausend Mitarbeiter auf der Straße und mit ihnen jene von den Zulieferern und Lieferanten, vom Schraubenhersteller bis zum Bäcker, Fleischer und Friseur? Ein Arbeitsplatz in der Automobilindustrie generiert allgemein sechs bis zehn Arbeitsplätze in seiner wirtschaftlichen Umgebung.

Die soziale Struktur und die kulturellen Spezifika in der Produktionsumgebung

Es gibt Länder oder Regionen mit Arbeitern und Spezialisten die sehr gut ausgebildet, dazu auch pflichtbewusst, und fleißig, aber sehr teuer sind.

Es gibt auch Länder mit Arbeitern und Spezialisten die gut ausgebildet, pflichtbewusst, fleißig und sogar preiswert sind. Was nutzt es aber, wenn sie die Lämpchen von den teuren Produktionsmaschinen klauen, um die Vitrine zu Hause damit zu schmücken, oder wenn sie Zahnräder, Einspritzpumpen oder LED-Scheinwerfer entwenden, um sie auf dem Schwarzmarkt zu verkaufen?

Oder ganz anders: In Europa und anderswo gibt es Länder mit sehr kämpferischen Gewerkschaften, die in sehr kurzen Abständen mehr Gehalt und weniger Arbeitstage für die Arbeitsnehmer haben wollen, wofür sie streiken oder Fabriken besetzen. Als Reaktion darauf haben manche international agierenden Unternehmen immer wieder ihre Produktionsmaschinen über Nacht in anderen Produktionsstätten, in andere Länder umgesetzt.

Es gibt auch Länder, in denen die eigenen Rechte der Mitarbeiter heilig und unantastbar sind, auch wenn sie manchmal als übertrieben erscheinen. Ein europäisches Automobilunternehmen hat vor einigen Jahren eine Fabrik über den Ozean gegründet, um ein Automobilmodell vor Ort zu produzieren, welches dort sehr gefragt war: Neue Fabrik auf der grünen Wiese, neue, sehr moderne Produktionsmaschinen, Gehälter, die für Arbeitgeber und Arbeitnehmer fair waren, kooperative

Gewerkschaften. Ein Verantwortlicher vom Mutterkonzern sah dort eines Tages an einem Montageband eine ziemlich zierliche Frau die sich große Mühe gab, eine Hinterachse an einer Karosserie anzuschrauben. Sie konnte kaum die Passlöcher erreichen, weil sie zu klein war, die Kraft ihres männlichen Kollegen nebenan hatte sie bei weitem auch nicht. Hätte jemand gewagt, ihr eine andere Aufgabe zu verordnen? Das hätte gleich zwei Menschenrechtsprozesse ergeben: Es hätte den Eindruck erweckt, dass die Mitarbeiterin vom Unternehmen als ungeeignet für die entsprechende Aufgabe, aufgrund der Körpergröße aber auch des Geschlechtes betrachtet wird! Das wäre sehr teuer für das Unternehmen ausgegangen. Die gefundene Lösung: für die Frau wurde eine aufwändige Rampe mit elektronischer Steuerung entwickelt und nur in ihrer Schicht eingesetzt.

Die kulturellen Spezifika in Zusammenhang mit der Automobilproduktion können sehr ausführlich und mit ziemlicher Genauigkeit analysiert und quantifiziert werden. Auf einer solchen Basis können dann Ähnlichkeitskriterien und Gesetzmäßigkeiten abgeleitet werden. Im Rahmen dieses Kapitels werden nur zwei beispielhafte Situationen aufgeführt.

Es gibt Gruppen von Menschen die freitags beten, andere samstags und noch andere sonntags. Ein Unternehmen mit multikultureller Belegschaft muss die Arbeit derart organisieren, dass alle die Möglichkeit bekommen, ihrer Religion oder Tradition nachzugehen.

In einer anderen Hinsicht, manche essen kein Schweinefleisch, andere kein Rindfleisch, und wieder andere kein Schaf. Die Versorgung muss das berücksichtigen. Manche sind mit Sitzklo groß geworden, andere mit einem Sitzklo plus Bidet, und wieder andere mit einem Hockklo. Das Unternehmen muss ein gutes Maß finden, um möglichst vielen solchen Anforderungen der Arbeitnehmer entsprechen zu können, um Spannungen zu vermeiden.

Die politische und die wirtschaftliche Struktur in dem Produktionsland

Es gibt, wie erwähnt, Länder mit Arbeitern und Spezialisten die gut ausgebildet, pflichtbewusst, fleißig und sogar preiswert sind. Viele Automobilkonzerne haben Produktions- oder Montagewerke in solchen Ländern gegründet, manche sind gar nicht so weit von der Zentrale. Es kommt aber vor, dass unerwartet das politische System jenes Landes plötzlich auf Irrwege gerät, sei es einem Staatschef oder einer Partei geschuldet, die an die Macht gekommen sind. Die Beispiele sind allgemein bekannt. Es sind auch große Investoren bekannt, die sich sehr schnell von jenen Märkten zurückziehen wollen oder sich bereits zurückgezogen haben. Darüber hinaus gibt es auch Staatsstreiche, Konflikte und Kriege, die jede gut funktionierende Produktion bis hin zum Stillstand beeinträchtigen.

Eine andere mögliche Katastrophe kann der plötzliche Absturz der jeweiligen nationalen Währung sein, was nicht einmal die Finanzexperten voraussagen konnten. In diesem Fall können die lokalen Zulieferer in Insolvenz geraten, was die Produktion in einem Just-In-Time-Werk sehr ernsthaft stören kann.

Und, am Ende der Liste, das Beispiel der besonderen Art: Ein Automobilkonzern beabsichtigt ein großes

Werk in einem Land zu gründen und wird von der dortigen Landesregierung nicht nur ermuntert, sondern auch finanziell unterstützt. Die Bodenbeschaffung fürs Werk, alle Genehmigungsphasen, die Ausbildung der dortigen Mitarbeiter, alles funktioniert perfekt, effizient und schnell. Die Produktion beginnt, das produzierte Automobilmodell wird zum Bestseller. Nach einiger Zeit, in der Spezialisten des Gastlandes jeden Prozess genau verfolgten und analysierten, wird das Werk plötzlich, wie aus dem heiteren Himmel, zum staatlichen Betrieb deklariert. Mit anderen Worten: konfisziert. Den Mitarbeitern des Mutterkonzerns wird von einem Tag zum anderen der Eintritt ins eigene Werk verboten.

Nach der Erstellung des Pflichtenheftes beginnt die tatsächliche Erschaffung des Automobils

Das Projekt des neuen Automobils passierte nunmehr alle horizontalen Stationen – von Bedarf, Ressourcen, ökologischen und wirtschaftlichen Bedingungen, technischer Machbarkeit, Verkehrsfluss, Sicherheit, Komfort, Konnektivität und Fähigkeit des autonomen Fahrens bis hin zur Ästhetik - und auch die vertikalen Stationen – von technischem Know-how, technologischer Ausrüstung, sozialer Struktur und kultureller Spezifika bis zur wirtschaftlichen und politischen Stabilität.

Es beginnt, endlich, die lange Reise auf sehr verzweigten Wegen, von der Konstruktion bis zur Produktion.

P.S. Alle Unternehmen und Länder, die in diesem Kapitel beschrieben wurden, existieren tatsächlich und tragen Namen, die hinlänglich bekannt sind.

Wer bestimmt, was daraus wird: Der Automobilkonzern, die Systemlieferanten, die Modullieferanten oder die Zulieferer?

20.1 Das Automobil aus Puzzle-Teilen

Die Automobile der Zukunft mutieren zunehmend zu Systemen, die reale und virtuelle Mobilität miteinander kombinieren. Für zahlreiche Anwendungen werden sie von Elektromotoren angetrieben, deren Energie entweder von Batterien, oder von Brennstoffzellen, oder eben von stationär arbeitenden Wärmekraftmaschinen an Bord geliefert wird. In vielen anderen Anwendungen wird der Antrieb durch Zuschaltung von Wärmekraftmaschinen und Elektromotoren auf Achsen oder Rädern realisiert.

Die Automobile der Zukunft werden objektive und subjektive Anforderungen zu erfüllen haben, die mit der demographischen, wirtschaftlichen, infrastrukturellen, sozialen und technischen Entwicklung Schritt halten sollen.

© Der/die Autor(en), exklusiv lizenziert durch
Springer-Verlag GmbH, DE, ein Teil von Springer Nature 2021
C. Stan, *Automobile der Zukunft*,
https://doi.org/10.1007/978-3-662-64115-3_20

Solche Vehikel für individuelle Mobilität werden bereits wie Lego-Spiele gebaut: Sie können, von einer Grundplattform aus, verlängert, gekürzt oder erhöht werden. Dafür dienen genormte Module. Bei der Karosseriekonstruktion werden Stahl, Aluminium, Magnesium und Plaste kombiniert. Vielmehr werden aber alle Elektronik-, Informations- und Kommunikationssysteme auf die Räder gebracht, von denen sich die Menschen zu Hause, auf Arbeit und in der Freizeit nicht mehr trennen können. Diese Systeme sind dazu auch noch ständig zu aktualisieren.

Und nun sollen wir ein solches Auto, oder eine solche Autofamilie entwerfen: Eine Serie, die den Schritt mit der Entwicklung auf den gezeigten Gebieten in den nächsten zehn bis zwanzig Jahren halten und den anspruchsvollen aber auch durch Politik und Werbung sehr beeinflussbaren Kunden von Tokyo, San Francisco, London, Shanghai und Sydney zum Kauf motivieren kann.

Der Chef eines entsprechenden Automobilwerkes - nehmen wir an, dass er klüger als Einstein sein soll und die täglich aktualisierten Informationen auf allen das Automobil betreffenden Gebieten wie ein Computer einsaugen kann – wäre doch im Stande, seine Mitarbeiter zu bestellen und an sie die Aufgaben zu verteilen: Berechnung, Konstruktion, Einkauf, Herstellung, Montage, Lagerung, Absatz. Oder doch nicht? Eine solche Situation erinnert eher an Ferdinand Porsche auf Sepia Bildern, das waren nostalgische Zeiten!

These 67: Ein Automobil der Zukunft mit vielfältigen und komplexen Strukturen und Modulen kann einfach nicht mehr als Ganzes in einem einzelnen Betrieb entstehen, umso weniger infolge der Richtlinien eines klassischen Betriebsdirektors.

20.2 Die Puzzle-Logistik

Das Unternehmen, welches das Automobil oder die Autofamilie entwirft, einschließlich der Führungs- und Koordinierungsteams, ist neuerdings zum Managementzentrum von komplexen und verzweigten Prozessen in mehreren Dimensionen geworden. In den räumlichen Netzen, die von den einzelnen Prozessabläufen gebildet werden, entstehen Knoten oder Kreuzungen, welche den gesamten Prozess beeinflussen können. Die in die Knoten eingehenden und von den Knoten abgehenden Prozessströmungen bilden gelegentlich positive Druckwellen die den Ablauf ungewollt beschleunigen, aber manchmal auch negative Druckwellen, die zum Abriss einer Strömung führen. Solche Schwingungen in einem sehr verzweigten Prozessablauf können das gesamte System stören oder gar zerstören. Einige konkrete Beispiele erscheinen in dieser Hinsicht als besonders relevant:

Ein modernes Automobil besteht im Durchschnitt aus etwa zehntausend Teilen und Modulen. Ein einziges Basismodel wird allgemein in einer mittleren Produktionsserie auf einem gleichem Montageband in sieben- bis achthundert Varianten pro Tag hergestellt: Erstmal ein rotes Auto, das nächste ist blau, das erste hat braune

Ledersitze, das zweite Stoffsitze, ein weiteres große
Felgen, dann kommen kleine Felgen, eins mit Automa-
tik, das nächste mit Hubdach. Die Vorstellung, dass an
jedem Montageposten ein Haufen rote Türen und ein
Haufen blaue Türen liegen, weitere Haufen mit unterschiedlichen Felgen, Sitzen oder Cockpits, würde ein
großes Lager neben jedem Arbeiter voraussetzen. Lager, die stets gefüllt werden müssten mittels Elektro-
wagen-Karawanen, die ständig neue Ware von einem
gigantischen Zentrallager zu bringen hätten. Wenn es
um zehn montierte Wagen pro Tag ginge, könnte eine
solche Logistik noch funktionieren, wenn es jedoch um
eintausend geht, nicht mehr.

Für eintausend montierte Autos pro Tag muss jede Tür,
jede Hinterachse, jeder Sitz genau in dem richtigen
Moment an den Montageposten, nach einem exakt be-
rechneten Ablauf, ankommen.

Ein großes Unternehmen kann nicht mehr alle Kompetenzen und Spezialisierungen bei sich sammeln, das
wäre sowohl ineffizient als auch unrentabel. Die Automobilhersteller (neudeutsch: OEM – Original
Equipment Manufacturer) haben stufenweise den eigenen Beitrag an der Konstruktion und Fertigung eines
Automobils auf 18-20% reduziert. Die meisten Komponenten kommen von Zulieferern „just in time" (genau im richtigen Moment) für die Montage. Einfach so,
ohne Teilelager? Es geht schon: In Lastwagen, in Ei-
senbahnwagen und in Flugzeugen. Sie sind in den
Transport-Containern genau in Montageordnung auf-
gereiht – eine rote Tür, eine blaue und so weiter.

Dieses sehr extensive und intensive Logistik-System
ist sehr komplex. Stellen wir uns, als Störfaktoren, eine

kleine positive und eine negative Druckwelle in einem solchen Fluss vor:

- Positive Druckwelle: Durch die Verzweigung von Straßen und Nebenstraßen die zu einem Montagewerk führen, kann es, verkehrsbedingt, zu einer Verdichtung von Lastwagenkolonnen kommen, manche mit Türen, andere mit Felgen, andere mit Sitzen. Soweit es an der Werkzufahrt nicht genug Aufnahmefläche gibt, entsteht an dem „Trichter" ein Stau, der die zeitlich genaue Zufuhr stoßweise unterbricht. Diese Verdichtung pflanzt sich rückwärts, zum Ende des Staus fort, dadurch werden die Zufahrtwege in der Umgebung mehr und mehr verstopft.

- Negative Druckwelle: Verkehrsbedingt gibt es einen Stau auf einer Zufahrtsstraße und der Container mit roten und blauen Türen hat Verspätung. Was nutzt es, wenn die Vorder- und Hinterachsen an den Montagebändern planmäßig ankommen, aber die anderen Module fehlen?

Wenn ein einziges Containerschiff in dem Suezkanal klemmt, so entsteht sogar eine Beinahe-Weltwirtschaftskatastrophe, das hätte niemand bis März 2021 geglaubt!

Dazu gibt es auch eine andere Perspektive, die anhand eines Beispiels dargestellt werden kann: Ein sehr erfolgreiches Automobilunternehmen hat vor einigen Jahren die Entstehung eines neuen Automobiltyps geplant. Viele Teile und Module waren ganz anders als bei den bis dahin produzierten Automobilmodellen des Unternehmens. Ein „Flicken" des existierenden Werkes hätte den Herstellungsfluss beider Automobiltypen

möglicherweise beeinträchtigt. Es sollte demzufolge
ein neues Werk gebaut werden, aber wo? Lokale Verwaltungen und Politiker in der ganzen Republik taten
alles dafür, um das Werk in ihren Landesteil zu bekommen. Gewonnen hat eine Region mit folgenden Attri-
buten:

- eine verfügbare Fläche die groß, eben und unbea-
  ckert war.

- zwei wichtige Autobahnen kreuzen sich neben dieser Fläche, dazu gibt es einen Flughafen mit Pisten
  für große Transportflugzeuge und eine Eisenbahn-
  magistrale. Motoren, Karosserien, Sitze, Räder,
  kommen nun auf diesen Wegen aus allen Richtungen, über tausende von Kilometern zu den Montagebändern dieses Werkes.

- unweit von dieser Fläche gibt es eine Großstadt,
  woraus die meisten Mitarbeiter bezogen werden
  können.

20.3 Systemlieferanten, Modullieferanten, Zulieferer

Bei den Systemlieferanten, Modullieferanten und Zulieferern ist die Logistik ähnlich wie bei einem OEM:
Ein Motor wird aus Teilen, Modulen und Systemen
montiert, die von den spezialisierten regionalen, nationalen und internationalen Zulieferern ins Motorenwerk
just in time geliefert werden (Bild 20.1). Die Hierar-
chie im Zulieferersektor ist deutlich erkennbar:

- Ein Zulieferer ist für Schrauben, der andere für Gusskarkassen, der nächste für Federn zuständig.

- Ein Modullieferant montiert Teile die von verschiedenen Zulieferern kommen. Daraus entstehen ein Motorkopf oder eine Einspritzpumpe.

- Ein Systemlieferant bringt beispielsweise den Motorkopf mit dem Motorblock, Einspritzpumpe, Turbolader, Lichtmaschine und Steuerelektronik zusammen. So entsteht der komplette Motor als eigenständig arbeitendes Gesamtsystem. Das ergibt eine neue Funktion, die ein Motorkopf und erst recht eine Schaube oder eine Menge von Schrauben nicht ausüben können, auch wenn diese Teile für die Gesamtfunktion unerlässlich sind.

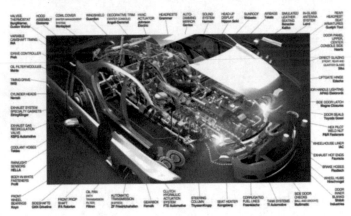

Bild 20.1 Zulieferer von Teilen, Modulen und Systemen für ein Automobil

Ein Systemlieferant muss die Gesamtfunktion des Systems (in diesem Beispiel die Funktion des Motors) garantieren. Der Modullieferant haftet für die elektrische

oder für die mechanische Funktion des Moduls welches er geliefert hat (Einspritzpumpe, Lichtmaschine).
Der Schraubenlieferant ist verantwortlich für die ein-
wandfreie Funktion seiner Schrauben.

20.4 Automobilentstehung – extensive und intensive Verteilung der Aufgaben

Die Entstehung des Endprodukts Automobil innerhalb
der hierarchischen Struktur OEM – Systemlieferant –
Modullieferant – Teilezulieferer ist an eine Grundsatz-
frage gebunden: Wer erfindet und entwickelt tatsächlich ein Automobil mit Zukunftsperspektiven?

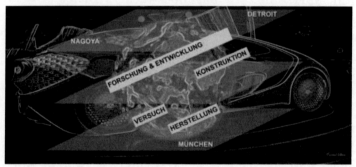

*Bild 20.2 Automobilentstehung – extensive und intensive Vertei-
lung der Aufgaben*

Ist es Daimler als OEM, Bosch als Systemlieferant o-
der ein Zahnradhersteller als Zulieferer? Keine einfache Frage! Die Antwort ist aber kurz: Alle (Bild 20.2)!
Es ist bezeichnend, dass in der letzten Zeit viele Hersteller von Teilen auch noch Module und sogar ganze

Systeme zustande bringen. Der Grund ist offensichtlich: Zwei Dutzend Zahnräder können einem Automobilhersteller nur als Pfennigkram im Vergleich zu den gleichen Rädern in einem Gehäuse, als Getriebe mit einer innovativen Funktion verkauft werden. So wurden die Zulieferer sehr erfinderisch, sie bieten in kurzen Abständen innovative, konkurrenzfähige Module und Systeme. Das ist viel lukrativer als nur nach alten Normen gefertigte Schrauben zu produzieren.

In der Presse und durch Konferenzen kursieren manchmal auch Extremmeinungen von seltsamen Beratern und Analysten, die meinen, dass die zukünftige Automobilentwicklung gänzlich in die Hände der Zulieferer gelangen wird und dem OEM nur noch die Rolle eines Einkäufers und Montageüberwachers bleiben wird. Mutigere Theorien lassen dem OEM gar keine Rolle mehr: Microsoft und Apple können doch selbst Teile kaufen, mit denen sie kleine Vehikel zusammenbauen lassen können, Hauptsache die sehen revolutionierend aus. Glaubt jemand, dass dann Selgros, Metro und Amazon nur passiv zuschauen werden? Im Gegenteil, sie werden auch solche Module einkaufen und als Big-Lego für schlaue Jungs oder für Boutiquen mit fleißigen Mitarbeitern aus Asien verkaufen. *„Fräulein, wollen Sie vielleicht neben der fast echten Rolex auch ein pfiffiges rotes Elektrokabrio haben?" „Ah so, sie haben vier Kinder? Kein Problem, ein fast echter Bulli ist auch machbar!"*

Das kann nicht gut funktionieren.

In den vorherigen Kapiteln wurden die Hauptfunktionen eines Automobils dargestellt, von der Manövrierbarkeit und Drehmomentcharakteristik bis hin zur Klimatisierung, Sicherheit, Digitalisierung, Konnektivität und autonomen Fahren. Diese Funktionen müssen, wie erwähnt, dem Bedarf, der wirtschaftlichen und ökologischen Bedingungen und den Verkehrsflussbedingungen entsprechen. Bei allem Respekt für die Schraubenhersteller, für Apple und Amazon, sie haben weder die erforderlichen Kompetenzen noch die auf vielen Erfahrungen aufgebauten Visionen – das, was sie machen raubt ihnen bereits genug Energie, Zeit und Geld.

Zum Glück folgen die Entwicklungsprozesse im Automobilbau sehr oft den phänomenologischen Gesetzen der natürlichen Vorgänge. Die Automobilhersteller arbeiten derzeit eng mit den System- und Modullieferanten in der Entwicklung zusammen. Viele Erfindungen werden gemeinsam zu Patenten angemeldet. Auf einer tieferen Ebene, in der angewandten Forschung und gar in der Grundlagenforschung zu neuen Feldern der Nutzung physikalischer und chemischer Vorgänge werden universitäre Forschungszentren herangezogen (Bild 20.3).

*Bild 20.3 Automobilentstehung – Kooperation zwischen OEM,
Zulieferer und Forschungszentren*

Als Beispiele solcher Forschungsgebiete können die
Kompression von Fluiden zur Kraftstoffeinspritzung
bei hohem Druck in sehr kurzer Zeit oder die Nutzung
der Elektroluminiszenz organischer Substanzen wie
Paranaphtalin in Autoscheinwerfern genannt werden.

Diese multidimensionale Zusammenarbeit von For-
schern, Entwicklern, Zulieferern und Autobauern, von
den wissenschaftlichen Grundlagen und Entwicklung
bis hin zur Herstellung und Montage bedeutet zuerst
Mobilität in den Austauschprozessen – reale und virtuelle Mobilität, die Vehikel- und Informationsbahnen
bedarf.

Die Informations- und Austauschbahnen über Telefon
und Internet sind die Nervenbahnen der geistigen Innovationen.

21

Automacher sind auch nur Menschen: High Context versus Low Context Communication

21.1 Synergien von monochron und polychron denkenden Automachern

Selbst ein bahnbrechendes Automobil besteht aus Schrauben, Blechen, Leiterplatten, Modulen und Systemen und muss mehr sein und können, als die Summe all dieser Komponenten.

Der Low-Kontext-Denkende beginnt die Automobilentwicklung bei einer Schraube: Welcher Durchmesser soll sie haben, was für ein Gewinde, welches Material, welche Kopfart, ob für Kreuzkopfschraubenzieher oder für Inbusschlüssel.

Der High-Kontext-Denkende ist zuerst von seiner Idee über ein bahnbrechendes Automobil, über seine Gestaltung und in etwa über seinen Antrieb beflügelt. Schrauben und Blechteile werden wir irgendwie besorgen können.

© Der/die Autor(en), exklusiv lizenziert durch
Springer-Verlag GmbH, DE, ein Teil von Springer Nature 2021
C. Stan, *Automobile der Zukunft*,
https://doi.org/10.1007/978-3-662-64116-3_21

Und nun lassen wir deutsche und französische Automacher ein Automobil für die Zukunft zusammen konzipieren, konstruieren und herstellen. Die Vorstellung erscheint zunächst als utopisch. Was wäre aber der Gipfel eines solchen unglaublichen Szenarios? Das wäre ein Kolbenmotor, der sowohl sehr leistungsfähig als auch preisgünstig wäre und einen typisch englischen Wagen, der alle fasziniert, antriebe!

Die Deutschen sind stolz auf ihre exakten, perfekten Fahrzeuge, die Franzosen auf ihre Vorstellungskraft, die oft zu unerwarteten technischen Lösungen führt. Und was wird, wenn zwei solche Strömungen synchron aufeinandertreffen? Eine solche Interferenz ergibt oft eine sehr hohe Welle, einen Gipfel: ein Auto, so perfekt und zuverlässig wie ein deutsches und so innovativ und preiswert wie ein französisches?

These 68: Innovations- und Informationsströmungen treffen sich stets auf den Kreuzungen der vielfältigen Kommunikationswege. Wie bei den meisten Vorgängen in der Natur, die auf Wellenübertragungen aufgebaut sind, können sich die Strömungen Höchstpunkt gegen Höchstpunkt oder Tiefstpunkt gegen Tiefstpunkt treffen.

Die erste Form kann zu Schocks, als Strömungsverdichtung, die zweite zu Depressionen, als Bruch des Strömungsfadens, führen. In den meisten Fällen verursacht das Zusammentreffen von Innovations- und Informationsströmungen jedoch neue Ideen, Innovation, Erfindungen: Eine Strömung von den Wissenschaftlern, eine andere von den Herstellern, die nächste von den Technologen und eine, unvermeidbar, von den Designern. Das klingt nachvollziehbar. Aber eine deutsche Strömung, die eine französische trifft um sich in einer englischen Trend-Strömung zu vermischen?

Wie gehen die Franzosen ein solches Projekt an? Sie bilden zunächst ein Informationsnetz über das zu schaffende Endprodukt. Dabei fixieren sie zuerst Netzpunkte die keinen Zusammenhang zueinander zu haben scheinen. Im Kopf jedes Mitstreiters ist entweder eine Schraube, eine elektronische Steuerung, eine Hinterachse, eine von der Stoßstange erwischte Katze, ein Motor, hauptsächlich elektrisch, aber doch mit einigen Kolben versehen. Schön ist, wenn sie sich dann über das Gesamtthema unterhalten – der eine begeistert sich für seine Schraube, der andere bangt um die Katze. Heilloses Durcheinander? Von wegen! Es gibt dabei immer einen, der alles was er sieht und hört auf ein großes Blatt, auf ein Chart, schreibt und zeichnet. Diese Arbeitsweise wird als High-Kontext-Kommunikation definiert. Es entsteht ein Netz mit vielen Knoten, welche die Basiserkenntnisse bilden. Diese schlauen Musketiere erkennen und verstehen den Wald schon bevor sie jeden Baum gepflanzt haben. Viele Bäume können doch noch später eingesetzt werden! In einer derartigen „polychronen" Kultur werden nicht die scheinbar chaotisch verteilten Netzpunkte, sondern die Linien, die Wege zwischen ihnen betrachtet. Sie bilden die Skizze des zu schaffenden Gesamtsystems.

Wie gehen die Deutschen ein solches Projekt an? Es wird zuerst eine Beratung aller Ingenieure und Techniker einberufen, die mit den M6 Schauben im ganzen Auto zu tun haben: Machen wir Rechtsgewinde? Und wenn die Franzosen das Auto auch in England verkaufen wollen? Wäre es nicht besser, Schrauben mit Linksgewinde zu versehen? Und aus welchem Material sollen wir die Schauben herstellen? Aus dem Stahl von jener Fabrik im Balkan? Und was dann, wenn deren Regierung doch fällt? Es folgen die Einlassventile, die Bremsscheiben, der Tacho-Zeiger, das Türblech. Diese Arbeitsweise wird als <u>Low-Kontext-Kommunikation</u> definiert. Die Informationen sind in diesem Fall auf jedes Detail, auf jeden Punkt polarisiert, in dem alle Fachinformationen zu dem Thema komprimiert sind. In einer solchen monochronen Kultur werden die Punkte nacheinander abgearbeitet, Ordnung muss sein! Die Preußen sind keine Musketiere, sie kommen zu der Erkenntnis über das Gesamtsystem auf eigenen Wegen, dafür ist weder die Effizienz noch das Ergebnis weniger wertvoll als jenes der Musketiere.

Und, was passiert, wenn Preuße und Musketier aufeinandertreffen, um ein gemeinsames Projekt zu bewältigen? Das erste Treffen findet, beispielsweise, in Deutschland statt. Auf dem langen Tisch im Beratungsraum stehen in genauen Abständen Gruppen von jeweils vier kleinen Flaschen mit Mineralwasser, mit und ohne Kohlensäure, sowie Apfel- und Apfelsinensaft. Dazu kleine Teller mit Keksen und zwei-drei Thermoskannen mit Kaffee. Tee muss man extra bestellen. An einem Ende des langen Tisches hängt an der Wand eine Projektionsleinwand, der Beamer ist leider auf dem Tisch und stört diejenigen die in seiner Nähe sitzen müssen mit Geräuschen und Wärme. Die Beratung ist minutengenau geplant: Eintreffen der Gäste, Vorstellung der Gastgeber, Vorstellung der Gäste, Einführung, TOP (Tages-Ordnungs-Punkt)

A1.1..., TOP G2.14..., Händeschütteln, aber bitte, Jeder mit Jedem, auf Wiedersehen!

Schicken wir nun die Preußen zu den Musketieren, nach Frankreich. In dem Riesensaal erwartet sie eine Menge französischer Kollegen, die hin- und herlaufen, gestikulieren, durcheinanderreden, jeder mit einem Kaffeebecher in der Hand. Die Preußen wirken als wären sie in dem Raum verloren, sie bekommen dann aber plötzlich, ohne Vorwarnung je einen Plastebecher mit heißem Kaffee, von hinten, über die Schulter, von der Seite, von einem Zufallsgenerator gesteuert. Die Gespräche entwickeln sich in Gruppen, manche sitzen auf Stühlen, andere auf Tischecken, andere stehen. Aber dann passiert es doch, der rasche Übergang von polychron auf monochron. Jetzt sitzen alle auf Stühlen, auf einer Leinwand erscheinen Bilder zum Projekt, einer schreibt auf einem Chart, so dass es all sehen, jede Idee die laut formuliert wird. Das Ganze endet mit einem echt französischen Dinner, wovon Gäste wie Gastgeber entzückt sind.

Und wie sieht das Ergebnis einer solchen Mischung von monochronen und polychronen Austauschrunden aus? Ein exzellentes Beispiel dafür ist ein von BMW und PSA gemeinsam entwickelter Motor für den Mini Cooper.

21.2   Die Rollen und die Kompetenzen der Automobilentwickler

Die Rollen und die Kompetenzen der Partner im Entwicklungsprozess eines Automobils sind keineswegs diffus, sondern ziemlich gut definiert. Über die monochrone und polychrone Denkweise hinaus, werden in den Forschungszentren der Partner interdisziplinäre Projekte auf mathematischen, physikalischen, thermodynamischen und ingenieurwissenschaftlichen Grundlagen aufgebaut (Bild 21.1). Die Ergebnisse bestehen oft aus komplexen Simulationsmethoden zum Produkt oder Verfahren, aus experimentellen Methoden zu ihrer Bemessung und Bewertung, woraus dann Modelle entwickelt werden, die sehr realitätsnah sind.

Bild 21.1 Rollenverteilung und Kommunikationsformen aus der Perspektive der Globalisierung

In dem Prozess der Automobilgestaltung kommt es häufig vor, dass ausgesprochen die Zulieferer und die Modullieferanten die Innovationsansätze zwischen Theorie und Produkt erbringen. Das ist auch verständlich, denn sie sind diejenigen, die zwischen der ständigen Produktneuheit und seinem geringen Preis den optimalen Weg finden müssen. Sie haben dann aber auch die Serienherstellung der aus der Forschung und Entwicklung resultierten Teile abzusichern.

Die eigentlichen Automobilhersteller (OEMs) haben wiederum die Aufgabe, die Teile, Module und Systeme in das Automobil als Ganzes zu integrieren um die vorgesehenen Funktionen zu aktivieren. Dabei ist die Synchronisation der Funktionen unter allen Bedingungen abzusichern. Diese Aufgabe ist umfangreicher und komplexer als sie auf den ersten Blick erscheint. Das erklärt auch die Größe der eigenen Forschungs- und Entwicklungszentren der Automobilhersteller.

Die Kommunikation zwischen dem Automobilhersteller, seinen Dutzenden von Herstellern und den zahlreichen Forschungs- und Entwicklungszentren erfolgt auf realen Bahnen auf der Erde, auf dem Wasser und in der Luft, und gleichzeitig auf den virtuellen Bahnen der Informatik. Ist das die globale und totale Mobilität?

Betrachten wir die Produktion eines Automobils in einem großen US-amerikanischen Unternehmen. Viele Teile werden in Fernost entwickelt und produziert, in Korea oder in Malaysia. Die zugehörige Forschung erfolgt in den Universitäten von Boston, Tokio und München. Alle erwähnten realen und virtuellen Adern sind funktionsbereit. Wo sollte in einem solchen Fall der Automobilhersteller sein eigenes Entwicklungszentrum platzieren? In Detroit, wo auch die Herstellung erfolgt?

Das wäre falsch, weil eine wesentliche Komponente dieses komplexen, lebendigen Systems fehlen würde: die Echtzeit. Trotz Computer, Smartphones und Flugzeugen, müssen die Beteiligten des Automobilherstellers, der Zulieferer und der Forschungs- und Entwicklungszentren in regelmäßigen Abständen zur gleichen Zeit miteinander kommunizieren, ob visuell über Displays, mündlich über Smartphones oder schriftlich über Messenger-Geräte. Sie brauchen Brain-Drain-Vollversammlungen in Echtzeit. Konstruktive Streitgespräche. Einigung über Kompromisse oder optimale Lösungen sind nur bei gleichzeitiger Reaktion möglich. Wo soll dementsprechend das Entwicklungszentrum stehen? Wenn die Echtzeit das Kriterium ist, dann in der Mitte der Zeit: in Turin, in Zürich oder in Berlin! Die Mitarbeiter dieses Zentrums können dann vor dem Mittag mit ihren Kollegen in Seoul kommunizieren, die sich langsam über ihr Abendessen zuhause freuen dürfen, aber auch mit den Amerikanern in Detroit und Boston, die gerade mit dem Frühstück fertig sind. Solche Zentren existieren tatsächlich und scheinen sehr effizient zu sein.

Werden sie sich alle unter solchen Bedingungen mit höchster Effizienz verständigen? Sie haben doch nun eine räumliche und zeitliche Verbindung, sie sind sich ihrer monochronen oder polychronen Betrachtungsart bewusst, fehlt noch etwas?

These 69: Die Denkweise des Menschen hat zeitliche und räumliche Komponenten deren Mischung oft ein gewaltiges Potential verbirgt: Aus einer oder zwei plötzlichen Gefühlsströmungen, kombiniert mit drei gut gelernten, routinemäßigen Reaktionen und der Erinnerung an vier erlebte Erfahrungen kann ein neuer Zustand, ein neuer Prozess oder eine geniale Schöpfung resultieren.

Es ist Fakt, dass bei jedem Menschen ein Gefühl zu einer anderen Zeit und mit einer anderen Intensität als bei einem nächsten erwächst, dass die Routinen bei jedem mit einer anderen Geschwindigkeit ablaufen, dass die Erfahrungen bei einem simultan, bei dem anderen sequenziell erweckt werden.

Die effiziente Verständigung zwischen zwei Individuen hängt von ihrer Kopplung im geeigneten Moment ab. Diese geeigneten Momente können bewusst in Zeit und Raum gelegt werden. Das kann sehr einfach und effizient erfolgen, wenn ein Manager das System gut versteht.

Betrachten wir als Beispiel den Hersteller der schönsten und meist begehrten roten Automobile der Welt. Die Ingenieure arbeiten dort, wie übrigens bei anderen Automobilunternehmen auch, in Großraumbüros, meist auf mehreren Etagen. In diesen Büros werden zahlreiche Sprachen dieser Welt gesprochen, die Ingenieure sind dabei monochron, polychron, polyglott, höflich, klein, groß, schlank, vollschlank, langsam oder schnell sprechend. Ab und zu wird jeder von ihnen von einem kleinen, starken, gut riechenden Espresso gedanklich verführt. Und ihre Manager tun ihnen doch fast jeden Gefallen – in dem Fall die besten Kaffeeautomaten und den besten Kaffee. Die Kaffeeautomaten stehen aber nicht in den Büros, sondern in den Treppenhäusern, auf jeder Etage. Dort treffen sich immer wieder drei bis vier Kollegen, bei einem Espresso, in Mannschaften die ad hoc gebildet werden, immer aus anderen Personen bestehend. Das sind solche geeigneten Momente, in denen eine optimale Kopplung der Geister garantiert ist. Die Ideen und die Innovationen fliegen dabei regelrecht durch die Luft, angereichert mit Espresso-Aromen. Allerdings ist der Raum in einem Treppenhaus sehr begrenzt, manch andere Kollegen müssen auch dort durchlaufen, hinauf oder hinunter. Dieser Umstand führt dazu, dass die Mannschaften der Espresso-Genießer immer klein sind und stets neuformiert werden. Das ist eine intelligent konstruierte Situation, ähnlich einer „natürlichen Selektion".

Die Schöpfungsanstöße können aber auch erzwungen werden. Nehmen wir an, es gab einmal einen mächtigen Automobilguru. Er besaß bereits ein Automobilimperium, schenkte sich aber dennoch selbst, zu einem runden Geburtstag, eine kleine und schicke Motorradfabrik, die immer wieder andere Modelle von Juwelen auf zwei Rädern produzierte. Die Juweliere dachten unmittelbar nach der Übernahme, mit Furcht: *„Der Guru wird uns mit seinen grauen Standard-Schrauben überfallen, alles wird genormt, auch wir selbst, unsere schönen Galopp-Pferde auf zwei Rädern werden dann wie seine grauen Kampfmaschinen auf vier Rädern aussehen, nur ziemlich entstellt".* Das war eine Fehleinschätzung der Juweliere!

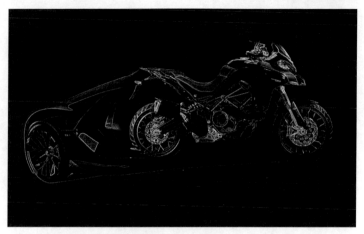

Bild 21.2 Innovation auf Rädern
(Collage nach Vorlagen von Ducati und Ferrari)

Der Guru hatte ganz andere Pläne, sie waren eher dia-
bolischer Art: Die Juwelen auf zwei Rädern wurden für
die Mitarbeiter in dem Vier-Rad-Vehikel-Konzern zur
Referenz, zum Ideal statuiert (Bild 21.2). Der Guru gab
sie im Konzern immer als Beispiel: *„Sehen Sie, meine
Herren Automacher, so baut man ein Fahrzeug, das ist
Innovation, besser gesagt, Innovationsfluss. An die Arbeit, stellt fest, was sie besser machen als Ihr!"* So
bringt man Schöpfungsanstöße in die zur Innovation
verdammten Köpfe mit der Peitsche bei. Das Dumme
war dabei, dass man die Regeln und Gesetze einer
Massenproduktion nicht mit jenen einer Manufaktur-
Produktion vergleichen kann. Ein Fahrzeug mit der
Leistung von einem PS pro Kilogramm Eigenmasse
kann man auch nicht mit einem vergleichen, welches
für jedes PS 10 Kilogramm Masse braucht. Zugege-

ben, die Preise kann man schon vergleichen, ein solches Motorrad kostet genauso viel wie das gemeinte
Vierrad-Vehikel.

**These 70: Ein Manager in der Automobilindustrie
muss die Kreativitäts- und Informationsströmungen in seinem Unternehmen erkennen, stimulieren
und richten. Ein solcher Manager muss höchstempathisch zu den Gefühlen, den Fähigkeiten und den
Erfahrungen der im Prozess beteiligten Menschen
sein, die mit ihren monochronen oder polychronen
Denkarten Ideen, Innovationen, Erfindungen, in
wahren Meisterstücken zusammenführen können.**

Zusammenfassung der Thesen

These 1: Die neue Verteilung des Lebensraums der Menschen und ihr geänderter, IT-kommunikationsbestimmter Lebensinhalt beeinflusst eindeutig auch ihre Mobilitätsbedürfnisse, wodurch ganz neue Anforderungen, sowohl an den öffentlichen Verkehr, als auch an die Eigenschaften von Automobilen entstehen.

These 2: Der Mensch strebt stets nach Informationen in Echtzeit, von Menschen, über Menschen, über Geschehnisse, von jedem Ort der Welt, auch wenn er nicht dort anwesend sein kann. Dieses Streben verlässt ihn in keiner Situation, also auch nicht während einer Fortbewegung.

These 3: Das autonom fahrende Automobil befreit den Insassen von der Polarisierung seiner Konzentration aufs Fahren und lässt ihm alle Valenzen für die Verbindung mit Menschen und Geschehnissen in der ganzen Welt. Der Insasse überlässt damit dem automatischen Gesamtsystem viele seiner physischen und psychischen Fähigkeiten oder momentanen Unfähigkeiten, die sich dadurch über ihre menschlichen Grenzen entwickeln und fremd gesteuert werden.

These 4: Weder das vollautomatisierte Fahren noch eine umfassende Konnektivität bedingen per se ein ausschließlich elektrisches Antriebssystem.

C. Stan, *Automobile der Zukunft*,
https://doi.org/10.1007/978-3-662-64116-3

These 5: Die erste Revolution des Elektroautomobils wurde von der Erfindung des elektrischen Trouvé Dreirades (1881) gezündet, die zweite Revolution vom Marschieren der irakischen Truppen in Kuweit an einem Sommertag (1990).

These 6: Die zweite Elektroauto-Revolution erlitt eine Niederlage nach der anderen, an jeder Front, auf der ganzen Welt. Das Schlechte daran: Sie nahm auch solche zukunftsträchtigen Lösungen wie stationär arbeitende Stromgeneratoren mit schnapssaufenden Kolbenmaschinen an Bord mit ins Grab.

These 7: Die dritte Elektroauto-Revolution steht vor einem Dilemma: Alles oder Nichts? Oder nur Mitmischen, bis die Revolutionsführer die Gesetze eindeutig neu geschrieben haben und das Volk sie auch noch akzeptiert hat?

These 8: Elektrisch in den Stadtzentren, das macht Sinn, weil alle Substanz- und Geräusch-Emissionen des Antriebs Null sind. Und das geht mit jeder Fahrzeugklasse und -größe, man braucht dafür keinen universellen Elektromotor, umhüllt von einer einheitlichen Karosserie.

These 9: Mit Strom aus Kohle oder Gas löst die Elektromobilität, keine Probleme im Zusammenhang mit dem Welt-Klimawandel.

These 10: Ein Nebelgebiet ist die eine Sache, Schadstoffe in der Luft eine andere! Es kommt allerdings meist zu einer Katastrophe, wenn sie zueinander finden: Die „dicke Luft" in Form von Nebel umhüllt in so einem Fall die Teilchen, die von Auspuffröhren und Schornsteinen in sie hineinschießen und läßt sie nicht mehr hinaus.

These 11: Die Winter- und Sommersmog-Modelle reichen für die jetzige Welt nicht mehr aus.

These 12: Die Energie die die Menschen auf der Erde für Wärme und Arbeit brauchen, die nach der Industrialisierung gewaltig zugenommen hat, kommt zwar von der Sonnenstrahlung, aber viel zu viel davon auf Umwegen. Von der gesamten Energie der Welt stammen 32% aus Erdöl, 27 % aus Kohle, 22% aus Erdgas (2016). 88 Prozent der Energie, die wir verbrauchen, stammt also aus der Verbrennung fossiler Brennstoffe, das heißt aus verfallener organischer Materie, die in Millionen von Jahren mit Hilfe der Sonnenenergie die jeweilige Struktur erreichte.

These 13: Ein Fahrzeug mit Antrieb durch Elektromotor und Energie aus einer Lithium-Ionen-Batterie, geladen mit Energie aus dem EU Strommix (2017 – 20,6% Kohle, 19,7% Erdgas, 25,6 Atomenergie, 9,1% Wasserkraft, 3,7% Photovoltaik, 6% Biomasse, 11,2% Windenergie, 4,1% andere Energieträger) – emittiert nur unerheblich weniger Kohlendioxid als ein Auto mit Dieselmotor.

These 14: Der Diesel bleibt in Bezug auf den Verbrauch und dadurch auf die Kohlendioxidemission eine unverzichtbare Antriebsform für Fahrzeuge. Mittels neuer Einspritzverfahren werden Verbrauch und Emissionen noch beachtlich reduziert werden. Regenerative Kraftstoffe (und dadurch Kohlendioxidrecycling in der Natur, dank der Photosynthese) wie Bio-Methanol, Bio-Ethanol und Dimethylether aus Algen, Pflanzenresten und Hausmüll, sowie seine Zusammenarbeit mit Elektromotoren werden ihm einen weiteren Glanz verschaffen.

These 15: Entsprechend den Murphy Gesetzen, was nicht sein darf, kommt dennoch immer wieder vor: Ein freischwebendes Stickstoffatom verbindet sich ausgerechnet mit einem freischwebenden Sauerstoffatom zu einem neuartigen Molekül: Stickoxid. Manchmal wollen zwei Sauerstoffatome zu einem Stickstoff, sie bilden dann ein Stick-Dioxid. Oder zwei zu drei und zwei zu vier. Und so entsteht die Katastrophe der modernen Welt: Die Stickoxide!

These 16: In der Erdatmosphäre entstehen in jeder Minute 60 bis 120 Blitze, allgemein über die Erdoberfläche. Sie verursachen durch die Spaltung der Moleküle von Sauerstoff und Stickstoff in der Luft, jährlich zwanzig Millionen Tonnen Stickoxide in der Atmosphäre. In der Troposphäre, also in Höhen unter 5 Kilometern, beträgt die Stickoxidemission durch Blitzschläge in den Sommermonaten mehr als 20% jener gesamten Menge, die von der Industrie, vom Verkehr und von den Heizungssystemen verursacht wird.

These 17: Die Verbrennungsmotoren der Zukunft werden Maschinen sein, die schmutzige und verstaubte Luft aus der Umgebung saugen und etwas Kohlendioxid für die Pflanzen und saubere Luft zum Atmen emittieren werden.

These 18: Für eine möglichst große Entlastung der Megametropolen von dichten Abgassülzen und vom Verkehrskollaps sind hauptsächlich vier Maßnahmen erforderlich: emissionsfreie Antriebe, reaktionsschnelle, fast verzögerungsfreie Antriebe, Antrieb und Lenkung aller Räder mit großer Bewegungsfreiheit, Konnektivität zwischen den Autos und mit dem Verkehrsleitsystem.

These 19: Der Elektromotor bietet als Autoantrieb, außer der lokalen Emissionsfreiheit, zwei überraschende Vorzüge, die ein Verbrenner praktisch kaum schaffen kann: Das maximale Drehmoment von der ersten Umdrehung an und die Möglichkeit, direkt in jedem Rad eingebaut werden zu können, was ihn prinzipiell fahrmäßig eigenständig macht.

These 20: Die Integration der Funktionen Antrieb, Bremse, Dämpfung und Lenkung mittels biegsamer elektrischer Leitungen ins Rad eines Automobils verschafft diesem nicht nur Autonomie bei der Steuerung des Antriebs, sondern auch Autonomie und Freiheit bei der Lenkbewegung.

These 21: Ein Konnektivitätsystem im Automobil unterscheidet sich von einem häuslichen Computer hardwaremäßig durch die Arbeitsbedingungen unter extremen klimatischen und fahrtechnischen Schwankungen und softwaremäßig durch die Bedienungsart mittels Sprache und Gestik.

These 22: Ein einheitliches, universelles Automobil, elektrisch angetrieben, digitalisiert und autonom würde den natürlichen, wirtschaftlichen, technischen und sozialen Umgebungsbedingungen widersprechen. Die Automobile der Zukunft werden vielmehr von der Vielfalt der Antriebs-, Karosseriearten und Funktionseinheiten auf weitgehend modularer Basis geprägt sein.

These 23: Ein zukunftsfähiges Automobil hat Funktionen zu erfüllen, die von der objektiv und subjektiv bestimmten Kundenakzeptanz und von den ständig aktualisierten Anforderungen der Gesellschaft und der Umwelt bestimmt werden.

These 24: Leistung kommt zustande, indem kraftvoll ein physischer oder ein geistiger Weg in einer möglichst kurzen Zeit durchlaufen wird.

These 25: Die Vermehrung der Kohlendioxidkonzentration in der Atmosphäre durch die Emissionen von Fahrzeugverbrennungsmotoren kann grundsätzlich vermieden werden, ohne dafür die Motoren selbst zu verbannen. Dafür müssen Benzin, Dieselkraftstoff und Erdgas durch Alkohole aus dafür gezüchteten Pflanzenarten, aus Pflanzenresten und aus Algen ersetzt werden. Die Natur nimmt die aus der Verbrennung entstandene Kohlendioxidemission durch die Photosynthese in den nächsten Treibstoff-Pflanzen wieder zurück.

These 26: Das moderne Automobil ist zum elektronischen Kannibalen geworden, es frisst die Info-Kalorien von 125 Smartphones pro Tag!

These 27: Elektromagnetische Felder übertragen nicht nur Energieströme, die in benachbarten, magnetisierbaren Körpern Kräfte erwirken können, sondern auch Informationen: Eine Information entsteht durch Modulation der Intensität und der Frequenz der jeweiligen Strahlung. Kräfte und Informationen können Empfänger aktivieren und steuern.

These 28: Eindringende elektromagnetische Wellen beeinflussen Mensch wie Gerät durch ihre Intensität (als Energiestrom), durch ihre Frequenz (als Schwingungserreger), und durch Modulation der Impulse (als gute und schlechte Nachrichten).

These 29: Die Abstrahlung elektromagnetischer Wellen oder Felder aus Geräten auf Menschen in ihrer Umgebung können auf diese derart wirken, dass in Zonen des Gehirns oder des Körpers einzelne (diskrete) Quellen von innerer Energie aktiviert werden.

These 30: Ein menschliches Auge wird bei einem Lumen, im Durschnitt, von etwa 4 Milliarden Sternchen namens Photonen pro Millionstel Sekunde bombardiert. Video, ergo sum! (Ich sehe, also existiere ich).

These 31: Die Basis jeder Bewertung eines ausgestrahlten Lichtes bleibt in jedem Fall der <u>Lichtstrom</u> (Lumen), als Energiestrom der Strahlung (genormte Leistung, die auf einer genormten Wellenlänge emittiert wird) – also die 4 Milliarden Sternchen, die unsere Augen pro Millionstel Sekunde bombardieren.

These 32: Die elektromagnetischen Wellen, die aus einem Rundfunkgerät ausgestrahlt werden, transportieren Musik und Sprache in Form von Schallwellen mit Modulationen in einem Frequenzbereich zwischen 0,000016 und 0,02 Megahertz, also weit unter den 107 Megahertz die das Rundfunkgerät selbst ausstrahlt. Das sind Frequenzen, die für die Menschenohren wahrnehmbar sind.

These 33: Gibt es eine schönere Musik, als die eines Acht-Zylinder-Motors mit sechzehn großen Auslassventilen, wenn er seine Last imperativ zeigen will?

These 34: Die Musik ist, wie die Mathematik und die Physik, eine internationale Sprache, ein Esperanto, welches von jedem Volk der Welt verstanden wird, genauso wie der Hunger, der Durst, das Weinen, das Lachen und die Liebe.

These 35: Im Automobil der Zukunft wird jede Band und jedes Symphonieorchester aus einem Dach-Kontrabass, gestützt auf Flöten in den A-Säulen und Klarinetten in den C-Säulen, umgeben von Türverkleidungs-Geigen und Türblech-Celli bestehen.

These 36: Die Farbe eines Duftes ist messbar, ähnlich der Farbe einer elektromagnetischen Strahlung im sichtbaren Bereich, oder der Klangfarbe einer Stimme durch die Ermittlung der primären und der sekundären Wellenlängen.

These 37: Automobildesign ist eine harmonische Kombination von Interieur- und Exterieur-Formgebung mit akustischen, olfaktiven und haptischen Elementen.

These 38: Das autonome, elektrische, digitale Automobil der Zukunft wird für uns denken, es wird uns mit den Informationen, Bildern und Geräuschen überfluten von denen es glaubt, dass sie für uns vom Interesse sein könnten. Wie lange wird aber ein solches Automobil UNS noch brauchen?

These 39: Das Automobil der Zukunft bekommt eine neue, gesellschaftsrelevante Funktion, die Präventivmedizin. Tomographie und Radiographie an Bord sowie eine entsprechend gut gefüllte Apotheke werden bald auch selbstverständlich sein.

These 40: Automobil ist *Stillleben* in allen Farben und Formen am Straßenrand, wie in einem offenen Museum für klassische und moderne Kunst. Automobil ist *Dynamisches Design auf Rädern,* ob rauschend oder im königlichen Tempo.

These 41: Die Elektrifizierung des Automobils wirft eine existenzielle Frage auf: Soll auf Grund der neuen Antriebsform auch ein komplett neues Auto entstehen? Soll es UFO außen und Raumfahrtkapsel innen werden? Kann der Mensch, ob Fahrer oder Insasse, so viel Zukunft auf seinen Rädern ertragen?

These 42: Die Funktionsmodule der zukünftigen Automobile werden stets Evolutionen, aber kaum Revolutionen erfahren. Die Revolution wird in der Art und Vielfalt der Kombinationen solcher Module bestehen.

These 43: Die funktionelle Verkettung von Antriebsmotoren, Energieträgern, Energiespeichern und Energiewandlern an Bord wird maßgebend für die Effizienz und für die Klimaneutralität zukünftiger Automobile sein.

These 44: Der Automobilantrieb mittels Elektromotoren, mit Energie, die an Bord in Batterien und Kondensatoren gespeichert wird, hat derzeit zwar Konjunktur, aber für die Zukunft nur geringe Erfolgschancen im Vergleich zur Stromerzeugung direkt an Bord, in Brennstoffzellen und in Wärmekraftmaschinen mit klimaneutralen Treibstoffen.

These 45: Eine Wärmekraftmaschine mit Wasserstoff, als Stromgenerator an Bord eines Automobils, emittiert genauso wenige Schadstoffe wie eine Brennstoffzelle, sie ist jedoch effizienter in Bezug auf die Leistungsdichte und kann, je nach Maschinenausführung, viel preiswerter ein.

These 46: Die zukünftigen Antriebssysteme für Automobile werden zu einer modularen, anpassungsfähigen Konfiguration von Energieträgern, Antriebsmaschinen sowie Energiespeichern und -wandlern, prinzipiell ähnlich dem gesamten modularen Automobilbau.

These 47: Kompakte batterieelektrische Automobile sind unerlässlich - trotz der vergleichsweise geringen Speicherfähigkeit und langen Ladedauer der Battcrien - für den Verkehr in Ballungsgebieten, in denen zeit- und zonenabhängig radikale Einschränkungen bis auf null Emissionen von Stoffen und Geräuschen unvermeidbar sind.

These 48: Eine Brennstoffzelle erweist <u>keinen</u> höheren Wirkungsgrad im Vergleich zu einem Verbrennungsmotor, der in einem festen Punkt, beispielsweise als Stromgenerator, arbeitet. Eine Brennstoffzelle mit Wasserstoff erreich 48%, ein Dieselmotor mit Dieselkraftstoff aber auch.

These 49: Die Symbiose mit einem Antriebs-Verbrennungsmotor gibt der Brennstoffzelle viel mehr Chancen für ihren zukünftigen Einsatz in Automobilen, als eine Fokussierung auf den elektrischen Antrieb selbst.

These 50: In den unzähligen und gigantischen Ballungsgebieten, die in Entwicklungsländern und in der Dritten Welt rasch zunehmen, sind sowohl Elektroautos mit großen Batterien, die allein so viel wie das halbe Auto kosten, als auch Brennstoffzellen-Limousinen mit Wasserstoff zwar wünschenswert, jedoch für die meisten unerschwinglich.

These 51: Ein Kolbenmotor, der bei konstanter Last und Drehzahl arbeitet, kann hinsichtlich der Luftzufuhr, der Kraftstoffzufuhr und schließlich des Verbrennungsablaufs wesentlich besser optimiert werden als einer, der ständig von Null auf 300 Newtonmeter, beziehungsweise von 800 auf 8000 Umdrehungen pro Minute, gejagt wird. Die Ergebnisse sind ein extrem geringer Kraftstoffverbrauch und kaum noch messbare Schadstoffemissionen.

These 52: Ein Zweitaktmotor mit elektronisch gesteuerter Kraftstoff-Direkteinspritzung als Stromgenerator an Bord eines Automobils mit elektrischem Antrieb hat als Vorteile einen extrem geringen Preis, wenig Gewicht, sehr kleine Abmessungen, sowie extrem geringe Kohlendioxid- und Schadstoffemissionen, bei einer deutlichen Reichweitenverlängerung gegenüber einem Elektroauto mit Batterie.

These 53: Eine Einheit von Radialverdichter und Radialturbine, die gewöhnlich als Turbolader für Kolbenmotoren eingesetzt wird, kann durch Ergänzung mit einer Brennkammer zu einem kompakten und effizienten Range Extender für Automobile mit Elektromotorenantrieb werden.

These 54: Die Verbannung der Verbrennungsmotoren aus leistungsgeprägten Automobilen und aus leistungsfähigen Arbeitsmaschinen wäre kein Beitrag zur Klimaneutralität. Die aus einem regenerativen Kraftstoff gewonnene Wärme kann in einem Verbrennungsmotor in Arbeit, ohne kumulative Kohlendioxidemission in der Umwelt, umgewandelt werden.

These 55: Ein Benziner-Vollhybrid hat auf Fernstraßen praktisch keinen Vorteil gegenüber einem modernen Dieselmotor, auf Autobahn ist er diesem eindeutig unterlegen.

These 56: Klimaneutrale Elektroautomobile sind ein großes Ziel für die Zukunft, aber noch lange keine Realität. Die gegenwärtig fahrenden Fahrzeuge mit Elektroantrieb und Batterien zeichnen sich lediglich durch eine lokale Nullemission aus.

These 57: Das energetische Potential der Felder unserer Erde ist immens! Das Beackern und Bepflanzen der jetzt noch brachliegenden beackerbaren Flächen in Afrika, Südamerika und Asien würde einen klimaneutralen Treibstoff für alle Verbrennungsmotoren in den Fahrzeugen der Welt absichern, aber zuerst die Nahrung für die Menschen, die sie jetzt dringend brauchen.

These 58: In zukünftigen Automobilen mit Elektromotorantrieb und Stromerzeugung an Bord durch einen Turbomotor haben Pulvermischungen als Brennstoffe ein noch unbeachtetes Potential.

These 59: Für die individuelle Mobilität in Ballungsgebieten, welche die öffentliche Mobilität mit elektrischen Verkehrsmitteln wie U-Bahnen und Busse ergänzen soll, erscheinen Kleinst- und Kleinwagen mit Elektroantrieb und Elektroenergie aus der Batterie an Bord als ideale Lösung.

These 60: Für schwere Oberklasselimousinen und Sport Utility Vehicles sind Hybridantriebe, gebildet von einem Antriebs-Verbrennungsmotor mit regenerativem Kraftstoff und einem oder mehreren Antriebs-Elektromotoren, eine ideale Lösung.

These 61: Für Kompakt- und Mittelklasseautomobile ist der Antrieb durch einen oder mehreren Elektromotoren, mit Elektroenergieerzeugung an Bord und Pufferbatterie eine ideale Lösung.

These 62: Für preiswerte Mehrzweckautomobile erscheint ein einfacher, genormter Drei-Zylinder-Kolbenmotor mit höchstens einem Liter Hubraum, ohne elektrische Unterstützung, ohne Turboaufladung, ohne variable Ventilsteuerung, aber mit Direkteinspritzung von Methanol-Ethanol-Gemischen aus Pflanzenresten als idealer Antrieb. Die gesetzlichen Limitierungen von lokaler Kohlendioxidemission, sowie von Schadstoff- und Geräusch-Emissionen müssen dabei zwingend eingehalten werden.

These 63: Die Grundvoraussetzung jeder erfolgreichen Entwicklung in der stets dynamischen und vielfältigen Automobilwelt ist die Innovation.

These 64: Die Entwicklung jedes neuen Automobils auf Basis zahlreicher Innovationen und Erfindungen verläuft auf einem Weg, auf dem zwischen dem objektiven, komplexen *Produkt* und seiner von objektiven und subjektiven Elementen geprägten *Umgebung* eine harmonische Verbindung entstehen muss.

These 65: Das technische Know-how ist die *potentielle Energie*, gebildet vom Wissen, Erfahrungen und Fähigkeiten jedes Menschen der an der Erschaffung des neuen Produktes beteiligt ist.

These 66: Selbst eine *Evolution*, die in einem optimalen Rahmen von der Forschung bis zur Produktion stattfinden kann, ist nicht fließend. Sie erfolgt meist in Schritten, die stets die Balance zwischen vielfältigen Herausforderungen absichern müssen. Eine *Revolution*, als riesiger, bahnbrechender Sprung, ist in den meisten Fällen sehr risikoreich.

These 67: Ein Automobil der Zukunft mit vielfältigen und komplexen Strukturen und Modulen kann einfach nicht mehr als Ganzes in einem einzelnen Betrieb entstehen, umso weniger infolge der Richtlinien eines klassischen Betriebsdirektors.

These 68: Innovations- und Informationsströmungen treffen sich stets auf den Kreuzungen der vielfältigen Kommunikationswege. Wie bei den meisten Vorgängen in der Natur, die auf Wellenübertragungen aufgebaut sind, können sich die Strömungen Höchstpunkt gegen Höchstpunkt oder Tiefstpunkt gegen Tiefstpunkt treffen.

These 69: Die Denkweise des Menschen hat zeitliche und räumliche Komponenten deren Mischung oft ein gewaltiges Potential verbirgt: Aus einer oder zwei plötzlichen Gefühlsströmungen, kombiniert mit drei gut gelernten, routinemäßigen Reaktionen und der Erinnerung an vier erlebte Erfahrungen kann ein neuer Zustand, ein neuer Prozess oder eine geniale Schöpfung resultieren.

These 70: Ein Manager in der Automobilindustrie muss die Kreativitäts- und Informationsströmungen in seinem Unternehmen erkennen, stimulieren und richten. Ein solcher Manager muss höchstempathisch zu den Gefühlen, den Fähigkeiten und den Erfahrungen der im Prozess beteiligten Menschen sein, die mit ihren monochronen oder polychronen Denkarten Ideen, Innovationen, Erfindungen, in wahren Meisterstücken zusammenführen können.

Sachwortverzeichnis

Printed in the United States
by Baker & Taylor Publisher Services